国家普通高等职业教育"十二五"创新型规划教材

当代大学生心理素质导论

主　编　欧阳世奴
副主编　李雄德　冯四东
　　　　李汉贵　蔡婉云

北京理工大学出版社
BEIJING INSTITUTE OF TECHNOLOGY PRESS

版权专有 侵权必究

图书在版编目（CIP）数据

当代大学生心理素质导论/欧阳世奴主编. —北京：北京理工大学出版社，2010.10（2020.9重印）
ISBN 978-7-5640-3832-8

Ⅰ.①当… Ⅱ.①欧… Ⅲ.①大学生-心理卫生-健康教育-高等学校-教材 Ⅳ.①B844.2

中国版本图书馆 CIP 数据核字（2010）第 187145 号

出版发行／北京理工大学出版社
社　　址／北京市海淀区中关村南大街5号
邮　　编／100081
电　　话／（010）68914775（办公室）　68944990（批销中心）　68911084（读者服务部）
网　　址／http：//www.bitpress.com.cn
经　　销／全国各地新华书店
印　　刷／唐山富达印务有限公司
开　　本／710 毫米×1000 毫米　1/16
印　　张／17.5
字　　数／326 千字
版　　次／2010 年 10 月第 1 版　2020 年 9 月第 7 次印刷　　责任校对／陈玉梅
定　　价／45.00 元　　　　　　　　　　　　　　　　　　　责任印制／边心超

图书出现印装质量问题，本社负责调换

前言
Preface

当代中国已进入了践行科学发展观，建设中国特色社会主义，实现中华民族伟大复兴的重要历史时期。这个时代赋予了大学生一个深刻的使命——在梦想与磨砺中学会成长，在挑战与机遇中推动时代。毫无疑问，若要完成这一使命，必须与时俱进，健全心理素质，塑造完美自我。

为了帮助大学生实现这一目标，根据教育部高校教材的规划要求，我们编写了这本高校通用教材——《当代大学生心理素质导论》。为满足当代大学生身心发展的需求，本书在现行同类教材的基础上，力求实现突破与创新：

1. 本书力图改变以大学生心理问题为导向的传统教学思维，按照科学发展观的要求，以当代大学生的心理特征、心理需求为导向，建立本教材的内容体系；尝试对攸关大学生身心发展的部分内容（如大学生人际交往、恋爱、职业观、心理健康等）进行调整，导入新的理论思路。

2. 本书力求从科学发展观出发，以人为本，用现代需求观取代传统的问题观，走进学生心灵，关注学生需求，将大学生的心理健康融入心理素质教育之中，鼓励当代大学生在心理素质的培养中、在个人潜能的发掘中实现自我成长。

3. 为努力贴近大学生的现实生活，本书尝试将经典、实用的大学生心理咨询案例引入教材，以期有效地培养大学生的心理自助能力，构建大学生的科学求助理念，强化大学生的现代心理保健意识，提高大学生识别与解决心理问题的能力。

4. 本书在编写时，渴求做到思维严谨、观点新颖、文风清新、深入浅出。使之既便于大学生阅读理解，又适合广大青年自学；同时对心理学、教育工作者及有关研究人员亦有参考价值。

本教材所用图片中，除弗洛伊德、马斯洛、森田正马的图像摘自百度图片外，其余均摘自 Microsoft Word 2010 图片库，在此深表感谢；本教材在编写过程中参考了大量文献，在此对所参考文献的作者表示深深的谢意！

本教材在编写过程中，虽力求实用和完美，但由于编写时间仓促，编者水平有限，书中缺点在所难免，恳请广大读者提出宝贵意见。

编　者

目 录
Contents

第一章 绪论 ……………………………………………………………… (1)
 第一节 素质教育发展简介 ……………………………………………… (1)
 第二节 社会发展与大学生心理素质教育 ……………………………… (3)
 第三节 心理素质与心理学 ……………………………………………… (8)
 第四节 心理素质的含义及其特征 ……………………………………… (11)
 第五节 心理素质与成功人生 …………………………………………… (14)
 第六节 大学生心理素质导论内容体系与学习意义 …………………… (19)
 本章练习 …………………………………………………………………… (22)

第二章 大学生的自我意识 ……………………………………………… (23)
 第一节 自我意识概述 …………………………………………………… (23)
 第二节 现实自我的认知 ………………………………………………… (26)
 第三节 理想自我的构建 ………………………………………………… (29)
 第四节 本能自我的识别 ………………………………………………… (33)
 第五节 大学生自我意识障碍的常见形态 ……………………………… (37)
 第六节 大学生自我意识的优化途径 …………………………………… (42)
 本章练习 …………………………………………………………………… (44)
 本章附录 …………………………………………………………………… (45)

第三章 大学生人格发展与心理需求 …………………………………… (51)
 第一节 人格概述 ………………………………………………………… (51)
 第二节 人格的动力属性——气质 ……………………………………… (53)
 第三节 人格的社会属性——性格 ……………………………………… (57)
 第四节 大学生的主要心理需求与心理矛盾 …………………………… (59)
 第五节 大学生人格的健全与发展 ……………………………………… (63)
 本章练习 …………………………………………………………………… (66)
 本章附录 …………………………………………………………………… (67)

第四章 大学生的学习与创新 …………………………………………… (79)
 第一节 学习概述 ………………………………………………………… (79)
 第二节 大学生的学习动机与学习心态 ………………………………… (83)
 第三节 大学生的学习策略 ……………………………………………… (88)
 第四节 大学生创新能力的培养与发展 ………………………………… (95)

第五节　大学生常见的学习心理问题及调适 …………………… (101)
　　本章练习 ………………………………………………………… (108)
　　本章附录 ………………………………………………………… (109)

第五章　大学生的交际能力 ………………………………………… (114)
　　第一节　人际交往概述 …………………………………………… (114)
　　第二节　人际交往的基本功能 …………………………………… (116)
　　第三节　人际交往的人本心态 …………………………………… (120)
　　第四节　人际交往的动机定位——黄金规则 …………………… (125)
　　第五节　人际交往的有效路径——白金法则 …………………… (129)
　　第六节　人际交往的安全机制——水晶定律 …………………… (132)
　　第七节　人际交往的互动技巧 …………………………………… (135)
　　第八节　人际交往的常见问题 …………………………………… (138)
　　本章练习 ………………………………………………………… (140)
　　本章附录 ………………………………………………………… (141)

第六章　大学生爱的艺术 ……………………………………………… (145)
　　第一节　亲情、友情与爱情的区分 ……………………………… (145)
　　第二节　大学生恋爱的特点 ……………………………………… (147)
　　第三节　大学生恋爱的动机 ……………………………………… (150)
　　第四节　大学生爱的艺术 ………………………………………… (153)
　　第五节　大学生常见的恋爱心理困惑 …………………………… (162)
　　本章练习 ………………………………………………………… (165)
　　本章附录 ………………………………………………………… (166)

第七章　大学生的职业心态与生涯规划 …………………………… (176)
　　第一节　大学生职业心态的构建 ………………………………… (176)
　　第二节　大学生职业生涯规划 …………………………………… (189)
　　第三节　大学生择业原则和求职技巧 …………………………… (196)
　　本章练习 ………………………………………………………… (199)
　　本章附录 ………………………………………………………… (199)

第八章　大学生的压力与情绪管理 ………………………………… (209)
　　第一节　心理压力的管理 ………………………………………… (209)
　　第二节　大学生的情绪管理 ……………………………………… (219)
　　本章练习 ………………………………………………………… (226)
　　本章附录 ………………………………………………………… (226)

第九章　大学生的心理保健 ……………………………………………（232）
　　第一节　大学生的适应与防御 …………………………………（232）
　　第二节　大学生一般心理问题的识别 …………………………（235）
　　第三节　大学生的心理自助 ……………………………………（239）
　　第四节　大学生心理问题的科学求助 …………………………（242）
　　第五节　心理咨询的主要理论与方法简介 ……………………（246）
　　本章练习 …………………………………………………………（258）
　　本章附录 …………………………………………………………（259）
参考文献 ……………………………………………………………（270）

绪　　论

第一节　素质教育发展简介

在20世纪80年代末，我国教育系统存在一个普遍而十分突出的现象，那就是中、小学教育以应试为核心——学校唯分是举，学生唯分是荣，高等教育脱离社会需求，过分专业化。由此造成的问题是，学生的个性成长与综合素质被忽视，学生心理不健全，高分低能，难以适应社会发展。

针对这种教育与社会发展相悖的现象，我国教育界学者提出了的一个本土化概念——素质教育。作为一种教育思想或价值观念，其初衷在于纠偏：抑制中、小学教育片面追求升学率，调整大学教育专业化与社会需求之间的矛盾。

经过多年的研究和讨论，教育理论界对素质教育、素质的内涵和特征等问题达成了一些共识，即：素质教育是一个开放、发展的体系，没有也不应有固定不变的模式。素质教育的本质特征是促进学生德、智、体、美、劳全面发展的教育，是面向全体学生、促进学生有效成长的教育。素质的内涵应具有时代的特征，不同的时代要求有不同的素质。

一、素质教育的定义

通过遗传与环境的积极影响，充分调动学生学习、认识与实践的主观能动性，促进学生生理与心理、智力与非智力、观念与行为等因素全面而和谐地发展。

素质教育通过促进人类文化向学生个体心理品质的内化，实现学生进一步发展的良性循环。

关于素质这一概念，教育学与心理学的解释虽不尽相同，但综合而普遍的解释是：素质是一个发展的概念，其内涵和外延在不断扩大。素质既包括遗传特征，又包括习得的素养。所谓素质，指的是人在先天生理基础上，受后天环境、教育的影响，通过个体自身的认识和社会实践，养成的比较稳定的身心综合品质。因此，素质包括生理素质与心理素质。

二、素质的特征

素质的特征概括起来有如下几个方面：

（一）内潜性

素质是人的潜能，虽然遗传素质是与生俱来的，但环境与教育的影响也必然内化为人身心组织中的稳定因素，成为素质的重要结构。人的素质的外化也将通过一定的实践活动得以实现。

（二）整体性

素质结构中的各种因素可以处于不同的水平或层次，这些因素统一在一个人身上，存在于一个统一的结构之中。人的素质虽然是一个整体，但是构成综合素质的各因素也可区分为不同层次，并可得到测量。

（三）稳定性与发展性

素质一经形成，就相对稳定，并通过各种活动而表现出来。与此同时，人的个体的素质也是发展的。人的素质和社会的科学技术、生产力发展水平以及精神文明程度相联系，是在各种因素的影响下逐步形成和发展的。不同社会、不同历史时期，对素质的要求不同。

（四）社会评价性

人的素质存在好坏与优劣之分，素质教育旨在培养和发展学生的优良素质，这些优良素质可以通过科学方法进行客观的测量。

虽然素质具有以上几大特征，但不同特征之间的关系是辩证统一的。即：遗传性与习得性的辩证统一、稳定性与发展性的辩证统一、内在性与现实性的辩证统一、个体性与群体性的辩证统一等。

三、素质的结构

关于素质的结构，学者们有不同的意见，存在着较大的分歧，从目前的研究来看，比较有代表性的看法有以下三种：

（一）二分法

人的素质包括生理（身体）素质和心理素质。

（二）三层次论

人的素质从低到高依次为生理素质、心理素质和社会文化素质。

（三）五成分说

人的素质相应地应划分为品德素质、智能素质、身体素质、审美素质和劳动技能素质，或者将素质分为身体素质、心理素质、文化素质、道德素质和思想政治素质。

尽管以上分类繁简不同，但它们在本质上基本相近。不论对素质的结构作怎样的划分，心理素质都是人的素质结构中很重要的部分。在社会文化素质和生理素质之间，心理素质起着非常重要的中介作用。

对素质结构的探讨，不能纯粹地从抽象的逻辑出发，必须坚持实用性、可行性与逻辑准确性相结合的原则。对大学生心理素质的研究，应和素质教育的研究

联系起来。将大学生心理素质的研究放在素质教育的背景上,它反映了心理学与教育学的有机结合。

综上所述,大学生的素质主要包括四个方面:生理素质、心理素质、人文与科学素质以及专业素质。

第二节 社会发展与大学生心理素质教育

一、社会发展与大学生心理素质

21世纪是信息爆炸、知识爆炸的时代,但同时信息垃圾、知识垃圾也铺天盖地,在这种情况下,人们不仅容易在信息和知识的丛林中迷路,而且还有可能被各种信息毒素和知识毒素破坏。随着知识经济时代的到来和网络技术的飞速发展,人们的生活已逐渐步入高度的现代化,同时又充满着残酷的竞争。人类面临着高新技术的挑战、全球经济激烈竞争的挑战、多元文化的冲突与交融的挑战。

因此,今天的我们所面对的是一个梦想与磨砺并存、挑战与机遇并存、希望与绝望并存、快乐与痛苦并存、幸福与苦难并存的多元化选择的时代。目前,国际、国内竞争激烈、环境复杂,对于处在这样一个特殊时代的大学生而言,毫无疑问将面临直接而深刻的心理素质的考验。

(一) 竞争加剧考验心理素质

知识经济时代的一个重要表现就是社会竞争日趋激烈,竞争上岗,竞争择业,整个社会始终处在竞争之中。在这种激烈竞争的社会背景下,有的人会感到茫然,而对那些刚走出校门踏入社会的大学生来说尤为如此,其心理承受的压力可想而知。

(二) 人际交往检验心理素质

在知识经济时代,网络技术迅速发展,网上对话、网上交流、网上交友等成为普遍的现象,办公自动化、教学网络化等更使各行各业都与电脑紧密联系在一起。这种长期的人与机器的交往冲淡了人与人之间的联系,师生之间、同学之间缺乏感情沟通。然而机器毕竟是机器,它只能给人带来工作和学习上的便利,但无法给人以感情上的慰藉和心灵上的震荡,长此以往,孤独、忧郁就会自然产生。

(三) 社会的快速发展挑战心理素质

在知识经济时代,社会经济高速发展,生活节奏不断加快,必然给大学生带来心理的紧张和压力。能不能适应这个高速发展的社会,能不能在这个高速发展的社会中生存下去,他们还很茫然。个体的心理承受能力如果无法有效地适应社会变化的速度,则必将在这个过程中受到冲击,并最终被淘汰。

二、当代大学生心理素质现状

大学生是社会上文化水平较高、思维最为活跃、最有朝气的群体之一。他们渴求知识、积极向上、胸怀博大,时刻关注着国内外的风云变幻,把个人的理想同祖国的命运和民族的兴衰融合在一起。

但是,由于社会转型和自身发展阶段的影响,使得正处于青春期、社会阅历浅的大学生在心理素质发展方面出现了诸多问题。据有关调查显示,全国大学生中因精神疾病而退学的人数占退学总人数的54.4%。有28%的大学生具有不同程度的心理问题,其中有近10%的学生存在着中等程度以上的心理问题。最近的几次对大学生的心理健康调查表明,大学生中精神行为检出率为16%,心理健康或处于亚健康状态的约占30%。诸多的数据和事实表明,大学生已成为心理弱势群体。大学生的心理素质问题主要表现为:

(一) 学习无目标,无动力

一部分自控能力较差的学生往往由于沉迷于网络游戏或上网聊天,造成学习成绩不佳,进而对学习产生厌倦、对考试感到焦虑。

(二) 自我评价失调

许多大学生在中学时是学习尖子,心理上有较强的优越感,而进入大学后,由于优势不再,使得他们的心理受到重创。这时,只要学习成绩稍有波动,他们就会缺乏自信,从而导致失落和自卑。

(三) 人际关系不和谐

由于缺乏面对面的交流锻炼与有效的交际体验,一些大学生更愿意迷恋于网络这个虚拟世界,在虚拟中进行交流,自我封闭,与现实世界脱离。由此对大学生的认知、情感和心理定位会产生巨大的影响。

(四) 就业心理困惑

就业所造成的心理困惑在大学生当中尤为普遍。学生在择业过程中,没有做好就业心理准备,不能很好地认清当前的形势,对自我的定位及自我能力的评价不够确切,好高骛远,一日三变。还有部分学生在择业中不认真思考,盲目从众。

(五) 心理承受能力弱

当今社会竞争激烈,难免会遇到这样或那样的挫折。部分大学生在困难面前感到束手无策,有些甚至承受不了挫折而产生厌学、退学甚至自杀等心理。

造成大学生心理困惑的原因是多方面的。社会政治和经济发展的急剧变化,带来人们的思维模式、价值观念和生活方式的改变,无形中增加了大学生的精神负担,进而在大学生的心理发展中产生了大量的问题。此外,独生子女家庭的教养方式和家庭经济状况、中小学应试教育模式等也直接影响大学生的心理成长。以上两方面是造成大学生心理困惑的外因,而学生自身的性格、成长方式等则是学生各种心理困惑产生的内因。内因是事物发展变化的根本原因,而外因是事物发展变化的条件,外因通过内因起作用。

【案例】某校有一名男生小刚(化名)向其爱慕的女生小静(化名)求爱,小静婉拒了小刚。小刚求爱不成,便在多个场合谩骂小静。一天晚上,当自修室内只有小静一人在自习时,跟踪已久的小刚冲进自修室,拎起课桌椅就向小静身上砸过去。最后导致小静背部、肋骨受伤。当时,小静的父母坚决要求校方开除该男生,但学校将小刚带到医院,经测试发现其是反社会型人格障碍。这名学生父母离异,如果开除他,势必引发他不顾后果的报复,彻底把他推向充满仇视的世界。学校带着专家到小静的家里做工作,让小静转学到了另一个城市,小刚也最终接受了该校的心理辅导。

上述事例充分说明:作为当代大学生,我们能否在目前竞争激烈的社会立于不败之地,不仅取决于是否具有强健的体魄、渊博的知识、精湛的技术,而且还取决于是否具有适应环境、承受挫折、执著进取和勇于创新的良好心理素质。换言之,心理素质的高与低将直接制约其人生的成与败。

三、进行大学生心理素质教育的必要性

(一) 心理素质教育是高校素质教育的重要内容

现代意义上的健康不仅仅是生理上的健康,也包括心理上的健康。心理健康是现代人才的必备条件和基本要求。心理素质是人的整体素质结构的核心,是其他各种素质的基础。因此,从高校教育发展大局出发,开展心理素质教育不仅能使个体保持健康的心理状态,令其具备良好的心理素质,而且也能为个体接受其他方面的素质教育提供良好的心理条件。大学生心理素质教育是高校德育理论教育和高校德育实践教育得以整合与实现的基础与桥梁,只有加强大学生心理健康教育,确保高校德育内容的完整性,才能进一步实现高校德育方法的科学性和效

果的有效性。

（二）心理素质教育是大学生自我完善和发展的内在需要

从大学生自身发展而言，大学时代既是个体生理发育成熟时期，又是人的一生中心理变化最激烈的时期。在这一时期形成的价值观念、生活态度和经验阅历将对今后人生的发展产生重大的影响。从家庭进入社会，各种角色的变换使大学生在扩大自己社交范围的同时，也增强了对自己、对他人和对社会的认识和了解，进而形成了自己的整体价值观及对事物认识的新的思维方式。

但是必须注意到这个时期也是人生的危机潜伏期，因为大学生的心理发展还处于未成熟期，也最不平衡，但他们所面对的却是生活环境的巨大变化：新的学习环境、学习任务，理想和现实的冲突，独立和依赖的矛盾，人际关系、恋爱、职业选择等。加上复杂的社会现实和日益深化的高教改革，必然导致心理负荷加重，严重影响了他们成才和发展。以这种尚未成熟的心态来面对环境的巨大变化，必然产生各种情绪的波动或紊乱，所引发的心理问题会更加复杂多变，由此而造成的各种心理困扰也更具独特性。若处理不好这些问题，就会对心理健康造成不良影响，这对大学生的成长成才及适应社会都十分不利。因此，拥有健康的心态和良好的心理素质是大学生顺利完成学业、度过美好大学生活的重要保证。大学生心理素质教育的重要作用就是帮助大学生树立正确的世界观、人生观和价值观，提高大学生以思想政治素质为主的整体综合素质，帮助他们逐步走向独立与成熟。

（三）心理素质教育是时代发展、国家富强、民族复兴的保证

从国家与民族的发展着眼，大学生的心理素质不仅关系到个人的成长及高校人才培养的质量，而且关系到民族素质及中华民族在21世纪的国际竞争力。因此，20世纪90年代以来，教育部（原国家教委）、国务院、中共中央都高度关注大学生的健康成长，多次颁布有关重视和加强大学生心理素质、心理健康教育的文件，对大学生心理素质教育课程给予了科学的定位（表1-1）。

表1-1 国家机关颁布的有关文件

国家机关	发文时间	文 件 主 题	文件有关精神
中共中央	1994年8月	中共中央关于进一步加强和改进学校德育工作的若干意见	在科学技术迅速发展，社会主义市场经济体制逐步建立的情况下，如何指导学生在观念、知识、能力、心理素质方面尽快适应新的要求。这些都是学校德育工作需要研究和解决的新课题 通过多种方式对不同年龄层次的学生进行心理健康教育和指导，帮助学生提高心理素质，健全人格，增强承受挫折、适应环境的能力

续表

国家机关	发文时间	文件主题	文件有关精神
教育部	1995年11月	中国普通高等学校德育大纲(试行)	德育目标:具备良好的个性心理品质和自尊、自爱、自律的优良品格,具有较强的心理调适能力 德育内容:心理健康知识教育;个性心理品质教育;心理调适能力培养
中共中央国务院	1999年6月	中共中央国务院关于深化教育改革,全面推进素质教育的决定	各级各类学校必须更加重视德育工作,针对新形势下青少年成长的特点,加强学生的心理健康教育,培养学生坚忍不拔的意志、艰苦奋斗的精神,增强青少年适应社会生活的能力
教育部	2001年3月	关于加强普通高等学校大学生心理健康教育工作的意见	高等学校培养的学生不仅要有良好的思想道德素质、文化素质、专业素质和身体素质,而且要有良好的心理素质 大力加强大学生心理健康教育工作是时代发展的需要,是社会全面发展对培养高素质创新人才的必然要求
教育部	2002年4月	普通高等学校大学生心理健康教育工作实施纲要(试行)	大学生心理健康教育工作是一项系统工程。要以课堂教学、课外教育指导为主要渠道和基本环节,形成课内与课外、教育与指导、咨询与自助紧密结合的心理健康教育的网络和体系
教育部	2003年12月	关于进一步加强高校学生管理工作和心理健康教育工作的通知	要求各高校党委高度重视,切实把大学生心理健康教育工作纳入重要议事日程,采取有效措施抓紧抓好
中共中央国务院	2004年8月	关于进一步加强和改进大学生思想政治教育的意见	要重视心理健康教育,根据大学生的身心发展特点和教育规律,注重培养大学生良好的心理品质和自尊、自爱、自律、自强的优良品格,增强大学生克服困难、经受考验、承受挫折的能力
教育部卫生部团中央	2005年1月	关于进一步加强和改进大学生心理健康教育的意见	对进一步加强和改进大学生心理健康教育和切实做好大学生心理咨询工作提出了若干具体、明确的意见与要求

党和国家之所以对大学生心理素质教育工作高度重视，正是因为大学生的成才和发展与国家的兴衰、民族的命运息息相关。因此，无论是从大学本身的教育功能还是从时代发展、国家富强，民族复兴对人才素质的要求来看，加强对大学生心理素质的培养都具有极其重要的意义。

第三节　心理素质与心理学

一、心理学基础知识

心理素质及其特征与心理学概念紧密相关，因此，当代大学生若要正确理解心理素质及其特征，并有效地提高自身的心理素质，必须对心理学基础知识有初步的认识。

（一）心理学的发展历程

心理学一词来源于希腊文，意思是关于灵魂的科学。灵魂在希腊文中也有气体或呼吸的意思，因为在古代人们认为生命依赖于呼吸，一旦呼吸停止，生命也就完结了。随着科学的发展，心理学的对象由灵魂改为心灵。直到19世纪初叶，德国哲学家、教育学家赫尔巴特才首次提出心理学是一门科学。开始心理学、教育学都同属于哲学的范畴，后来才各自从哲学的襁褓中分离出来。科学的心理学不仅对心理现象进行描述，更重要的是对心理现象进行说明，以揭示其发生发展的规律。

19世纪前，心理学属于哲学范畴。

19世纪中叶，开始引入实验作为心理学的研究方式，使得心理学成为一门独立的学科。德国的韦伯研究出著名的韦伯定律（感觉阈限定律）。

1860年，德国的费希纳开创心理物理学，德国的艾宾浩斯开创记忆的实验研究。

1879年，德国的冯特在莱比锡大学建立心理研究，标志着科学心理学的诞生。实证研究方法的运用是这一学科成为科学的转折点。其后的一百多年，心理学门派出现纷争，心理学得到高度发展，学科体系也进一步完善。

心理学是社会科学还是自然科学，取决于视角及立场，因为它本身同时具备两者的特点，基础心理学归为自然科学范畴，应用心理学归为社会科学范畴，因此，有人称心理学为"中间学科"。

（二）心理学的学科分支

以实验心理学的建立为标志，现代心理学的发展在理论上已脱离哲学，形成了一门科学的独立体系。心理学在应用上与社会各实践领域建立了广泛的联系，从而形成许多分支学科，体现了独立的在科学体系上的分类，见表1-2。

表1-2 心理学分支

类别	一、基础心理学	二、发展与教育心理学	三、应用心理学
分支	普通心理学	发展心理学	临床或医学心理学
	生理心理学	认知心理学	咨询心理学
	实验心理学	教育心理学	犯罪心理学
	社会心理学		公关心理学
	进化心理学		消费心理学
	变态心理学		爱情心理学
	积极心理学		组织管理心理学
	行为心理学		劳动心理学
			文艺心理学
			体育运动心理学
			航空航天心理学

（三）心理学的主要流派

心理学在其发展过程中产生了众多流派，大致有：精神分析心理学、行为主义心理学、存在主义心理学、人本主义心理学、格式塔心理学、认知心理学、功能主义心理学、结构主义心理学。

这些流派着重于心理本质的探索，是心理学基本理论部分。

（四）心理学与社会发展

心理学这个词，大家对它既熟悉又陌生。我们的生活几乎每天都与它相关。心理学就是一门研究人的心理活动规律的科学。心理学者按照科学的方法、间接的观察，研究或思考人的心理过程（包括感觉、知觉、注意、记忆、思维、想象和言语等）是怎样的，人与人有什么不同，为什么会有这样和那样的不同，即人的人格或个性，包括需要与动机、能力、气质、性格和自我意识等，从而得出适用于人类的、一般性的规律，继而运用这些规律，更好地服务于人类的生产和实践。

那么，作为一门科学，它又是如何对社会发展和我们的生活产生影响的呢？例如，电视机已经成为每个家庭的必需品，它的发展经历了以下几个过程：

黑白电视——彩色电视——遥控电视——高清电视

电视机的诞生与发展实现了人们拥有家庭影院的梦想，而彩电、遥控、高清平板电视等则进一步实现了人们的美感需求与使用便捷的愿望。

显然，科技的成就就是人类行为的奇迹，而人类行为的产生来自于行为动机——我们的梦想、我们的需求。

俗话说："君子爱财，取之有道"。因此，我们要支配与改变客观世界，驾驭现实，追求未来，必须首先要驾驭内在精神世界与心理需求，并且要合理调控情绪，有效地付出行动。因而心理学研究的就是认识之道、欲望之道、快乐之道、行为之道。由此可见，心理学与社会发展、人类生活密切相关，它具有无限广阔的研究、应用与发展的空间和魅力。

（五）心理学的定义及其研究内容

1. 心理学的定义

无论哪一类学科都有自身的研究对象和研究内容，比如数学研究客观世界的数量关系，物理学研究客观世界物质运动的规律。

心理学的定义是：心理学是研究人的心理现象发生、发展及其活动规律的科学。

所谓心理现象，指的是心理活动过程及人格倾向与特征。

2. 心理活动过程

心理活动过程包括认知过程、情绪过程与意志行为过程。这是心理学研究的第一部分内容。

所谓认知过程，是指人认识外界客观事物的过程，或者说是人对作用于自身的感觉器官的外界事物进行信息加工的过程。它包括感觉、知觉、记忆、表象、言语、思维和想象等心理现象。

人在认识客观事物时，将伴随着各种情绪过程，包括喜、怒、哀、乐、忧、恐、惊等。

人经过认知过程之后，又将产生各种满足自身意愿的行为，并努力实现自身的目标，这就是意志行为过程。

3. 人格倾向与特征

心理学同时研究伴随心理活动过程中与之紧密相关的人的人格倾向与人格特征。其中人格倾向指的是人的需要和动机，人格特征是指人的能力、气质与性格。

人在认识客观事物之后所产生的各种行为，源自人的需要与动机。需要是人体内部的一种不平衡状态，是对维持和发展其生命所必需的客观条件的反映；动机则是推动人们从事某种活动，并朝向一定目标前进的内部动力。当人们意识到自己的需要时，此时需要就变成了人的行为动机。

所谓能力，是指一个人顺利、有效地完成某种活动所必须具备的心理条件，例如观察力、记忆力、思维力、想象力等。

气质是人的心理活动动力特征的总和，表现为人的心理活动的速度、强度和稳定性等，气质相当于我们平时所说的脾气、秉性和性情。气质的外在表现可分为胆汁质、多血质、黏液质和抑郁质，它们各自的特点将在后面章节中予以介绍。

性格则是一个人在对现实的稳定的态度和习惯了的行为方式中所表现出来的一种人格特征。性格包括态度特征和意志特征，比如热爱集体、关心他人、奸诈狡猾、狂妄自大等就是性格的态度特征；而独立自主、坚忍不拔、优柔寡断、怯懦任性等则属于性格的意志特征。

【案例】小凡（化名）晚上8点钟从某大学小礼堂经过，听到礼堂里面传来悦耳的歌声，他情不自禁地走进了礼堂，原来是一位女生在唱歌，这位女生不仅歌声甜美，还是晚会的主持人，她形象端庄、谈吐不俗、举止高雅。

晚会结束后，小凡回到了寝室。这个晚上他失眠了。他对在晚会上所见到的女生动心了，他在想，如何获知她的电话？怎样才能认识她？他该怎样追求她？……

【案例解析】小凡的心理活动如下：
(1) 他得到听觉——听见了女孩的歌声；
(2) 获得了视觉——走进礼堂看见了女孩；
(3) 获得整体印象——女孩风度、素养让他赏心悦目；
(4) 产生了恋爱动机——想追求她；
(5) 行动即将产生——思考如何操作。

这一简单例子全面展示了一个渴望恋爱的大学生的全部心理活动过程。

二、心理素质与心理学的联系

（一）心理素质的体现依赖于心理活动过程

由心理学的定义可知，一个人的心理素质必然要通过心理活动的过程得以体现。心理素质离开了人的心理活动，则无法体现，也背离了科学。

（二）心理素质的塑造以人格特征为基础

人的人格倾向与特征决定了人的差异，也决定了人的心理素质的个体属性。由于人格倾向与特征是伴随人的整个心理活动过程的，心理素质恰恰体现了一个人的人格风貌，因而离开了人格倾向与特征，心理素质的塑造将失去根基。

（三）心理学为心理素质的塑造提供了理论依据

正因为心理素质的体现依赖于心理活动过程，心理素质的塑造又以人格倾向与特征为基础，所以心理学既是心理素质概念的理论来源，也是心理素质塑造的理论依据。毫无疑问，离开了心理学理论，心理素质的研究将成为无本之木，心理素质的塑造也失去了方向。

第四节　心理素质的含义及其特征

一、心理素质的含义

关于心理素质的含义，不同学者有不同的看法，以下是几种有代表性的观点。

许燕（北京师范大学心理学院院长）认为，心理素质是以先天禀赋为基础，在后天环境和教育的作用下形成并发展起来的稳定的心理品质。这一定义基本说明了心理素质的本质，但是没有说明心理素质与人的个体心理品质之间的关系，也没有强调心理素质与人的各种能力实践的关系。

刘华山（华中师范大学心理学教授）认为，心理素质是个性心理品质在人的实际生活中的综合表现。这一定义抓住了心理素质的核心内容及特征，但定义中所说的实际生活比较笼统，其针对性不够。

张大均（西南师范大学心理学教授）认为，心理素质以生理素质为基础，将外在获得的东西内化成稳定的、基本的、衍生性的，并与人的社会适应性行为和创造性行为密切联系的心理品质。这一定义清楚地说明了心理素质形成及其特性，该定义中强调的心理素质与人的社会适应性行为和创造性行为密切联系，这种观点虽然有其合理性，但是学生心理发展有其年龄阶段特征，不同年龄阶段学生心理素质教育和心理素质结构的重点应有所不同，社会适应性行为与创造性行为并非对所有年龄的学生都同等重要。

还有学者认为，大学生心理素质是在生理素质的基础上，通过后天环境和教育的作用形成并发展起来的，是与大学生的学习、学术研究和生活实践密切联系的心理品质的综合表现。

笔者认为所谓"心理品质的综合表现"，尽管与"大学生的学习、学术研究和生活实践密切联系"，但这一描述依然比较笼统，并缺乏清晰性和可操作性。

不妨从心理学概念出发，尝试探索心理素质的内涵。

心理学是研究心理现象发生、发展活动规律的科学，心理现象又包括心理过程和个性心理特征两个方面。心理过程包括认识过程、情绪过程和意志过程，个性心理特征包括能力、气质和性格。据此，可以获得确立心理素质概念的两个最为基本的理论前提：第一，心理素质的体现必然依赖于心理活动的过程；第二，心理素质的塑造将以人格特征为基础。根据这两个理论前提可知，心理素质的优劣必定以个性心理特征为基础，且通过认识、学习、压力和情绪的管理等有效行为过程来体现。因此，对于心理素质我们给出以下操作性定义：

心理素质是在生理素质的基础上，通过后天环境和教育的作用形成并发展起来的个性品质和心理能力的综合反映。

个性品质与心理能力二者是相辅相成、辩证统一的。

在现实社会中，我们不难发现：一个具有宽广心胸、谦逊好学、忍辱负重、具有执著创新精神的人，必定是有能力把握机遇、挑战未来、不断成功的人。反之，一个屡战屡败、处处抱怨的人，必定是心胸狭隘、自卑懒散、人际失和且不思进取的人。

"啊，牡丹，百花丛中最鲜艳；啊，牡丹，众香国里最壮观。有人说你娇媚，娇媚的生命哪有这样丰满；有人说你富贵，哪知道你曾历尽贫寒。冰封大地的时候，你正孕育着生机一片，春风吹来的时候，你把美丽带给人间。"

这是著名词作家乔羽为电影《红牡丹》创作的主题歌，它通过对牡丹的生动描写高度概括并诠释了故事主人公红牡丹的成长经历。它用经典的语言准确地诠释了个性品质与心理能力之间的辩证关系：

冰封大地的时候，历尽贫寒，孕育生机——恰恰是人生成功必须具备的个性品质与行为能力；春风吹来的时候，富贵娇媚，美丽人间——只有具备像牡丹一样的信念与品质，并且能执著、有效地付出努力，人生才能够如牡丹一样，创造美丽、收获成功。

由此可见，个性品质决定行为倾向，行为能力体现个性风貌；个性品质的优化催生有效行为，而行为能力的提升又促进个性品质的优化。

二、心理素质的特征

（一）相对稳定性与可发展性

心理素质是个人的心理特质，不是人的单一个性品质或行为表现，也非一时一地的个性与行为表现。心理素质虽相对稳定但又始终处于动态发展之中。

（二）综合性

对于心理素质，不应简单地从心理过程或行为特征来加以研究，不能把心理素质简单地看成感觉、知觉、记忆、思维、情感、意志及其特性，对心理素质的研究应从个性层面出发，即心理素质是人的个性品质在行为过程（学习、工作和生活实践等）中的综合表现。

（三）可评价性

心理素质对人的活动成效有影响，因而具有社会评价意义，其品质具有优劣高低之分。人的某些个性特质，如气质类型（内向与外向）等，一般而言，不对人的行为成效产生直接影响，因此不应将它纳入心理素质分析之中。

（四）基础性

心理素质不是大学生在特定领域获得的某一专门、特殊的知识和技能，应是对大学生学习与创新、交往与适应、生活与实践等活动产生重要影响的基础性个性品质与行为能力。

第五节　心理素质与成功人生

由心理素质的概念可知，心理素质由个体的个性品质与心理能力构成，二者相辅相成，影响着人的一生，因此，心理素质的优劣决定了一个人的命运格局和人生发展。换言之，一个人对命运的驾驭取决于其对心理素质内涵的理解与把握。

一、个性品质的内涵

人具有其社会属性，归属于社会大家庭；人同时又是独立自由的个体，因而人既要自我独处，也要与他人相处。因此，人的个性品质应体现为人的自强素质与人本素质。

（一）自强素质

所谓自强素质，是指个体在发展过程中所体现的持续成长与发展的个性品质。

人的一生要实现持续成长与发展将源自积极与自信、执著与创新。它体现在以下4个方面：

1. 认识自我

一个人的自我发展首先源自全面、准确、深刻地认识心理自我，即全面、准确地理解自己的个性特征、能力类型与需求倾向。

与此同时，还需要全面、准确地认识和理解社会自我，即认识自己的人际关系状态、当前的经济状况、婚姻与家庭关系、社会地位等。

2. 接纳自我

一个人不仅要准确地认识自我，而且还要以自我认识为前提，完整而全面地接纳自我。不难理解，一个极力排斥自我的人必定是内心充满矛盾、极力排斥现实的人，因而是无法实现自我发展的。

3. 规划自我

当一个人能准确地认识并接纳自我时，才能够合理地规划自我，确定自己需要什么？能做什么？自己的未来可能达到的目标是什么？从而为全面实现自我明确方向。

4. 发展自我

有了对自我科学而合理的规划，才能有的放矢，谋求发展。只有自信、执著、十年磨一剑、循序而渐进，才能卓有成效地去追求未来，去创造成功。

与自强素质相反的就是——非自强，这是一种典型的劣质心态。其表现为：自我认同严重缺失；颓废、被动与自卑；偏执、落后与守旧。

当一个人被非自强因素困扰时，他就无法完整地接纳与规划自我。那么，无论是对自我、对他人，还是对现状，他都会表现为排斥、抱怨与强求。所谓自我价值的实现，对他而言，只是纸上谈兵、天方夜谭，毫无实质意义。

（二）人本素质

一个人存在的状态或者在独处，或者在与人相处，因而个性品质的另一种就是人本素质，表现为与人相处时的人格境界。它是一个人构建身心和谐、人生和谐的基础。人本素质的具体体现是：

1. 亲和与谦逊

孔子曰："三人行，必有我师"，这句话既通俗又恰当地表达了哲学与心理学的人本思想。当我们带着这种对人性的理解与态度去与人相处时，既应认同自己、接纳自己，同时也应欣赏他人、鼓励他人，从而给人以亲和与温暖、谦逊与真诚。

2. 包容与合作

古人云："天生我材必有用""人非圣贤孰能无过"。如果认同和接纳这一理念，在与人相处时就能够做到：既原谅他人的缺点与过错，也宽容自己的不足与过失，扬长避短，求同存异，携手合作，与时俱进。

3. 同情心与责任感

人本素质的行为魅力在于：命运与责任联系在一起，将既开拓自己的未来，又勇于承担责任；既懂得善待自我，又同情、帮助他人。

由此可见，亲和、豁达与包容是构建人际和谐，关系人生成败的一个重要个性品质。

与此相反，非人本素质则表现为一种人格缺陷，即：冷漠与嫉妒、自私与狭隘、自负与妄为；制造心理距离，掩饰内心世界。

俗话说"站得高则看得远，走得近就看得清"。所以，当一个人用冷漠与自负来制造人际距离时，用自负与妄为与人相处时，心理学会告诉你，他既在掩饰自己的自私与狭隘，又在妒忌与防御他人。

二、心理能力的内涵

与个性品质相结合的另一个重要的心理素质就是个人的心理能力，它是自我发展所必需的行为素质。心理能力的内涵表现在以下两个方面：

（一）适应与防御能力

1. 自然与人文环境的适应

我国幅员辽阔，民族众多，不同地域的自然与人文环境各有差异，互有优劣，因此能动地、有效地适应不同地域的自然与人文环境，才能构建人与自然、人与文化、自我与群体的全方位和谐。

这种适应既有宏观的大视野感受——不同地域存在自然与人文环境（观念、习俗）的差异；也有微观的近距离体验——不同家族的文化、观念差异以及不同的人的个性、观念、兴趣、行为风格的差异；既有横向的空间接纳——不同行业、企业文化和机制的不同以及不同职业群体（工人、农民、军人、商人、医生、律师、警察、政府官员等）文化和观念差异；也有纵向时间推移的认同——不同时期、不同年龄价值观念的变化与差异。

2. 重大精神挫伤的抵抗力、长久精神刺激的耐受力、精神创伤的康复力

电视剧《便衣警察》的主题歌唱道："几度风雨几度春秋，风霜雪雨搏激流……"它诠释了一个人生哲理：人生道路不会一帆风顺，充满了曲折与艰辛。在人生遭遇各种不同程度的困难和挫折时，直接经受检验的人的心理素质就是对重大精神挫伤的抵抗力、长久精神刺激的耐受力以及精神创伤的康复力。

3. 压力、情绪的自控能力

人生遭遇各种不同程度的困难和挫折常常以压力的形式呈现在人的面前，同时成为人们各种情绪的来源。因而，如何管理人生道路上所面临的各种压力，如何有效地驾驭和引导自身情绪，进而化压力为动力，变危机为转机，成为一个人心理素质的重要体现。

（二）成长与发展能力

一个人要实现持续的成长、发展直至成功，必须具备应有的成长与发展能力。它包括：

1. 学习能力——认知领悟能力

科学毕生发展观告诉我们，人生的持续发展，意味着活到老学到老。因而学习能力是一个人成长与发展的最基本的能力。它包括与学习相关的所有能力：观察力、想象力、注意力、记忆力、自省能力、新知识领悟力等。

2. 社交能力——公关协调能力

人的社会属性决定了一个人在其人生发展中要适时地理解与变换各种不同的角色（如学生、子女、父母、夫妻、职员、政府官员等），协调、发展公共关系，有效地构建人际和谐。可以认为，离开了公共关系，丧失了公关协调能力，人生将无法发展。

3. 发展能力——创造未来能力

社会发展依赖于不断变革与创新，社会的发展源自人类的推动。因而社会的发展与变革的本质源自人的发展与创新。因此，发展能力，即创造未来的能力，是人的心理素质的一个重要体现，它包括驾驭认知的潜质，实现知识、能力、行为之间的有效转换；挑战未来的能力，敢于超越自我，善于把握和创造机遇，不断挑战自我，创造成功。

三、心理素质与行为选择

由心理素质的概念可知，一个人的心理素质体现在他的各种外显的行为活动之中。由此给人们带来了心理素质与命运关系的思索，进而建立了心态决定命运的理念，即：心态决定选择——选择决定行为——行为决定命运。

由此可见，人的心理素质将在人的行为选择当中得以全面体现。

1. 行为选择的态度取向

人的行为选择首先面对的是态度取向，态度的选择决定了行为的方向，也导致了最后的结局。如图 1-1 所示。

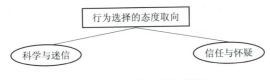

图 1-1　行为选择的态度取向

（1）在科学与迷信面前，理性的选择无疑是科学。然而现实中有的人并非完全如此，因为当人们选择用科学的态度去看待和处理事物时，就意味着要为个人的成败得失承担应有的责任，且无法回避。于是，当人们试图逃避因承担责任而带来的惩罚和痛苦时，用迷信解释事实就成了一种廉价的行为选择。

（2）信任的依据应源自于客观事实，然而当事实可能背离人们的愿望或期待时，人们的选择将经受检验，有的人为了维护个人的名利，妒忌他人的获利，往往放弃应有的信任而选择无端的怀疑与猜忌，以此阻断他人的需求，满足个人的利益。

2. 行为选择的动机取向

人的命运常常取决于瞬间的动机选择，所谓一失足成千古恨，其道理就在于此。如图 1-2 所示。

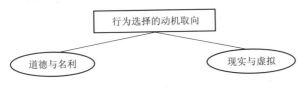

图 1-2　行为选择的动机取向

（1）在面临道德与名利的抉择时，人们的行为动机将因此经受考验。当一个人私欲恶性膨胀、利欲熏心时，最可能的选择就是漠视道德良知，不择手段，工于心计，损人利己。所谓德行天下，其含义值得人们思索。

（2）现实常常是残酷而严峻的，而未来的道路也常常充满了风险与荆棘，因此当人们试图逃避失败与风险时，最便利的途径就是漠视客观现实，沉迷于虚拟世界。所谓"画饼充饥"便是对这种人的最准确的刻画。

3. 行为选择的操作取向

一个人的行为结果，常常受制于其行为惯性，如果一个人被某种恶习所支配，屡战屡败的命运或许就被注定了。如图 1-3 所示。

（1）人们的行为倾向常常由概率决定，而行为结果则受规律的制约。然而，有的人偏偏对客观规律视而不见，宁愿相信自己的经验，在行为中如法炮制，最终就会无法避免被规律"惩罚"。

图1-3 行为选择的操作取向

（2）有的人习惯"跟着感觉走"，常常先入为主，用想象代替事实，而当事实与感觉相悖时，依然极力否定事实，维护其想象的正确性，当最终被现实所击败时，其后果已无法逆转，此时只剩下对命运的叹息："命该如此。"其实并非"命该如此"，而只是选择如此而已。

四、提高心理素质的途径

现代意义上的健康不仅是生理上的健康，同时也包括心理上的健康。心理健康是现代人才的必备条件和基本要求。所以，如何提高心理素质，从而能在这个充满竞争的多元化的社会中生存和发展，是当代大学生面对的无法逾越的重要人生课题。为此，我们提出以下提高心理素质的方向与途径。

（一）学习心理学知识

提高心理素质，其途径应该是多样化的，其中最常见的是学习心理学理论。通过课堂教学与自学方式学习、研究心理学理论，使大学生了解并掌握有关心理方面的知识，从而指导自己的行为，不断提高心理素质水平。

（二）加强心理训练

通过感觉、记忆、思维等训练，提高大学生心理素质。通过感觉方面训练，提高敏锐的观察力；通过记忆方面的训练，发展良好的记忆力；通过思维方面的训练，培养逻辑思维与创造思维能力。鼓励学生富于幻想，把理想与现实结合起来，从而使学生的智力得到良好的开发，能在丰富多彩、变幻莫测的世界中很好地了解和把握自己。

(三) 丰富情感体验

加强基础文明和集体主义教育，用社会主义的集体道德观塑造健康的人格。加强校园文明建设，开展心理咨询，培养大学生的理智感；进行审美观念和审美价值教育；培养大学生强烈的民族精神、社会责任感、历史使命感和事业的进取心，使学生既能正确地面对挑战、参与竞争，又能关心他人、与人共事。

(四) 培养意志品格

通过社会调查、社会实践、挫折教育及名人奋斗历程等相关教育，提高意志的自觉性、果断性、坚韧性、自制性，进而以良好的姿态迎接挑战；并且能理性地面对失败，具有解决多种冲突和协商对话的技巧，具有果断的决策能力。

(五) 参与社会实践

社会发展对大学生实际能力的要求越来越高，要通过校园学术活动、文化活动、第二课堂和社会活动等方式，有针对性地开展实地见习、野外实习、社会调查等形式的活动，使学生了解社会，接触生产实际，开阔视野，启迪智慧。逐步培养良好的劳动和生活习惯，培养吃苦耐劳和独立生活的能力，通过劳动健身，

提高身心素质，锻炼意志体力，提高认识社会的能力，提高分析问题、解决问题的能力和善于应变、开拓创新的能力，从而在各种环境中保持良好的心态，正确地面对自己、面对他人、面对社会。

第六节 大学生心理素质导论内容体系与学习意义

一、大学生心理素质导论内容体系

根据上述心理素质概念，本教材将从大学生个性品质和行为能力方面探索当代大学生的心理素质，并建立本内容体系。本教材各章节所包括内容大致如下：

(一) 大学生的自我意识

大学生正处在一个身体素质、心理素质全面发展的重要时期，个性品质的塑造与优化源自自我意识的健全，而自我意识的健全有赖于自我认识和自我发展能力的提升。因而，大学生自我意识是大学生心理素质教育的首要内容。

(二) 大学生的人格发展与心理需求

人格的完善是人成长的最高境界，因此，人格素质是大学生心理素质的核心。研究与探索大学生人格发展的规律，理解当代大学生的主要心理需求与这一阶段的心理矛盾，将有助于帮助大学生建立有效的自信，为大学生的健康成长指明方向。

（三）大学生的学习与创新

大学生的创新和发展依赖于有效地学习、辩证地思维以及博采众长的能力。毋庸置疑，有效地提高学习与创新能力，对于一个即将挑战未来的大学生而言，具有重要意义，它理应成为心理素质教育的内容。

（四）大学生交际能力

21世纪是一个合作与竞争并存的时代，因此，一个大学生的未来成功与否，不仅取决于能否悦纳自我，更重要的取决于是否能悦纳他人，与人合作，互助双赢，共同进步。和谐的人际关系，不仅关乎竞争的成败，更与身心健康息息相关。因此，当代大学生心理素质教育必须重视人际交往能力的培养。

（五）大学生爱的艺术

爱是一种感觉，也是一种行为，更是一种能力与艺术。恋爱与婚姻也是人生的重要组成部分。爱，也构成了当代许多大学生大学生涯的重要内容。

因此，正确处理两性关系，有效地驾驭友谊和爱情对人生的幸福与发展无疑具有重要意义。本课程将承担培养当代大学生爱的情操与素质这一重要使命。

（六）大学生的职业心态与生涯规划

大学教育是大学生学会自食其力，独立生活，进而迈向社会、实现自我的重要阶段，因此，构建科学的职业价值观，有效地规划职业生涯，实现理想自我与现实自我的结合，是当代大学生的重要使命，也是当代大学生心理素质导论的重要内容。

（七）大学生的压力和情绪管理

从客观上说，人是情绪动物，因此，一个大学生的心理是否健康，为人处世是否成功，将受制于其压力及情绪管理能力。有效地管理压力和情绪将是个体适应和发展的前提。因此，培养大学生情绪管理构成了心理素质教育的重要内容。

（八）大学生的心理保健

心理健康是一个大学生未来人生和谐与事业成功的保障，而心理健康的保障则有赖于构建科学的心理健康理念。因此，当代大学生心理素质教育课程应帮助大学生学会有效地适应环境，对于一般心理问题，应既能够有效地识别与预防，又懂得自助与求助。

二、大学生心理素质导论课程的学习意义

科学研究与实践证明，大学生学习现代心理学知识，全面提升心理素质具有以下几方面的意义：

（一）帮助大学生正确地理解科学的心理发展观，与时俱进，适应时代发展

我们已走进了一个社会不断变革、科技日新月异、价值多元化的时代，适者生存，优胜劣汰的规则在完美且无情地展示着。因而这个时代赋予了当代大学生一个深刻的使命，那就是在适应中完善自我，在发展中推动时代。

由人的心理发展规律可知，一个人自我意识是否健全，将制约其一生的成败。因此，在大学时代不断完善自我意识，既是当代大学生的重要使命，也是大学生人格成长的关键。

因此，本课程的首要任务就是帮助大学生学会有效地健全自我意识，科学而辩证地理解社会，人本而和谐地与人相处，进而达成人生目标的健康、有序与可持续发展。

（二）帮助大学生学会以当代科学的人本观去构建和谐，谋求合作，创造未来

当代大学生的成长与发展有赖于构建与发展和谐的人际关系。当代大学生心理素质导引课程将帮助大学生提升人际交往能力，学会以人为本，以科学的心态与人交流；以理性的原则与人合作，在和谐互助中实现人生的成功。

（三）帮助大学生有效地完善人格，发掘潜能，提升自信

因为性格决定需求，需求决定行为，行为决定命运，所以，"性格决定命运"，既是心理学的名言，也是心理发展的定律。毫无疑问，人生的成功源自人格的完善，人生的失败也归咎于人格的缺陷。

因此，本课程的一个重要任务就是帮助大学生探索心理健康、人格完善之路，踏上自信执著、成才成功之途。

（四）帮助大学生科学地规划自我、理性地发展自我、成功地实现自我

高楼万丈平地起，千里之行始于足下。从平地到高楼，由足下之行到千里之外，必然要遵循一个科学规律，那就是：孕育理想——规划蓝图——确立目标——付诸行动——实现理想。

当代大学生要适应社会，挑战未来，实现自我价值，需要全面提升心理素质。不仅要建立正确地价值理念，自我完善、构建身心和谐，还要进一步学会科学地规划自我；以心理成长、人格的完善为依托，理性地发展自我；成功地实现自我。本课程将帮助大学生规划自我，放飞希望，打造成功。

本章练习

1. 什么是素质教育？
2. 什么是心理素质？心理素质有哪些特征？
3. 如何理解选择决定命运？如何选择行为取向？
4. 提高心理素质对当代大学生有何意义？

大学生的自我意识

"认识你自己"——这是刻在古希腊神殿上的一句名言。这句名言激励着人们不断地探索自我、实践自我与超越自我。自我意识的确立与健全是青年人心理成长与发展的重要标志之一。对当代大学生而言,大学时代将是自我意识从分化、矛盾最终走向统一的过程。因此,当代大学生心理素质的培养将从对自我意识的了解、从"认识你自己"开始。

第一节 自我意识概述

一、自我意识的概念

所谓自我意识,是指人对自我的生理和心理状态、自我与他人、自我与环境和社会关系、自我与未来发展态势的认识与理解。它是一个完整的、多维度和多层次的心理系统,包含了认知、情感、意志行为等多种心理机能。

二、自我意识的结构

自我意识系统包括现实自我、本能自我、理想自我三大层次多个维度,其层次与结构如图2-1所示。

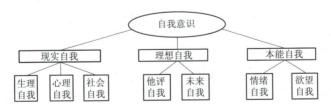

图2-1 自我意识结构图

从图2-1可见,人的自我意识由现实自我、理想自我和本能自我构成,每个自我又分别有各自的子系统,它们结合在一起组成了一个逻辑严密、层次分明、且完整统一的结构系统。

心理学的研究表明,现实自我可以被认知,被洞察;理想自我可以被认可,是境界；本能自我可以被分析，被接纳。那么，个体的自我意识是如何产生与发展的呢？自我意识中各个系统的具体内容、相互联系及意义分别是什么？我们需要如何有效地去认知、分析、接纳自我意识呢？在以下的章节中，我们将进一步探讨与揭示。

三、自我意识的产生与发展

大学生的自我意识是以儿童和青少年时期自我意识为基础进一步发展的，因而继承性兼发展性是这一时期的鲜明特征。心理学研究表明，人的自我意识从产生、发展到趋近稳定和成熟，一般要经过20多年时间。

（一）自我萌生期

婴儿呱呱坠地的那一刻，并没有自我意识。他们不能区分自己与外界环境，因此，婴儿几乎生活在主、客体未分化的状态之中。

8个月左右，自我意识的最初状态——生理自我开始萌生。

1岁左右，逐步认识自己的身体，开始把自己当做客体来认识，开始意识身体的感觉。

2岁左右，开始牙牙学语，学会用"我"代表自己。

3岁左右，自我意识开始逐步清晰：出现羞耻感和疑虑感，产生占有欲和嫉妒感，萌生自立的需求——对许多事情要求"我自己来"。

很显然，"自我萌生期"产生单个自我意识，在这一时期，人只意识到自身的存在、自己的同一性和同其他客体的区别，同时也感到自己与周围世界的不协调。因而黑格尔把自我意识发展的这个阶段称为"欲望自我意识"。

（二）自我发展期

从3岁至青春期，个体开始进入自我意识的发展期。这一时期是全面接受社会文化影响，开始学习角色的重要时期。个体在家庭、幼儿园、学校参与游戏、学习、劳动等各种不同的活动，在模仿、认同、练习等过程中逐步形成各种角色观念，即性别角色、子女角色、朋辈角色、学生角色等。通过角色观念的建立，个体逐步意识到自己在特定的群体以及社会关系中的作用和地位，以及与自我相联系的相关的社会义务和社会权利等。

因为在这个时期产生了人际关系，个体与他人接触，从他人身上认知自己的特点。对个体来说，自己的"自我"有了新鲜性，引起他的注意。从对自身单个性的认识进而转化为对自身特点的认识。黑格尔把这个阶段称作"承认自我意识"。

（三）自我成熟期

从青春期到成年，这个时期将近10年。在这个阶段，个体抽象思维能力大大提高，自我意识能超越客观情境，进入主观精神世界，逐步形成了心理自我。这一时期，自我意识的进一步成熟，主要表现在以下几个方面：

（1）通过自己的主观意识来认识、解释与评价客观事物，自我意识因此成为个体认识外部世界的中介，从而使个体的思想及行为具备较浓的个人色彩。

（2）个体以自我对人格和身体特征的感知为基础，确立相关事物的重要性，形成其价值系统，并以此为指导，产生自我相应的言行，同时提升自己的社会价值与地位。

（3）产生对未来的期待，追求更高、更美好的生活目标，产生与自我价值观相匹配的理想自我。

对这一时期的特征，黑格尔把它概述为"全体自我认识"。即：相互作用的"自我性"，掌握"家庭、乡里、国家以及一切美德、爱情、友谊、勇敢、诚实、荣誉"的共同原则，从而不仅意识到自己的差异，还要意识到自己的深刻共同性以至同一性。这种共同性就构成了"道德实体"，使个体的"自我"成为客观精神的一个因素、一个部分。

因此，自我意识的发展是一个有规律、有阶段性的过程，其各个阶段仅与人的个体生命历程紧密相关，因此，对任何一个时期的健康成长的忽视，都将给人带来终生的困惑。

四、大学生自我意识的特点

（一）关注自我发展

大学时代，既是青年人接受高等专业教育、全面提升综合素质的黄金时段，又是大学生直接面对社会之前的缓冲期。这段缓冲的时期，正是他们高度关注自我发展的时机。他们开始关注与探索自我、自我与他人、自我与社会的关系等一系列与"我"相关的问题。他们会经常反思："我聪明吗？""我的风度如何？""我的性格怎样？""别人会如何看我？""我是喜欢他（她）还是爱他（她）？""我如何才能获得成功"……此外，他们还常常关注时事与政治，并结合国家改革与发展的态势来思考自己的人生。

（二）自我认同提高

当代大学生都经历了中、小学传统的应试教育模式，进入大学后，他们便走进了新奇、自由、广阔的求知与发展的空间。由于知识的增长、生活经验的扩大，大部分学生学会了客观、准确地评价自我，并与他人及外界的评价达到基本一致。当然，大学生要摆脱家长、教师以及朋友的影响，建立比较独立的自我认同系统，还需要一个刻苦努力、执著追求的艰难过程，直到大学生自身的世界观、价值观基本确立时，这个过程才算相对完成。

（三）自我体验丰富

进入大学的一代学子，在大学这个自由发展的时空内学习、实践、生活情感等各种体验可以说是丰富而多彩的。真诚与虚假、爱与被爱、孤独与焦虑、竞争与淘汰、成功与失败、希望与失望、自信与自卑等，每个大学生都将以不同的心境与体验去感受。或多愁善感、或爱恨交织、或喜出望外、或充满自信、或悲观消极,这就是时常萦绕在当代大学生心中的情绪体验。而就是在这种丰富的两极体验中,他们感悟成长,走向成熟。

(四) 自律能力增强

经历了自我关注、自我认同与自我体验后,大多数学生都学会了理性思考,学会了按照自我的规划和愿望摆脱负性情绪的干扰,自觉地去调整自己的行为。学会了按照自己的方式去学习、去成才。在成长体验中他们逐步学会了自律、自觉与自控。因为只有提升自律水平,才有能力思考与自省;才有能力去理解他人、有能力去付出行动;才有能力为自我、为他人、为社会承担有效的责任,进而创造属于自己的成功人生。

第二节 现实自我的认知

何谓现实自我?顾名思义,现实自我就是一个人对自我现实生存状态的认识。

因为每个人都是生活在现实中的,因此,人的自我意识的构建与完善首先从对现实自我的认知开始。对于自我意识正逐步趋于成熟的当代大学生而言,建立现实自我的认知尤为重要。作为自我意识的子系统,现实自我由生理自我、心理自我与社会自我构成,三个自我完整统一、不可分割,见表 2-1。

表 2-1 三个自我特点

生理自我		心理自我		社会自我	
外貌特征	生理特质	行为倾向	心理特征	自我与家族	自我与社会
A) 身高	A) 性别	A) 需要	A) 性格	A) 亲子关系	A) 师生关系
B) 体重	B) 体质	B) 动机	B) 能力	B) 兄弟姐妹关系	B) 职业关系
C) 五官	C) 血型		C) 气质	C) 其他亲缘关系	C) 朋辈关系
D) 肤色	D) 其他			D) 夫妻关系	D) 其他关系

因为一个人既有生理特征,又有心理品质,同时又处于一定的社会关系之中,所以,现实自我的认知来自于对生理、心理、社会自我的完整而全面的认知。

一、生理自我的了解与接纳

所谓生理自我,指的就是个体对自我身体、生理状态的了解,包括对性别、身高、体重、肤色、血型、容貌、身材等的认识,以及对病痛、生死、温饱及劳累的感受等。如何理解现实自我呢?不妨从对生理自我的了解与接纳开始。

当婴儿降临的那一刻,他(她)就用第一声啼哭向世界宣告:
(1) 一个独立的新生命从此诞生了。

(2)"我"将和世间所有人一样,共享人类物质与文化资源,"我"同时也将拥有无条件的生存、发展、受教育以及劳动的自由和权利。

对生理自我的认识与接纳,是人类社会所赋予每个人的自由与权利,是作为生命个体的人善待自我与发展自我的前提与基础。因为人的生命的独立性首先表现为由性别、身高、生理、体重、肤色、血型、容貌、身材等所构成的差性异,恰恰又是这种差异性组成了丰富多彩的人类大家庭。所以,一个生命从诞生之日起,其生命就不仅属于他自己,还与整个人类社会息息相关。

不难理解,对生理自我的认识与接纳,其本质就是对自我与他人的生理差异的接纳。"我很丑,可是我很温柔"这句通俗经典的语言,不仅生动地体现了个体热爱生命、善待自我,对自我与他人的生理差异的接纳,同时也诠释了生命的价值——因为有了"我",人间才多一份"温柔"。

由此可见,善待自我、完善自我,首先从无条件了解与接纳生理自我开始。这是生命本身与人类大家庭所共同赋予我们的自由、权利和责任。

二、心理自我的认同与接纳

心理自我,就是对自己需求与动机、性格、能力与气质等个性心理特征的了解与认同。

作为一个自然人,他是生理自我与心理自我的结合体。人的生物属性决定了人与人之间存在性别、体重、肤色、血型、容貌、身材等生理特征的不同,而人的心理属性又决定了人与人之间具有性格、需求、能力、气质等个性心理特征的差异。世界有50亿人口就有50亿种不同的性格,这就是心理学的奥秘与魅力所在。

一个生活在现实生活中的人,因为其独立性既表现为生理特征的不同,又表现为性格的鲜明差异,因此,只有当我们全面地了解与认同了自己的需求与动机、性格、能力与气质等个性心理特征,才能理性地驾驭自我,有效地规划自我,最大限度地发掘自我,最终创造属于自己的人生价值。

一个人既然有自己的性格,就有符合自我性格特征的需要和愿望,在条件具备时,就会付出行动以满足自己的需要和愿望。因此,一个人行为的成败与否和他对自己性格、能力、需要的理解与否密切相关。当一个人能准确地理解自己的性格、能力与需要时,就能根据自己的性格与能力特征,去等待或创造条件,并通过有效的行动去实现自己的需要。反之,当一个人不知道自己的性格特征是什么,能力空间在哪里,那么他的需要和愿望就是模糊的。换言之,他不知道自己真正需要什么,也不理解自己心中真实的愿望是什么,他只会或者一味地妒忌、羡慕他人,或者一味地人云亦云,没有自己的见解和主张,也不知道需要和愿望满足的有效途径在哪里。因此,他的行为必然是盲目的,其行为的失败也就不言而喻了。

三、社会自我的定位与接纳

社会自我就是人对自我与他人的关系、自我与环境及社会关系的意识。

由人的社会属性可知，每个人都处在一定的社会关系当中，并且都以既定的角色在一定的社会关系的互动中生存和发展。比如一个在校的大学生，他（她）本身是自己家庭中的一员，是父亲、母亲的儿子或女儿，他（她）需要以儿子或女儿的身份与父母相处；进入大学后，他（她）就是该校众多大学生中的一员，他（她）和所有大学生之间构成了同学、校友的关系；他（她）和大学老师之间又构成了师生关系，他（她）将分别用同学和学生的身份跟同伴和老师相处；当他（她）毕业后成为某公司职员时，他（她）与同事和公司领导之间又分别构成了不同的关系，又将分别以同事和员工的身份跟同事和领导相处；当他（她）结婚、生育子女后，在其家族体系中，他（她）不仅扮演丈夫（妻子）的角色，与此同时，他（她）还可能同时扮演着儿女和父母双重角色。

由此可见，一个人在不同的时空归属于不同的团体，需要分别准确地变换不同的角色与团体中的人相处。一个人一生的成败，从社会自我的认同角度而言，取决于其社会自我的定位或角色变换的正确与否。因为它制约了与人的一生相联系的亲情、友情、婚姻、事业等所有人际关系。因此，社会自我的定位与接纳是人生成功的重要一环，任何时候都不容忽略。

【案例】小军（化名）是某大学美术专业二年级学生，有一天晚上，小军来到学院心理咨询室，向心理老师表达了一个心理困惑与感叹："当今社会，交个知心朋友咋就那么难呢？"接着，他诉说了来到大学后的一段交友经历：

来到大学不久，他就交了一个好朋友，是同寝室的小方（化名），两人曾经非常要好。他们一起去教室、上街、打球、去外地游玩，几乎形影不离，周围同学都笑话他们像同性恋。

小军对小方就像亲兄弟一样好：小方生病了，他陪小方去医院；早上小方不愿意起床，小军替他买早餐；小方需要一本美术参考书，小军请假独自去省城帮他买；小方的钱不够用了，小军慷慨解囊。

然而，从大二开始，小方的变化让小军难以理解：小方竟然和别的同学一起搬出寝室，在校外合租房子。小方告诉小军的理由是：寝室太吵了。现在都大二了，要为将来打算，所以得找个安静的地方好好学专业。

如此一来，小军和小方就自然疏远了。看到曾经的好兄弟如今远离他，和别的同学在一块，小军不理解、不习惯，也不适应。他曾多次试图调整、恢复和小方的关系，但结果都落空了，于是才有了小军向心理老师表达自己的困惑与感叹。

心理老师启发小军回忆其幼年的交友经历，小军说出了一段令他刻骨铭心的特殊经历：

小军有一个堂弟，比他小3岁。在小军6岁那年，叔叔不幸车祸去世，小军的爸爸就把3岁的堂弟接到自己家里来了。小军有了弟弟做伴，心里十分开心。从此，小军和堂弟就像亲兄弟一样，他们一起生活，一起长大。小军对弟弟也是关心备至，非常照顾。

然而，天有不测风云，人有旦夕祸福。就在小军高三那一年的暑假，一件意外的事情发生了：高考结束的小军带着中考结束的弟弟一起去村边的河里游泳，没过多久，突然听到河中间的弟弟在呼叫："哥哥，快来救我，我游不动了，我的脚在抽筋。"听到弟弟呼救，小军急切、快速地向弟弟游去，可是还没等到小军靠近，弟弟已经沉下去了。等小军把弟弟拖上水面时，弟弟已经咽气了……

小军泣不成声的叙述，让心理老师找到了他"交知心朋友"的心理困惑与心理症结。那么，小军的心理症结究竟是什么呢？

【案例解析】

1. 小军与堂弟的朝夕相处，既塑造了他待人的真诚，也固化了他的亲情依恋。

2. 小军堂弟溺水身亡，割断了小军深层的亲情依恋，小军因此感到深深的负罪与自责。

3. 小军来到大学后，遇到了和堂弟性格相近，相处默契的小方，因此唤醒了小军内心深处的情感依恋——他把小方置换为他的堂弟，试图在小方身上实现其情感依恋的代偿。

4. 可是小军对小方的"兄弟"之情让小方难以承受，因为小军和小方"亲兄弟"式的相处模式以及所谓"兄弟"的角色定位使小方失去了个人独立、自由的生活和发展空间。因此，经过暑假的休整和调适，小方对自己新学期的交友、学习和生活做出了令小军意外的全面改变。

上述案例表明，社会自我的定位偏离、人际关系中的角色紊乱，将产生一系列心理问题或心理障碍。案例分析说明：亲情与友情不能混淆，"兄弟"与"朋友"也不一样，任何不同关系的混淆、角色定位的错误，都会给生活、学习以及人际关系制造麻烦，带来困惑，进而扰乱个体身心和谐，使个体学习、情感、人际关系等发展受阻或停滞。

第三节　理想自我的构建

一、理想自我的定义

理想自我是什么？简言之，就是希望自己未来成为什么人，可能达到的人生目标与境界是什么。

每个人从出生开始直到生命结束，都是不断地从昨天走到今天，又从今天走到明天；或者说每个人的一生都是在总结过去、把握现在与创造未来的有限的周期循环中度过。每个人在其生命旅程的各个阶段，都会回顾、总结昨日那个曾经的"我"；分析、理解今天这个现实的"我"；规划、展望明朝理想的"我"。

因此，对于理想自我，其实每个人都不陌生。因为当我们还是孩童的时候，就曾在父母和老师的启发、引导下思考和憧憬："我将来要当科学家""我将来要当名医"……，这就是理想自我的源头。当代大学生在父母和老师的抚养、教诲下，从幼儿园走进小学，从小学步入中学，又从中学跨进了大学，一路走来，逐渐长大，不断成熟。当大学生学会了关注自我、思考自我后，他们逐步理解、接纳了自我与他人的生理属性的不同，又认同与接纳了心理特征独特的"我"。此时的大学生就面临着一个新的自我塑造的使命：那就是如何构建"我"的理想，如何打造"我"的未来。

二、理想自我与现实自我的联系

如上所述，理想自我与现实自我紧密相连。它们的联系如图2-2所示。

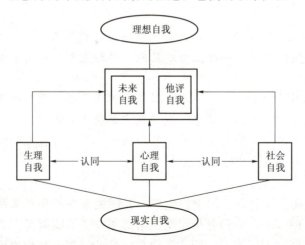

图2-2　理想自我与现实自我的联系

由图2-2可知，理想自我的构建须以现实自我的认同为前提条件：

（1）理想自我的发展状态受生理自我的制约。因为一个人的生理状态决定了其未来自我可能达到的目标与范围。比如一个身高1.5米的女大学生，她可以在许多职业领域施展才干，但却不可能在有身高规范的职业领域设计、发展自我（比如时装表演行业、篮球、排球运动等）。

因此，当代大学生的成功奥秘在于：正确地认同与接纳生理自我，以此为基础，构建符合个人生理条件的理想自我。

（2）理想自我的发展状态无法逾越心理自我的特征。因为一个人的心理特质界定了其未来发展可能成功的目标与领域。比如一个性格内向、而处事谨小慎微的大学男生,可能在某个科研或学术领域取得成就,但他很难或者根本不可能将自己塑造成为勇于驾驭风险、引领市场的商业精英。

因此,当代大学生的理想之路在于:不是盲目地羡慕、妒忌他人,而是学会准确地认同与接纳心理自我,以此为前提,构建符合个人精神属性的理想自我。

(3)理想自我的发展受制于社会自我的定位。因为每个人所处的家族文化、地域文化、自我与所处的环境及社会关系是千差万别的,它给人的发展所提供的机遇也同样千差万别,社会自我无时无刻不在影响理想自我的构建与发展。比如一个毕业后当村官的大学生,可以在新农村的建设与发展中建功立业,但他却很难甚至不可能在艺术、科研领域创造成功。

因此,一个成熟的大学生,其成功之道在于:准确而深刻地理解与接纳其社会自我,有效地驾驭现实自我与理想自我的联系,因时制宜、因地制宜,探索和构建属于自己的理想之路,进而实现理想自我。

三、理想自我的行为取向

(一)理想自我的结构

理想自我包含两个内容:未来自我与他评自我,未来自我是行为内涵,他评自我属于评价范畴。两个自我同时存在,相互依存。二者结合,构成了理想自我的完整体系。

1. 未来自我

未来可能达到的人生目标与境界构成了未来自我。一个大学生在认同与接纳现实自我的同时,必然要思考一个问题:我将来要做什么?我如何才能实现我的人生梦想?我应该如何规划、探索符合生理自我与心理自我的特征?真正属于我的理想之路在哪里?

2. 他评自我

在别人眼里,我是一个什么样的人?我希望别人怎么评价我?怎样评价我所做的事?这就是他评自我。很显然,他评自我也是每个人都会也必须面对与接纳的自我。

3. 未来自我与他评自我的关系

现代京剧《红灯记》中有个经典唱段"做人要做这样的人",其中唱到"为什么爹爹、表叔不怕担风险?为的是救中国,救穷人,打败鬼子兵。我想到,做事要做这样的事,做人要做这样的人。"歌词非常简洁、经典、形象化地表达了未来自我与他评自我相互依存的关系,通俗而又逻辑化地诠释了理想自我的内涵:你未来要做"这样的事",你要做中国人赞同的"这样的人"。

(二)理想自我的行为取向

如图2-3所示,从他评自我的取向分析可知:

(1)当选择做事在前,评价在后时,符合评价生成的客观规律,此取向为正性的、健康的。

（2）当选择评价期待前置，行为付出在后时，则背离了评价生成的客观规律。因为在该取向中，行为变成了手段，人的主观意识无法控制的他人的"喜欢"（评价）成为了目的和动机。显然，该取向是负性的、非理性的和非健康的。

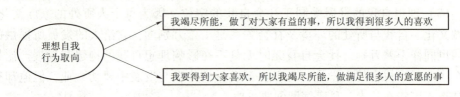

图 2-3　理想自我的行为取向

【案例】小娟（化名），女，6 岁，独生女。学前班读书，纯真、活泼，讨人喜欢。

暑假的某一天下午 6 时许，小娟回家时从邻近自家的麻将馆经过，有一个正在打麻将的男人叫住了小娟："小娟，麻烦你帮叔叔去隔壁商店买包烟，我给你 15 块钱，你买一包 12 块钱的金圣，知道找几块钱吗？""知道，没问题。"小娟爽快地答应并很快把烟买回来了。男人接过烟和零钱说："小娟能帮叔叔买烟，还会算账，真不错。"小娟听了心里很高兴。接着一个女人又跟小娟说"小娟，阿姨口渴了，你去帮阿姨买一瓶王老吉好吗？""王老吉 3 块钱一瓶，我给你 20 块钱，注意别找错了钱哦？""知道，没问题。"小娟接过钱，一会儿就把一瓶王老吉和 17 块钱交到了那个阿姨手中。阿姨高兴地说："小娟真乖，真能耐，算数一点不差。"紧接着小娟又帮另外两个大人分别买了打火机和矿泉水，其中一个大人照例夸奖了小娟，小娟自然高兴，可是最后一个人接过小娟买的矿泉水和找回的零钱后一句话没说。

小娟回到家后，正赶上吃饭。她坐在饭桌前一声不吭，妈妈问她："小娟，你怎么不吃？是哪儿不舒服吗？"小娟还是一声不响，可眼泪却忍不住掉了下来。妈妈立刻明白了小娟可能在外面受了委屈："是谁欺负我们小娟了吗？告诉妈妈好吗？"小娟终于开口了："就是那个常来咱们家玩的阿姨。她在打麻将，我好心好意帮她买矿泉水，她连一声谢谢都没有，我能不伤心吗？"

小娟的话刚说完，那个阿姨就来了："小娟是在说我吗？""就是你，你好坏。"阿姨一下把小娟抱了起来："傻丫头，阿姨最喜欢你的。阿姨今天是故意跟你开个玩笑。好了别生气了，快吃饭，阿姨给你买了你最喜欢的巧克力了。"小娟接过阿姨的巧克力，终于破涕为笑了……

【案例解析】

1. 小娟为何愿意连续帮打麻将的大人去买东西呢？很显然，因为大人的夸奖了她。

2. 小娟最后又为何生气了呢？很简单，是因为没得到大人的夸奖。

3. 由此可见，小娟帮大人买东西的行为是一种方法，目的是获得大人的夸奖与好评。因此，小娟是"他人评价"的期待前置，帮人的行为在后。

这是一个6岁儿童的例子，或者说是一个现代版的童话故事。那么作为当代大学生，你能从这个故事中领悟到什么呢？在你身边或者在你自己身上是否发生过类似的情况？例如：你是否也习惯听别人说你的好话与奉承？是否因为得到老师或同学的好评而沾沾自喜？是否因为听到对你的微词而心怀不悦呢？仔细探寻，也许会发现，原来我们也常常期待他人的好评，也在为了一个评价而行动，只是不像6岁女孩那么简单和清晰。

因此，塑造自我与完善自我，对于当代大学生而言，任重而道远。

第四节 本能自我的识别

根据精神分析学原理，每个人的人格结构中都存在着一个意识难以觉察，但又时时在干扰、制约我们现实行为的无意识自我，也就是本能自我。恰恰就是它，经常趁我们匆忙、不小心，或者注意力分散时制造、加工一些莫名的情绪和一时糊涂，把原本好端端的一件事搅乱了。

因此，一个人要获得人生的成功，不仅需要学会有效地认同与接纳现实自我，合理地构建与规划理想自我，还需要不断地警觉与识别内在自我（即本能自我）可能趁机给我们的现实行为制造麻烦、影响、干扰与破坏，从而有效地遏止前功尽弃、功亏一篑、屡战屡败的状况发生。

那么，本能自我的性质是什么？这个概念从何而来？答案源自经典的精神分析学。

一、精神分析学简介

精神分析学是20世纪奥地利著名的心理学家弗洛伊德所创立的。精神分析学说自创立之后，几乎渗透到了政治、哲学、医学、文学、社会学、伦理学、教育学、管理学等各个学科和领域。其理论的影响程度近似于爱因斯坦的相对论。

弗洛伊德的著作主要有：《梦的解析》《日常生活心理病理学》《精神分析引论》《性学三论》等。

精神分析学说大致可以概括为五个观点，即分区观点、结构观点、动力观点、发展观点和适应观点。其中最重要的是意识层次论（分区观点）和人格结构论（结构观点）。

（一）意识层次论（图2-4）

精神分析学认为人的意识层次包括意识、前意识和潜意识三个层次，好像深浅不同的地壳层次而存在，故称之为精神层

弗洛伊德

次。人的精神活动，包括欲望、冲动、思维、幻想、判断、决定、情感等，会在不同的意识层次里发生和进行。

1. 意识（即自觉）

凡是自己能察觉的心理活动就叫意识，它处于人的心理结构的表层，它感知外界的现实环境和刺激，用语言来反映和概括事物的理性内容。

2. 前意识（又称下意识）

它是调节意识和无意识的中介机制。进入前意识的内容也是潜意识的。它是潜意识里一种可以被回忆起来，能被召唤到清醒意识中的内容。

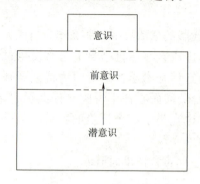

图2-4 意识层次图

前意识主要体现为"稽查者"的角色。潜意识中绝大部分充满本能冲动的欲望被它控制和阻止，无法进入前意识，更不可能进入意识。前意识既联系着意识，又联系着潜意识，当其放松警惕时，潜意识内容有时就通过，伪装渗入到意识中，从而实现了潜意识向意识的转化。

3. 潜意识（又称无意识）

它是压抑在意识和前意识之下的没有被意识到的心理活动，代表着人类更深层、更隐秘、最原始、最根本的欲望及心理能量。

精神分析学认为，"潜意识"是人类一切行为的内驱力，它包括人的原始冲动、情绪和各种本能（主要是性本能）以及同本能有关的欲望。由于它的原始性、动物性和野蛮性，使之不兼容于社会理性，所以被压抑在意识知觉之下。但它并未被消灭，它无时不在暗中活动，要求直接或间接地得到满足。正是这些原始的情绪和欲望从深层支配着人的整个心理和行为，成为人的一切动机和意图的源泉。

弗洛伊德做了个生动的比喻：潜意识好比是一个大房间，意识是紧连着它的一个小房间，两房之间有一道门，门口站着一个守门员，执行检查任务。在潜意识的大房间里有各种冲动和欲望。想走进小房间，但一旦走近门口就被赶回去。所以受到压抑，但他们依然不为人所知地积极地活动着，设法寻求得到满足。这些被压抑在潜意识中的欲望和冲动与意识之间不断斗争与冲突，引发各种精神疾病。一个健康的人，潜意识内容就少，个体无需用太多的自我力量控制这些潜意识，当一个人潜意识里的内容过多的时候就会以症状表现。

（二）人格结构论

精神分析学把人格的结构分为本我、自我和超我三个部分，这就是结构观点。

（1）本我。代表追求生物本能欲望的人格结构部分称为本我，其性质是潜意识的。

本我是人格的基本结构，是人格中一个永存的成分，在人一生的精神生活中起着重要的作用。本我遵循的是快乐原则，要求毫无掩盖与约束地寻找直接的肉体快感，以满足基本的生理需要。如果受阻抑或迟误就会出现烦扰和焦虑。

（2）自我。根据现实原则而起作用的人格结构部分称为自我。它的活动在意识层次。

自我是通过与现实外界环境的接触，通过后天的学习使本我的一部分获得了特殊的发展。自我是本我与外界关系的调节者，对外界的调节功能是感知外界刺激，了解周围环境，并将经验消化、储存；对本我的功能是指挥它，决定对它的各种要求是否允许其获得满足。

（3）超我。代表良心或道德力量的人格结构部分称为超我。它源自潜意识。

从种族发展来看，超我来自原始人类，它是人类所特有的。从个体发展来看，超我在较大程度上依赖于父母的影响。一旦超我形成以后，自我就要同时协调和满足本我、超我和现实三者的要求。也就是说，在使本我（即本能冲动和欲望）要求获得满足的时候，不仅要考虑外界环境是否允许，还要考虑超我是否认可。

于是，人的一切心理活动就可以从本我、自我和超我三者之间的关系，即人格的动力结构关系中得以阐明。精神分析学认为一个人要保持心理正常，要生活得平稳、顺利和有效，就必须依赖这三种力量维持平衡，否则就会导致心理的失常。

（三）心理性欲发展论

精神分析学的另一个重要内容就是心理性欲发展论，即发展观点。精神分析学认为，本我所代表的无意识冲动的满足，将通过身体某一个部位或区域的快感来实现，这个区域在个体发展的不同时期则构成了人格乃至整个心理的发展阶段。

（1）口欲期（0~1岁）——其快乐来源于唇、口和手指头。在长牙以后，快乐来自咬牙。

（2）肛欲期（1~3岁）——其快乐来源为：忍受和排粪便，肌紧张的控制。

（3）儿童期性欲，包括恋母期及恋生殖器期（年龄在3~6岁）——其快乐来源为：生殖部位的刺激和幻想，恋母或恋父。

（4）潜伏期（七八岁左右开始一直到青春期前）——这时儿童不对性感兴趣，也不再通过定位于躯体的某一部位而获得快感。兴趣开始转向外部，发展各种为应付环境所需要的知识和技能，这也正是儿童进入初等教育的时期。

（5）生殖期——这一阶段起于青春期，贯穿于整个成年期，快乐来源逐渐转向异性。

精神分析学认为性心理的发展过程如果不顺利，留在某一阶段上或遇到挫折而从高级阶段倒退到低级阶段，都可能造成行为的异常。因此，这就成为各种神经症或精神病的根源。

二、本能自我的识别

本能自我的结构如图2-5所示。

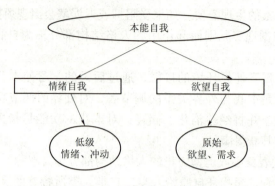

图 2-5 本能自我结构图

由精神分析学原理可知,在每个人的精神世界里都有一个压抑在意识和前意识之下的没有被意识到的心理活动,它就是本能自我。

从结构上看,本能自我主要由情绪自我与欲望自我构成。它代表的是人类更深层、更隐秘、最原始、最幼稚、最根本的情绪、欲望及心理能量。因此,一个人不仅需认同、接纳现实自我与理想自我,同时需要理解本能自我的存在,时常警醒与识别本能自我中的低级情绪与原始欲望可能对现实自我的干扰。

正是这些原始的情绪和欲望的存在与活动,常常从深层支配人的整个心理和行为,使人的现实生活平衡被解构、被扰乱。那么,如何识别本能自我呢?以下案例介绍将带给我们启发。

【案例】某大学女生小叶(化名)有一天接到在本市另一所高校上学的同乡小琴(化名)的电话,要求借500元买电脑。在电话中,小叶感到很为难,可又不好意思拒绝,因此,尽管很不情愿,但还是勉强答应了,并同意尽快去银行取款。小叶在银行取款后没有马上送给小琴,而是用一个信封装好放在自己寝室的皮箱内。

第二天下午下课后,小琴再次打来电话,说自己已在电脑商店里,要求小叶把500元直接送到店里。此时的小叶已无法回避小琴的要求,答应马上就来。于是她将装好钱的信封从皮箱里取出并装在裤子口袋里,走出校门打上摩的直奔小琴指定的电脑商店。正当摩的行驶到距离电脑商店还有近500米时,小叶下意识地一摸口袋,突然吃了一惊,顿时脸色煞白:"我的钱怎么没了?是不是掉在路上了?"于是她请求摩的司机马上沿老路返回,希望发现和找到那丢失的500元。但是一路仔细找寻,丝毫见不到那个装了钱的信封的踪迹。焦急的小叶请摩的司机亲自给小琴打电话,证明自己的500元钱已经在去电脑商店的路上丢失了。小琴接完电话后对小叶丢钱之事深信不疑。于是她亲自打电话给小叶,为小叶丢钱之事表达内疚和自责,并建议她拨打110,求助警察。

小叶跟小琴通完电话后,正准备拨打110求助,忽然脑海里闪过一个念头:是否先回寝室再寻找一下,看是否在出门的时候钱从口袋里掉出来了,实在没有就报110。于是小叶回到了学校的寝室。就在打开房门的那一瞬间,小叶突然想起了在出门时发现寝室窗户上有一个窗帘挂钩脱落了,为了安全起见,她站在凳子上把那个脱落的窗帘挂钩重新挂好了,然后才离开了寝室。于是,她径直走到了窗户跟前,眼睛往两边一扫,忽然眼前一亮,那个装好了500元钱的信封完好无损地就放在窗户旁边的桌子上,小叶顿时惊喜不已——"我的钱真的在这里,感谢上帝……"

【案例解析】

1. 小叶原本是要把钱借给小琴的,但临出门时却发现窗帘挂钩脱了,于是它就成了后面一系列跟找钱相关的行为的源头。从事件表象上看,窗帘挂钩脱落与"丢钱"这件事完全是一个巧合,可有趣的是,恰恰因为窗帘挂钩脱落这个意外的发现唤醒了小叶潜意识里不愿意借钱给小琴的本能记忆,此时的潜意识就开始趁机运作了。

2. 此刻的潜意识趁小叶挂窗帘之机巧妙地躲过了前意识这个看门人的关注,它指挥小叶悄悄地把装了钱的信封拿了出来,并放在偏离窗户方位、不扭过头就难以发现的桌子上。于是,潜意识就在不经意中玩了一个有意遗忘,让小叶完全记不起临出门时的动作,从而对丢钱深信不疑。小叶不想借钱给小琴的愿望就通过这样一个貌似合理的现实情境实现了。

分析至此,我们不难理解,在整个事件中,潜意识借题发挥,但理由却完全是虚拟的。

通过以上案例分析我们不难理解,潜意识无时不在,本能自我与我们的现实生活息息相关,我们需要通过心理学的学习,逐步提高识别潜意识,即本能自我运作的规律与能力,及时警醒和排除本能自我对现实自我的干扰,进而有效地把握现实,创造未来。

第五节 大学生自我意识障碍的常见形态

大学阶段是大学生的自我意识由"矛盾—统一—新矛盾—新统一"的转化发展过程,这个"转折"时期,也是自我意识和自我矛盾表现最突出的阶段,对个体人生观、价值观、世界观的形成有着非常重要的意义。因此大学生自我意识的构建与完善是当代大学生个人成长的必修课,它不仅关乎大学生的成才,甚至关乎其一生的成败。大学生的自我意识不成熟、不健全将会产生各种心理困扰或障碍,且表现形式各异,归纳起来,大致有以下几个类别。

一、认同缺失型

(一)现实自我的认同缺失

现实自我的认同缺失主要表现为个体对现实自我的评价缺乏客观与真实。最典型的特征是自我设限,即在面对现实时,盲目自卑,不加选择地对自己说"不""我不行""我做不了"。从而致使理想自我与现实自我差距过大,或差距虽小,但缺乏克服困难、驾驭行为目标的能力。

【案例】 某大学生小丁(化名)从小学到中学,一直有一个毛病,那就是没有勇气上台发言或演讲。他一直想体验当班干的感觉,但每次都因为不敢上台发言而丢失了机会。

现在上大学了,来到了一个新的环境,小丁似乎看到了自己成功的希望。他暗暗告诉自己:现在我已经是大学生了,我一定要在大学这个新的环境里锻炼自己,突破自我,根除在大庭广众之下胆怯、不敢演讲的障碍,重新培养自己的自信;我也要体验上台演讲、竞争和自我表现的快乐;我也要体验当学生干部的成就感。

其实小丁在其他非正式场合与同伴交流都毫无问题,因此,熟悉他的同学都觉得他的口才和表达能力并不比别人逊色,客观上讲他是具备演讲能力的。于是,在寝室同学的鼓励下,班干部竞选、学生会干部竞选和学生社团干部竞选,他都报了名。

可是每逢竞选演讲来临、有机会上台表现时,他就开始彷徨、焦虑:他羡慕、欣赏别人的胆量和演讲水平,但与此同时,他一遍又一遍地反复对自己说:"我没口才,我不行,我天生不是演讲的材料。""这么多人参加竞选,万一紧张说错了话那可就丢死人了。还是不上去了……"如此一来,结果就可想而知了。

【案例解析】 小丁的表现就是典型的现实自我的认同缺失,他的自我心理对话"我没口才,我不行,我天生不是演讲的材料"就是典型的行为之前的自我设限。一次次放弃,一次次逃避,其结果就意味着:一次次和成功擦肩而过;一次次丧失认识自我、锻炼自我、塑造自信的机会,最终关闭了个人成长的空间,丧失了自我完善的机遇。

毫无疑问,我们的大学生若像上面这位同学那样缺乏有效的自我认同,长此以往,其结果就是:由于内心的自卑而在现实面前感到无能为力,束手无策,只期望通过简单的努力去实现理想,但却是一相情愿,毫无成效,最终将从一定程度的自我设限走向完全的自我否定。

(二)理想自我的认同缺失

理想自我的认同缺失主要表现为理想自我极度缺乏,没有个人对未来发展的期待与憧憬。最为显著的特征是自我萎缩:一方面得过且过,不思进取;另一方面又对现实深感不满,从而极度自卑,行为退缩,排斥自我,抱怨命运。

【案例】 来自东北的某大学生小兵(化名)因为高考分数较低,就读于南方一所高职院校美术专业。来到大学后，一看到校园环境心境就非常低落："真是倒霉，来到了这么一所破大学，真没意思。"军训结束后学校开始上课了，小兵每天都一付无精打采的样子，从上课经常迟到逐渐发展为整天旷课，一周难得上一节课，不是在寝室睡觉，就是在网吧上网。每天跟寝室同学抱怨说："老天爷真是不公，让我生在农村，爸妈又没钱，上个大学又是个破学校。毕业了也找不到好工作。""上课有啥意思，还不如我去上网、泡妞。"

一个学期结束，本寝室的其他同学课程考试全都顺利通过，其中还有两位同学分别获得了一等奖学金和二等奖学金，而他却有4门功课不及格。为此，他心里极度不平衡："老子最看不惯那些马屁精，为奖学金那几个臭钱一天到晚跟着老师屁股转。""成绩好有什么了不起，到时候还不是跟我一样找不到工作、娶不到媳妇。"

因为长期旷课，班主任和辅导员多次找他谈心，做思想工作，希望改变他的思想，把他拉回到正常的生活轨道上来，认真读书，好好生活。但他对学校的教育置若罔闻，依然我行我素。寝室其他同学因为看不惯他的生活方式，也曾规劝他改变，但都未能奏效。

寝室同学劝不了他改变，也不愿旷课、违纪陪他去上网和逛街。如此一来，他和寝室同学关系也疏远了，变成了一个人独来独往，而他却抱怨说："这世上好人都死光了，都是势利眼，所以他们才瞧不起我，要交朋友等下辈子吧。"最终由于累计旷课突破了学院的规定，小兵被学院勒令退学了。

【案例解析】 在上述案例中，小兵的问题显然是理想自我极度缺乏，可又对现实十分不满，因而他几乎是在对人、对社会的抱怨中生存度日，同时又不思进取，自甘颓废。因为从未认真、努力地对待过学习和交友，所以也从未体验过学习、交友过程的快乐感与成就感，心中流露出的自然是除了自卑就是怨恨。

以上案例说明，一个缺失理想自我的人，其性格将与自卑相连，其思维将与偏执为伍，其行为将和社会相悖，其命运将与失败相伴。因此，接纳现实自我，构建理想自我，对当代大学生而言，意义深远而重要。

二、虚拟认同型

与自我评价过低相反，虚拟认同型的人恰恰通过现实自我评价的虚拟化、通过自我的盲目扩张来构建与理想自我的统一，忽略了现实对自我的约束，或者用幻想、理想自我代替现实，追求虚拟的目标，漠视行为过程。这也是在当代大学生中较为常见的一种自我意识发展障碍。

【案例】 小丽（化名）是某大学商务英语班学生，她身材娇小玲珑，性格活泼外向。有一个周末的晚上，小丽做了一个奇特的梦：梦见自己在美国旅游，意外地和一位博士生邂逅相遇，并一见钟情。这位博士生就读于美国华盛顿大学，经了解，他的父亲是美国的议员，也是一个财团的总裁。这个博士准备告知他的父亲，要娶小丽为妻……小丽一觉醒来，依然坐在床头回忆自己的美梦，感到既奇特又兴奋，忽然间她有了一个想法：这个梦象征什么呢？是不是预示我要交好运呢？

想到这里，小丽立刻起床了。怀揣着一个美好的期待，她上街找到某街边角落一个摆摊的算命先生帮她算命和解梦。算命先生给了她如下答案：

1. 你的八字太难得，里面显示有特别贵人，而且是个有影响力的名人。你梦中的人是个学生，还在美国读书，说明贵人正式出现的时机还没到，他在等着你有进一步的表现，然后再出来帮你。

2. 你在美国遇到他，说明你的贵人远在天边，你和他认识是在一个特殊的时机和一个特殊的城市。论方位可能在偏东北方向。

3. 你在旅游时和他一见钟情，说明菩萨开恩，你不需花太多精力就能达成你的愿望。

4. 因为贵人在远处，你在近处，所以你最近需要努力，做出一点积极的行动和表现，不能让贵人失望，否则就会错过时运。机不可失失不再来，就看姑娘你如何把握了。

对小丽而言，算命先生的话正中下怀，让她信心倍增。她暗暗告诉自己："从今天开始，我一定要把握每一个机会，在学校好好表现，争取一个月出成效，等着白马王子的出现。"

算命回来之后，身边的同学都感到小丽好像换了一个人似的，读书很用功，对寝室同学也特别照顾，同时也积极参加班级和学校的各种文体、竞赛等活动。一个月的功夫没白费，小丽获得了学院社团文化艺术节青春之路演讲三等奖，十佳歌手比赛二等奖。

小丽的进步和表现不仅获得了老师的好评，还赢得了身边几个男同学的好感和追求，爱情似乎也开始降临了，但此时的小丽，却想起了算命先生的话："你的贵人远在天边，你和他认识是在一个特殊的时机和一个特殊的城市。"因而她确信身边的男孩不是她的梦中情人，因为他不在这座城市，也许不久他就会出现。就这样，小丽对几个追求她的男生无动于衷地擦肩而过了。

然而，算命先生所预测的贵人并未如约而来，小丽渐渐失望了，她又恢复了原样，再也没有了一个月前的努力和拼劲了，上课无精打采，对学校的活动也不感兴趣，依然在幻想着那个梦中贵人的出现，到学期结束，小丽的学业竟然全面滑坡，几门功课都亮起了红灯。

小丽感到沮丧、失落，又十分的无助，精神快要崩溃了。经过同学和班主任老师的多次劝说，她终于走进了学校的心理咨询室。通过心理老师的帮助，小丽终于认识了自己的问题，走出了心理困境。

【案例解析】

1. 因为虚荣心的驱动，小丽梦中邂逅白马王子；因为希望梦想成真，小丽去算命解梦。

2. 因为金钱的驱动，算命者加工、虚构小丽的需求。

3. 因为算命者的暗示，小丽盲目放大现实自我，无条件缩短与理想自我的距离，期望迅速成功。

4. 因为算命者误导，小丽期望用短期的付出换取一生的幸福；因为希望落空，小丽倍感沮丧和孤独，寻求科学帮助，学会自我反省。

三、认同滞后型

自我认同的缺失，还有一种特殊的表现，那就是缺乏有效的自我认同机制。凡事习惯性地自我否定、自我矛盾。行为之前习惯等待他人的认可，行为结束又迟迟不愿、不敢对结果进行有效的确认。在个人意愿与他人认可之间矛盾徘徊，无休止地纠缠，成了无法摆脱的一种心理怪圈。

【案例】 大学生小玲（化名），为人亲和，乐于助人，同学关系和谐。小玲家在农村，经济困难，为了减轻父母经济压力，也为了积累经验、锻炼能力，所以从大二开始，她便勤工俭学，在校外某茶楼当兼职服务员。可是，她工作得非常不顺，连续被两家茶楼辞退了。小玲好不容易又找到了第三家茶楼。可是现在的她，每天焦虑不安，非常担心："如果再被老板炒鱿鱼，我就再也不可能找到兼职的工作了。"这是为什么呢？

经过学院心理老师与小玲谈话后得知，小玲两次被茶楼老板辞退和以下情况直接相关：

1. 小玲与同寝室同学相处和睦，无论她去哪里，都会告知寝室的同学，用小玲自己的话说："不能让寝室的姐妹替她担心。"而无论她一个人单独到哪里去，有一个人她一定会和她打招呼，那就是同寝室中和她关系最亲密的、她的同乡小莉。

2. 有一天下午，小玲按常规准备去茶楼上班，正要同小莉打招呼，可此时却找不到小莉，不知道她去哪里了，寝室其他同学也说不知道，小莉的手机还在寝室充电，看来暂时无法联系小莉。此时的小玲焦虑不安，她傻傻地坐在寝室等着，半个小时后，小莉终于回来了。当小玲和小莉打完招呼急忙赶到茶楼，已经迟到了15分钟。此时，领班让她去经理办公室，小玲得到了一个结果：她被茶楼经理辞退了。时隔3天，小玲又找到了第二个茶楼上班。然而10天之后，同样的事情又一次重复了，小玲再次因迟到被茶楼老板炒了。

如今是在第三个茶楼工作了，她害怕类似的情况第三次发生，于是求助心理老师。

心理老师问小玲："你按时上班就不会被辞退，你为何第二次还会因同样的情况迟到呢?"小玲说:"我也知道,我不跟小莉打招呼去上班就不会迟到,可我也不知为啥,上班之前见不到小莉,我就迈不开腿。"根据心理老师的启发,小玲回忆小时候的经历,结果发现,上小学时也曾多次迟到,而每一次迟到的原因也都和同妈妈打招呼有关。上大学时打工迟到的原因竟然和小学时如出一辙,为什么会这样呢?

【案例解析】

1. 小玲迟到发生的过程遵循着一个潜规则:即先认可后行动,不认可则不行动。

2. 小玲上班这个行为的启动必须在被小莉认可之后,这个规则在小玲的潜意识中已经被固化了。

3. 小玲始终在个人意愿与他人认可之间矛盾、徘徊与纠缠不休,从而陷入了自身无法摆脱的一种心理怪圈。这就是典型的自我认同障碍——认同滞后。

从以上大学生自我意识发展不良所产生的困扰与障碍中,我们清晰地看到:自我评价过高或过低往往是过分自负或过分自卑的心理根源,是导致自我意识构建不完善的心理障碍。

自我评价过低的大学生,对理想期望较高,但又无法达到;对现实不满,但又无法改进。他们在心理上的直接反应就是自我排斥,自我矛盾。

自我评价过高的大学生,往往不切实际地扩大现实自我,虚拟理想自我。由于盲目乐观,自以为是,与周围环境格格不入,因此极易产生内心冲突,遭遇情感挫伤,导致苦闷、自卑、自暴自弃,有时甚至引发过激行为和反社会行为。

因此,当代大学生自我意识发展过程中,最需要注意与防范的就是时而客观地评价自己,时而又高估或低估自己,时而感到自己很成熟,时而感到自己很幼稚,时而对自己充满信心,时而又对自己非常不满等不稳定的心理状态。只要有效地解决"主体我"和"客体我","理想我"和"现实我"之间的种种矛盾,才能合理地构建和发展健康的自我意识。

第六节　大学生自我意识的优化途径

自我意识的构建、发展和优化,是人生成败的关键。其意义不言而喻,因此,它是当代大学生综合素质的重要体现。研究表明,当代大学生自我意识的发展与优化主要有以下三种途径。

一、全面认识自我

(一) 通过认识他人、认识外界来认识自我

人最初是以他人来反映自己的。个体往往把对他人的认识迁移到自己身上,像认识他人那样来"客观"地认识自己。通过从对他人行为成果中获取有效的信息、知识与经验,进而了解自我与改善自我。同时,人通过参与不同的社会实践,不断地认识外部世界。在这个过程中,人将获得成功与失败的不同体验,恰恰是这种探索与体验使人既了解到自身某种能力的局限,又发掘了自身的潜能与优势,进而找到扬长避短、实现自我人生价值的舞台与空间。

(二) 通过他人的评价来认识自我

个体对自我的认识,在很大程度上受他人评价的影响。犹如对着镜子来认识自己的模样。儿童就是通过把别人对自己的评价当做一面镜子,来不断认识自我的,包括认识自己的优点和缺点。由于人的行为及活动范围很大,经常从属于不同的社交团体,接触到不同的人,而不同的团体、不同的人对你的评价就如同镜子,多个不同的镜子将照出多个自我。于是,个体通过许多不同"镜子"的反映,就能较全面地认识自己,从而促使自我意识的不断发展。

(三) 通过与他人比较来认识自我——横向

人的社会属性决定了每个人在不同的环境中将以不同的角色归属于不同的团体,而同一团体中人的个体差异决定了人与人之间比较的客观存在。最简单的比较结果莫过于发觉自己与他人之间的优势与弱势。而这种优势与弱势的对比恰恰为人的自我认识提供了路径与检验。在自我优势的发现与发挥中,人学会了自我肯定,而在自我弱势的暴露中,人又将学会纠错与完善。

比如,当看到别人对长者很有礼貌并受到大家称赞时,就来对照反思自己的言行,从而认识到自己平时对长者的态度。经过多次对比,就会促进个体对自我的认识,进而有效地完善自我。

(四) 通过与自我比较来认识自我——纵向

自我意识是个体实践活动的反映。个体在自我实践活动中的表现和取得的成果也会成为一面镜子,通过这面镜子能反映出自己的体力、智能、情感、意志和品德等特性,从而使之成为自我认识、评价的对象。如一个学生,通过调整学习方法,在某一学科或一项竞赛中取得了好成绩,他会从中体验到一种自信,对自己和自己的能力产生新的认识。

二、全面接纳自我(立体化认同)

(一) 理性面对现实自我

人的自我发展首先来自对现实自我的全面认同与接纳。

人的自我身心状态、自我与家庭、自我与社会文化处境和他人对比都各具特征，恰恰是这种人与人之间的差异构成了世界的多色彩与多元化，同时也造就了人们命运的跌宕起伏。因此，所谓全面、立体化接纳自我，其意义在于既认同自己的优势，又接纳自我的劣势，在接纳自我中规划自我，在自我的命运格局中最大限度地发展自我，实现自我。

（二）无条件接纳曾经的自我

生命的历程就是由成功与失败、甘甜与艰辛、快乐与痛苦所构成的。人的自我意识的产生、发展与成熟伴随着整个生命历程。因为理解了失败的过程，才找到了成功的方向；因为失败孕育了成功，所以才有失败是成功之母之说。

同样的道理，由于曾经的自我孕育了现在的自我，而现在的自我又引导着未来的自我，因此，唯有接纳曾经的自我，才能认识现实的自我；当你理解了过去的我，才能把握好今天的我，做好了今天的我，就能发展明天的我。

三、全面完善自我

当我们学会了全面认识与接纳自我时，以此为发展基础，自我的全面完善就取之于理想自我的有效构建。有道是"心有多大，舞台就有多大"，假如我们的心——欲望和需求能够无限大，那么这个"无限大"就来自个体自我潜能的最大发掘与发挥，来自最大限度的自我挑战与自我超越。

一个人需全面完善自我，实现自我，需要学会做好以下几点：

（1）全面接纳过去与现在的我，全面认识自我的优势与劣势。

（2）以此为基础，探索克服弱势、发挥优势的有效路径。

（3）根据自我的个性与能力特征有效地约束自我、合理地规划自我。

（4）按照自我规划有效、渐进、执著地付出行动，监督自我，发展自我，实现目标。

本章练习

1. 什么是自我意识？它包括哪些内容？
2. 现实自我与理想自我的关系是什么？
3. 结合个人实际思考你在自我认同中还存在哪些不足？
4. 结合个人成长经历，简述如何优化大学生自我意识。

本章附录

附一 自我意识测验

题号	题　目	选择		
		是	中	非
1	遇到不公平的事你能控制自己的感情吗？	A	B	M
2	一个人时，常常会陷入对未来的幻想之中吗？	V	A	M
3	朋友们认为你为人热情吗？	V	C	Z
4	你有可能成为所在单位的领导吗？	V	A	C
5	你对任何事情都抱着求实的态度吗？	M	X	A
6	你对任何事都满怀希望吗？	B	Z	M
7	朋友困难时你会慷慨解囊吗？	C	A	X
8	你喜欢与人辩论吗？	A	B	C
9	你做事喜欢尽善尽美吗？	A	C	B
10	你的同事认为你富有想象力吗？	A	B	X
11	你愿意将你的财产贡献给你认为正当的事业吗？	V	A	X
12	你的老师认为你的理解能力强吗？	C	Z	B
13	与别人相处时你能忍让吗？	C	A	X
14	你是否对任何事情都爱发表不同意见？	V	A	Z
15	朋友们认为你是一个主持公道的人吗？	C	M	A
16	遇到急事你能三思而后行吗？	M	X	B
17	你浪漫吗？	A	C	X
18	你有能力参加很多业余活动吗？	V	Z	A
19	你能舍己救人吗？	V	A	M
20	对你来说人格比利益更重要吗？	C	Z	M
21	如果成功希望很小，你会铤而走险吗？	C	M	X
22	你羡慕英雄吗？	V	A	B

续表

题号	题目	选择		
		是	中	非
23	你善于交际吗？	A	M	B
24	你喜欢论述别人认为不可能的事吗？	C	B	M
25	你的朋友认为你是一个多疑的人吗？	B	Z	V
26	你认为自己是一个明智的人吗？	M	X	B
27	你的想法、爱好、对事物的判断等常常是从一个极端走向另一个极端吗？	V	B	C

测验说明：

（1）得 8 个以上 A 者的评价

你雄心勃勃，凡是总想做到尽善尽美。你总是去干一些可望而不可即的事情，由于你对这些事情缺乏了解，所以很容易见异思迁，缺乏持之以恒的精神，以至于经常落得"竹篮打水一场空"的结果。应注意克服夸夸其谈的毛病，培养求实精神，要面对现实。

（2）得 7 个以上 B 者的评价

你的无知和急躁使你有时好像是一个理想主义者，但实际上你有的不过是虚荣心、兴趣和一点经验罢了。这个小测验揭示出你的肤浅和平庸的志趣，同时也告诉你，你并不缺少善良和热情的冲动，这会使你重新认识自己并鼓励自己不断进取。你并不是坏人，不必伤心。

（3）得 6 个以上 C 者的评价

你为人热情，富有想象力，很诚恳。你也很浪漫，很有正义感，有人情味和求实精神。你喜欢依法办事，审时度势。你爱思考，你感到最幸福的事莫过于生活在和睦、舒畅而有富于创造力的环境中。

（4）得 6 个以上 M 者的评价

实用和安全是你生活的准则，同时遇到任何情况你都有自己的解决方法。你对生活充满信心并渴望得到柔情和同情，但你决不沉溺于任何幻想和一切空洞的假象之中。你的特点就是总想从生活中汲取有益的东西。你的这一特点还常常影响周围的人，这很好。

（5）得 6 个以上 V 者的评价

你天资很好，很有理想。你总是尽一切努力去实现自己的愿望，在你完全沉浸在幸福之中时，你会有些得意忘形。在胜利面前你从不停步，但在逆境中你会垮下来。你有能力调动周围的人，你是一个很有才气的人。

（6）得 6 个以上 X 者的评价

你不富于幻想,也不狂热,你对自己,对别人和对你的上司都始终如一。你生活在自己的小天地里,保护着自己的利益,对外界所发生的事情漠不关心。如果对你使用得当,你会是一个很有成就的人,反之则会一事无成。

(7) 得4个以上Z者的评价

你对任何事情,甚至你自己的事情都无动于衷。

你固执、多疑,总处于从属地位。你有才干,但不会选择自己的道路,自立能力差。你的优点是忠诚,缺点是麻木不仁,你要好好地反省一下你的所作所为,以便重新认识你自己。

附二 自信心测验

测试1

请认真阅读下面每一道题,根据实际情况迅速做出判断,从三个答案中选出最符合你的一个打(√),然后计算得分。

1. 在公开场合讨论问题,你如何表现?
   ( ) A. 尽快阐述自己的意见
   ( ) B. 除非被别人询问,否则不发表意见
   ( ) C. 等到别人说完看法后,再发表自己的意见

2. 如果上级领导对你进行不恰当的批评,你会怎么办?
   ( ) A. 尽全力为自己辩护,并显得情绪激昂
   ( ) B. 冷静、理智地放手说自己的想法
   ( ) C. 不争辩,甚至不说话,但会记恨别人

3. 假如单位邀请你去做演讲,你将如何应付?
   ( ) A. 找出种种借口推托此事
   ( ) B. 接受邀请,但要求对方告知有关情况
   ( ) C. 让对方给你时间考虑

4. 你的朋友在某种场合,做出你认为欠妥的想法,但不要求你支持,你怎么办?
   ( ) A. 支持他的想法,但事后找个借口不参加这项活动
   ( ) B. 设法说服他改变想法
   ( ) C. 先听听周围的人对他的反映,支持他

5. 在私人集会上,你的感觉如何?
   ( ) A. 轻松自如
   ( ) B. 舒畅、有说不完的话
   ( ) C. 一直为自己的举动感到担忧

6. 在进入完全陌生的人的房间前,你:
   ( ) A. 犹豫相当长的一段时间
   ( ) B. 等有别人进去时和他一起进去
   ( ) C. 毫不犹豫地闯进去

7. 若你的上级让你叫他的昵称或外号,你感觉如何?
   ( ) A. 高兴
   ( ) B. 无关紧要
   ( ) C. 紧张

8. 你想找一个人,却发现门牌号不清楚,怎么办?
   ( ) A. 按门铃问
   ( ) B. 打电话询问
   ( ) C. 通过其他途径找

9. 假如你将被提升为一单位或部门的领导,你要做什么事?
   ( ) A. 立即调查单位或部门现行政策和管理办法
   ( ) B. 告知所有的人,至少在半年内你不会做出任何重大的改革
   ( ) C. 要求部下提出改进意见

10. 在会上,你有一个问题想提出,你:
    ( ) A. 直接站起来提
    ( ) B. 会后私下提出
    ( ) C. 希望有人替你提出想提的问题

11. 如果希望寻找一个新工作,你:
    ( ) A. 感到很紧张
    ( ) B. 抱着无所谓的态度
    ( ) C. 觉得自己能做得很好

12. 如果允许你自己选择助手或部下,你会选择哪类人?
    ( ) A. 具有创造性但易冲动的人
    ( ) B. 办事认真但缺乏改革创新精神的人
    ( ) C. 非常聪明但办事拖沓的人

13. 假如你的上司在会议发言中引用了不确切的数据,你会怎么办?
    ( ) A. 巧妙地打断他的话,指出错误
    ( ) B. 当他提出后,你趁机要求他纠正错误
    ( ) C. 会后私下告诉他

14. 假如上级要求你完成一项关系到你前途的重要工作,你:
    ( ) A. 要求上级明确你应该达到的目标及所能有的权限和条件
    ( ) B. 表明你必须拥有一定权利和条件以完成任务
    ( ) C. 要求上级在你完成这项工作之后恢复你原来的工作

计分方法：

题号		1，9	2，5	3，4	6，11	7，8，10，12，13，14	累计得分
计分规则	A	3	2	1	2	3	
	B	1	3	3	1	2	
	C	2	1	2	2	1	
测验解释	（1）总分 35 分以上： 自信心很强，办事果断，从不拖泥带水，在工作、生活、社交等方面无论遇到什么情况均能应付自如。但有自我中心的一面，不易接受他人劝告。 （2）总分 22～34 分： 自信心较强，大多数情况下都会有自己的意见，应付一般决策性工作毫无问题。与人共事不显得过分孤傲，容易被大多数人接受。 （3）总分 15～21 分： 总担心工作出差错，办事缩手缩脚，优柔寡断，没有自己独立的主张和意见。						

测试 2

本问卷由 25 个问题组成，每个问题都由一个陈述句表示，所涉及的是你对你自信的感觉和态度。请看清每一个问题，如果该陈述符合自己通常的实际感觉，那么就在"像我"栏中打上"√"；如果该陈述不符合你通常对自己的感觉，那么就在"不像我"栏上打上一个"×"。无论你选择是"像我"还是"不像我"，都无对与错，关键是你的选择要符合你自己的实际感受和实际情况。

题号	题 目	像我（√）	不像我（×）
1	我一般不会遇到麻烦事		
2	我觉得在众人面前讲话很困难		
3	如果可能，我将会改变我自己的许多事情		
4	我可以轻而易举地做出决定		
5	我有许多开心的事做		
6	我在家里常常感到心烦		
7	我适应新事物较慢		
8	我与我的同龄人相处得很好		
9	我家里的人通常很关心我的感情		
10	我常常会做出让步		

续表

题号	题　　目	像我 (√)	不像我 (×)
11	我的家庭对我期望太多		
12	我是个很麻烦的人		
13	我的生活一团糟		
14	别人通常听我的话		
15	我对自己的评价不高		
16	我有许多次想离家出走		
17	我常常觉得我的工作或学习很烦		
18	我不像大部分人长得那么漂亮		
19	如果我有什么话要说，我通常是说出来的		
20	我的家里人理解我		
21	我不像大部分人那样讨人喜欢		
22	我常常觉得我的家里人好像是在督促我		
23	我常常对我所做的事感到失望		
24	我常常希望我是另外一个人		
25	我是不能被依靠的		

计分方法：

（1）按下表规则计算基础分。

题　号	像我	不像我
1，4，5，8，9，14，19，20	1分	0分
2，3，6，7，10，11，12，13，15，16，17，18，21，22，23，24，25	0分	1分

（2）自信分＝基础分×4。

分数说明：

（1）80分以上：自信程度较高；

（2）70～80分：自信程度正常（一般）；

（3）60～70分：自信程度偏低；

（4）50～60分：自信程度较低。

大学生人格发展与心理需求

"将心比心,心心相印",体现为人的共性;"性格迥异,情趣各异",则体现为人的差异性。当对不同的婴儿进行观察时,就会发现一个有趣的现象:有的在哭叫不停,有的会酣然大睡,还有的爱东张西望。当我们与成年人交往时,则会发现另一些现象:① 做同样一件事,有的人手脚麻利、又快又好;有的人手脚利索,却粗制滥造;有的人动作缓慢,精雕细琢,有的人慢条斯理,却质量低劣。② 在面对同样一个任务时,有的人显得沉着而自信,有的人却表现为退缩和焦虑。③ 面对同一个弱者求助,有的人毫无顾忌,慷慨相助;有的人却视而不见、无动于衷。④ 当面对孪生兄弟或姐妹时,因为外貌的高度相像常常使我们不易辨别,但相处久了则能够很容易从性格的差异上把他们区别开来。

俗话说"人上一百,形形色色",在现实生活中,人作为一个独立的生命个体,其差异性主要表现为生理自我、心理自我与社会自我的差异。因此,我们不仅能够通过生理特征和社会关系的差异去识别、界定不同的人,同时也能够以不同的方式与各种不同性格的人相处。人的心理差异其本质就是人格的差异。

毋庸置疑,人属于个别差异最大的动物。心理学的人格理论着重研究的就是人的心理差异。

第一节 人 格 概 述

一、人格的含义

人格也称个性,这个概念源于希腊语 Persona,原来是指舞台表演中演员脸上戴的角色面具,类似于中国京剧中的脸谱。心理学借用这个术语用来说明:在人生舞台上,人也会根据社会角色、社会地位的不同来更换面具。这些面具就是人格的外在表现。面具后面还有一个实实在在的真我,即真实的人格,它可能和外在的面具截然不同。

随着社会的发展,人格的含义不断扩展和引申:① 站在道德角度,"人格"与品格同义,用于评价人的行为及人品。② 站在法律的角度,"人格"与人权近似,是指权利、义务主体的资格。③ 站在文学角度,人格是指人物心理的独特性和典型性。
心理学则是根据人的心理结构及其外在行为方式来定义人格:

人格是各种心理特征的总和,是构成一个人的思想、情感及行为的相对稳定的组织结构。

人格是一个特有的统合模式,这个独特模式包含了一个人区别于他人的、独特的、稳定而统一的心理品质。

二、人格的结构（图3-1）

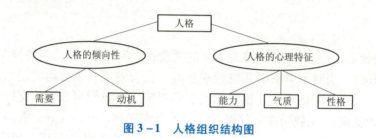

图3-1　人格组织结构图

三、人格的特征

1. 整体性

人格中的各种心理特征构成了一个有机的整体。或者说一个人从其行为模式中表现出心理特性的整体,构建人的内在心理特征。它常常体现在个人的某一个行为之中,这个行为便表现出这个人整体的心理特征。

2. 稳定性

俗话说"江山易改,禀性难移",人格是由多种性格特征组成的,其结构是相对稳定的。人格的这种稳定性不受时间和地域的限制。但这种稳定性不是绝对的,随着社会的发展和个人的成长,一个人的人格将会发生渐进的改变。

3. 独特性

每个人都具有不同的遗传素质,都在不同的环境下发育和成长,从而决定了人格的组织结构的多样化,而导致了人与人之间在性格方面的差异性,构成了人格的独特性。

4. 动机性和适应性

人格支撑着人的行为,驱动着人趋向或避开某种行为,可以说人格是一种内在精神动力,这种内在驱动力是一种与生俱来的力量（与情绪无关）,它驱使人们有效地适应环境生活。

5. 自然性与社会性

人格并不是完全孤立存在的,它在很大程度上受社会化的制约。社会文化和生长的教育环境是人格形成的主要因素之一。因为人的心理包括人格是大脑的机能,人格的形成必然要以个体的神经系统的成熟为基础,所以人格又是自然性与社会性的统一。

四、人格的发展

每个人的人格塑造都经历了不同的发展阶段,人格的发展大体上可分为萌芽期、重塑期和成熟期,每个时期都有其不同的特点。

第一阶段:萌芽期——从出生到进入青春期之前。

(1) 当婴儿出生3~8个月时,婴儿便可区分"我"-"他"。

(2) 8个月~1岁时,对自我开始有些模糊的认识。

(3) 2周岁时,开始确立作为个体的一些基本概念,如性别、年龄等。

(4) 3周岁以后,在父母和老师的教育下,在生理上提高了动作的协调性和自控能力,逐步学会比较自如地运用语言,在心理上形成了初步的性格及情绪反映方式等。随着怀疑感的产生,也会对周围的事情提出问题,并逐步发展到对周围世界进行一定程度上的观察和思考。与此同时,产生了朦胧、机械的道德观、价值观等。在这个时期,人以模仿为主,依赖性很强,自觉程度较低,缺乏个体的主动性。

第二阶段:重塑期——从青春期开始到青年期结束。

这是人格突变、重建和产生新质的时期,也是人的生理和心理都处于显著变化的时期。

身体的急剧发育和性的成熟,使青年开始关心自己的身体和探索自己的内心世界,同时也开始关心他人对自己的评价。心理学家把这个时期称为"断乳期""I 与 Me 的分裂期""感情上的暴风雨期"等。在这个时期,个体由依附走向独立,由无忧无虑的儿童成长为承担责任和义务的成年人。在心理方面,气质、性格、情感、态度等都开始由易变转向稳定,独立意向增强,学会用自己的眼睛去审视世界,加以判断,确立自己的世界观与人生观,在这个阶段,人格逐步得到调整、修正和完善,所以称之为人格的重塑或重建。

第三阶段:成熟期——从成年期到老年期。

随着自我意识的日趋成熟,人在社会中的位置和适应这个阶段的能力得到强化,人格特质与行为方式也逐步趋于稳固,社会角色得到确立,由过多的自我调节向积极参加社会生活迈进。开始专注于自身的事业,发挥才干,为社会谋利益并进一步实现人生价值;同时会关注、维持家庭及教育子女。在事业和情感上会产生全面的体验和认识。心理上若遇到强烈刺激也会趋于平稳,观念上会把青年后期积淀下来的东西消化,有选择地由成熟走向坚定和开阔。

第二节 人格的动力属性——气质

一、什么是气质

自然界没有两片相同的叶子,人世间也没有两个完全相同的人。在芸芸众生中，有的人热情奔放，有的人稳重沉着；有的人刚毅果敢，有的人却优柔寡断。人的这种差异是如何产生的？与什么相关呢？心理科学的研究表明，它源自天赋与遗传，与人的气质相关。

气质是什么？当我们评价某人气质不凡，气宇轩昂时，指的是一个人的外貌特征中所表现出来的一种气度，它是人的气质的外在表现。从心理学角度出发，气质指的是一个人的脾气和秉性。

气质是由生理尤其是神经结构和机能决定的人的心理活动的动力属性，以行为的能量和时间方面的特点为表现。有学者认为，气质是人格形成的基础，是人格发展的自然基础和内在原因。

气质类型一般分为四种，即胆汁质、多血质、黏液质和抑郁质。不同的气质类型具有不同的心理特征。见表3-1。

表3-1 气质的类型及特征

气质类型	表现特征	
胆汁质	显著特征	带有明显的周期性，俗称"急性子"
	一般特征	直率热情，精力旺盛，脾气急躁，易于冲动；反应迅速，但准确性差；情绪明显表露于外，但持续时间不长
	发展倾向	(1) 在正确的教育下，能具备坚强的毅力、主动性、热情和独创精神 (2) 不良环境影响下，可能出现缺乏自制、急躁、易激动等不良品质
黏液质	显著特征	安静均衡、温和踏实、循规蹈矩，俗称"慢性子"
	一般特征	安静稳重，交际适度；反应缓慢，沉默寡言；善于克制自己，情绪不易外露；注意稳定但又难于转移；善于忍耐、沉着坚定，不尚空谈，埋头苦干，等等
	发展倾向	(1) 在正确教育条件下，容易形成勤勉、实事求是、坚毅等优点 (2) 在不良影响下，则可能发展成为萎靡、消极、息惰以至对人甚至对己都漠不关心、冷淡顽固等不良品质
多血质	显著特征	灵活性很高，生活适应能力较强
	一般特征	活泼好动，敏感、反应迅速；不甘寂寞，善于交际；接受新事物快，但印象不深，注意力易转移；情绪和情感容易产生也容易改变
	发展倾向	(1) 在良好的教育下，能培养出高度的集体荣誉感、学习、劳动、社会生活的积极态度 (2) 在不良教育下，可能表现出轻率、散漫、疏忽大意以及过高评价自我等不良行为和态度

续表

气质类型		表现特征
抑郁质	显著特征	内向、胆小、孤僻、敏感机智、行动缓慢、多愁善感
	一般特征	心思细腻、情感体验深刻，情绪不易于外露，感受性很高；观察能力强，善于觉察到别人不易发觉的小事物
	发展倾向	（1）在顺利环境中、在友爱的集体里，可以表现出温顺、委婉、细致、坚定、能克服困难、富有同情心等优良品质 （2）在不利条件下，可能表现出伤感、沮丧、深沉、优柔寡断等负性情绪

从四种气质类型的表现特征可知，气质类型属于人的遗传属性，与生俱来，各具特点，每一种气质类型都分别具有积极与消极的方面，不能简单、绝对地断言气质类型的优劣与好坏。

从四种气质类型的特征看，都各具有典型性与极端性，但在现实生活中，单纯属于某种气质类型的人很少，大多数人的气质类型都是非典型的，只是某种类型特征相对突出而已。

人的气质类型虽与生俱来，但并非不可改变。实践证明，随着年龄的增长、生活阅历的丰富和知识经验的提升，在环境变化的影响下，人的气质将会发生某种程度的变化。

【案例】32岁的小强（化名）应邀参加高中同学毕业10年聚会。此次聚会小强发现了两个有趣的现象：

1. 高中时班级里几名不爱学习、成绩较差的同学和几名特别上进、成绩优异的学生10年后的状态分别为生活懒散、事业平淡和与时俱进、成就斐然。

这一现象恰恰是"禀性难移"，人格稳定性的体现。

2. 10年未见的女同学小玉（化名），经过多年的职业实践，曾经十分内向、腼腆的她已经变得热情活泼，风趣健谈，并且成为某保险公司的职业经理人和高级培训讲师。

这一现象又说明了人的气质既相对稳定又会变化和发展。

由此可见，人格的稳定与变化是辩证统一的，我们既要接纳人格相对稳定的规律，又要理解人格会渐进改变的可能。

二、九型人格简介

(一) 九型人格的含义

美国亚力山大汤马斯医生（Dr. Alexander Thomas）和史黛拉·翟斯医生（Dr. Stella Chess）在他们1977年出版《气质和发展》("Temperament and Development")一书里面提到，我们可以在出生后2~3个月的婴儿身上辨认出9种不同的气质（Temperament），它们是：活跃程度；规律性；主动性；适应性；感兴趣的范围；反应的强度；心景的素质；分心程度；专注力范围、持久性。

戴维·丹尼尔斯（David Daniels）则发现这九种不同的气质恰好和九型人格相配。

(二) 九型人格分类

第一型：完美型（Reformer/Perfectionist）【完美主义者】

【主要特征】具有原则性，不易妥协，常说"应该"及"不应该"，黑白分明，对自己和别人要求甚高，追求完美，不断改进，感情世界薄弱；希望把每件事都做得尽善尽美，希望自己或是这个世界都更进步；时时刻刻反省自己是否犯错，也会纠正别人的错。

第二型：全爱型、助人型（Helper/Giver）【给予者】

【主要特征】渴望别人的爱或良好关系，甘愿迁就他人，以人为本，要别人觉得需要自己，常忽略自己；很在意别人的感情和需要，十分热心，愿意付出爱给别人，看到别人满足地接受他们的爱，才会觉得自己活得有价值。

第三型：成就型（Achiever/Motivator）【实干者】

【主要特征】好胜心强，常与别人比较，以成就衡量自己的价值高低，着重形象，工作狂，惧怕表达内心感受；希望能够得到大家的肯定；是个野心家，不断地追求，希望与众不同，受到别人的注目、羡慕，成为众人的焦点。

第四型：艺术型、自我型（Artist/Individualist）【悲情浪漫者】

【主要特征】情绪化，追求浪漫，惧怕被人拒绝，觉得别人不明白自己，占有欲强烈，生活风格我行我素；爱讲不开心的事，易忧郁、妒忌，生活中追寻感觉；很珍惜自己的爱和情感，所以想好好地滋养它们，并用最美、最特殊的方式来表达。他们想创造出独一无二、与众不同的形象和作品，所以不停地自我察觉、自我反省，以及自我探索。

第五型：智慧型、思想型（Thinker/Observer）【观察者】

【主要特征】冷眼看世界，抽离情感，喜欢思考分析，要知很多，但缺乏行动，对物质生活要求不高，喜欢精神生活，不善表达内心感受；想借由获取更多的知识来了解环境，面对周遭的事物。他们想找出事情的脉络与原理，以作为行动的准则。有了知识，他们才敢行动，也才会有安全感。

第六型：忠诚型（TeamPlayer/Loyalist）【怀疑论者】

【主要特征】做事小心谨慎，不轻易相信别人，多疑虑，喜欢群体生活，为别人做事尽心尽力，不喜欢受人注视，安于现状，不喜转换新环境；相信权威、跟随权威的引导行事，然而另一方面又容易反权威，性格充满矛盾。他们的团体意识很强，需要亲密感，需要被喜爱、被接纳并得到安全的保障。

第七型：活跃型、开朗型（Enthusiast）【享乐主义者】
【主要特征】乐观，要新鲜感，追潮流，不喜欢承受压力，怕负面情绪；想过愉快的生活，想创新、自娱娱人，渴望过比较享受的生活，把人间的不美好化为乌有。他们喜欢投入快乐及情绪高昂的世界，所以他们总是不断地寻找快乐、体验快乐。

第八型：领袖型、能力型（Leader）【保护者】
【主要特征】追求权力，讲求实力，不靠他人，有正义感，一旦做事，喜欢做大事；是绝对的行动派，一碰到问题便马上采取行动去解决。想要独立自主，一切靠自己，依照自己的能力做事，要建设前不惜先破坏，想带领大家走向公平、正义。

第九型：和平型、和谐型（Peacemaker）【调停者】
【主要特征】需花长时间做决定，难于拒绝他人，不懂宣泄愤怒；显得十分温和，不喜欢与人起冲突，不自夸、不爱出风头，个性淡薄。想要和人和谐相处，避开所有的冲突与紧张，希望事物能维持美好的现状。忽视会让自己不愉快的事物，并尽可能让自己保持平稳、平静。

（三）九型人格评价

九型人格论把人格清晰、简洁地分成九种类型，每种类型都有其鲜明的人格特征。九型人格论所描述的九种人格类型，并没有好坏之别，只不过不同类型的人回应世界的方式具有可被辨识的根本差异。九型人格是一张详尽描绘人类性格特征的活地图，是我们了解自己、认识和理解他人的一把金钥匙，是一件与人沟通、有效交流的利器！

九型人格论属人格心理学范畴，是现代应用心理学中的一种，应用范围广泛。九型人格不仅能够帮助深入了解自己和他人，同时也是一个易学易懂的企业人力资源管理工具。

第三节　人格的社会属性——性格

一、性格的定义

性格是一个人在现实的态度、思维模式和相应的行为方式中所表现出来的比较稳定的、具有核心意义的人格特征。

在心理学上，它的定义几乎与人格相同，但实际上它们是有区别的。性格是人格的重要组成部分，它是人格中涉及社会评价的那部分，因此，性格是人格的社会属性的体现。

在性格中包含许多社会道德含义，它表现了人们对现实和周围世界的态度。换言之，性格主要通过对自己、对别人、对事物的态度和他所采取的言行举止来体现。

二、性格的四大特征（表3-2）

表3-2　性格的特征

特征		含义与内容
态度特征	含义——个体在为人处世中所表现出来的态度取向	
	1. 对自己	勤勉简朴或挥霍懒惰、与时俱进或不思进取、自爱自立或自暴自弃
	2. 对他人	乐于助人或自我中心、谦虚亲和或蛮横粗暴、诚恳待人或奸诈损人
	3. 对集体和社会	正直文明或损公肥私、尽职尽责或敷衍了事、乐于奉献或自私贪婪
理智特征	含义——个体在认知活动中所表现出来的行为倾向	
	1. 感知	（1）主动与被动——根据预定任务主动观察，在环境的刺激影响下被动观察 （2）分析与综合——辨析细节，仔细分析，观察轮廓，整体把握 （3）快速与精确——观察过程快速感知，观察过程精确感知
	2. 想象	（1）主动想象和被动想象；（2）广泛想象与狭隘想象
	3. 记忆	（1）主动记忆与被动记忆；（2）形象记忆与抽象记忆
	4. 思维	（1）主动思维与被动思维；（2）独立思考与人云亦云；（3）深思熟虑与片面浮浅
情绪特征	含义——个体在其行为活动中所体现出来的情绪自控能力	
	1. 强度	情绪强烈，不易控制；或情绪微弱，易于控制
	2. 稳定性	遇事情绪波动大、变化明显；或情绪稳定，心平气和
	3. 持久性	情绪持续久，对工作学习影响大；或情绪持续短，对工作学习影响小
	4. 心境主导	经常情绪饱满，处于愉快状态；或者经常情绪低迷，郁郁寡欢
意志特征	含义——个体在为人处世过程中所体现出来的行为调节与自律能力	
	1. 自觉性	（1）正向——行动之前目的明确，事先确定了行动的步骤、方法，行动的过程中能克服困难，始终如一 （2）反向——行为盲从，不计后果，或独断专行，有始无终

续表

特征		含义与内容
意志特征	2. 坚定性	（1）思考方法，克服困难，灵活操作，执著坚定，实现目标 （2）执拗性——不会采取有效的方法，一味我行我素 　　动摇性——轻易改变或放弃行为计划
	3. 果断性	（1）善于在复杂的情境中辨别是非，迅速做出正确的决定 （2）优柔寡断或武断、冒失
	4. 自制力	（1）正向——善于控制自己的行为和情绪 （2）反向——任性、偏执，行为刻板、僵硬

三、性格的类型

人的性格与气质类型一样也是有差异的，世上没有两个性格一样的人。性格可以划分为多种类型，心理学家对性格进行分类，一般划分为以下几种，见表3－3。

表3－3　性格的类型

分类方式	心理活动倾向	心理机能	独立性	人际关系模式	社会生活方式
类型	内倾型	理智型（思维型）	独立型	行为型	理论型
	外倾型	情感型（情绪型）	顺从型	一般型	经济型
		意志型（实践型）	反抗型	积极型	社会型
				逃避型	审美型
					宗教型

第四节　大学生的主要心理需求与心理矛盾

人格的心理特征与人格的倾向性结合形成了人格的组织结构，二者辩证统一，相互依存。个体性格、气质和能力的差异决定了其心理需求的不同，而个体心理需求的差异又是其性格、能力和气质的体现。比如一个具有抑郁气质的人可能对产品研发兴趣浓厚，而一个胆汁质气质倾向的人却可能热衷于产品市场的开拓。因此，需要与动机也是人格差异的重要体现。以下将重点讨论人的需要。

一、什么是需要

需要（或需求）是有机体内部的一种不平衡状态，表现为有机体对内外环境条件（某种目标）的渴求和欲望，它是人的生理和社会的客观需求在人脑中的反映。

需要是推动有机体活动的动力和源泉。人没有需要，就不会有行为的目标；反之，没有行为的目标，也就不会有某种特定的需要。需要与目标相辅相成。

二、需要的分类

根据心理学原理，人的需要主要可分为以下两类：

1. 生理需要和社会需要

生理需要：如食物、水、睡眠、防御、配偶等。

社会需要：如家庭、教育、人际关系、工作、尊重、爱与被爱、自我实现等。

2. 物质需要和精神需要

物质需要：对社会物质产品的需要。

精神需要：对各种社会精神产品的需要。

三、需要层次论简介

美国著名心理学家马斯洛认为，人的需要可分为五个层次：生理需要、安全需要、爱和归属需要、尊重需要和自我实现需要。需要的这五个层次是一个由低到高逐级形成并逐级得以满足的。需求层次如图3-2所示。

马斯洛

1. 生理需要

即人对食物、空气、水、性和休息的需要，它是维持个体和种系发展的需要，在一切需要中最为优先。

2. 安全需要

即人对生命财产的安全、秩序、稳定，免除恐惧和焦虑的需要，它在生理需要满足的基础上产生。

3. 社会需要，即爱和归属需要

它是在生理和安全需要满足的基础上产生的，是人要求与他人建立情感联系，如结交朋友，追求爱情的需要，隶属于某一群体并在群体中享有地位的需要。

4. 尊重需要

这是希望有稳定的地位，得到他人高度评价，受到他人尊重并尊重他人的需要。

5. 自我实现需要

这是指人希望最大限度地发挥自己的潜能，不断完善自己，完成与自己能力相称的一切事情，实现自己理想的需要，也是人类最高层次的需要。

图3-2 需求层次图

较低层次的需要又叫缺失性需要。高层次需要的满足有益于健康、长寿和精力的旺盛,所以这些需要又叫生长需要。

四、大学生主要心理需求与心理（矛盾）特征

人有自然需要和社会需要,也有物质需要和精神需要,并且人的需要具有从低到高五个层次,这是人的需要的共性。不仅如此,人的需要还具备年龄、社会角色等特征,即不同的年龄阶段、不同的社会角色需要不尽相同。

大学一年级新生的年龄基本上都在17～20岁,他们绝大多数是独生子女,并且是在国家改革开放以来社会急剧转型、经济迅速发展、文化全面繁荣、人们生活水平空前提高的背景与环境下生活,他们从家庭到教室,从一个学校到另一个学校,缺少社会实践经验,缺少挫折与磨难的训练。因此,当他们的社会角色发生变化,面对大学这个全新的学习和生活环境时,必然产生新的心理需求和心理矛盾。认识这一阶段的心理需求和解决所伴随的心理矛盾是大学生健康成长的重要前提。

（一）大学生心理需求与心理矛盾简述

当代大学生的心理需求与所伴随的心理矛盾一般具有以下特征,如图3-3所示。

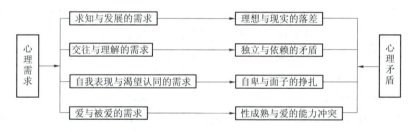

图3-3 心理需求与心理矛盾的特征

1. 求知与发展的需求 + 理想与现实的落差

几乎每个大学生迈进大学校门时都满怀着对高等学府的向往,对理想的追求和对未来的憧憬。他们来到大学追求知识,锻炼能力,谋求发展。于是,每个大学生都有各自的理想:有的潜心学专业,为未来职业奠基,或者选修新专业,期望获取双学历;有的不满足现有学历,为考研而努力;还有的希望借助大学这个平台挑战自我,挖掘新的能力空间,实现未来个人创业的梦想。

然而,进入大学后,他们逐渐发现原来现实中的大学与理想中的大学落差很大,不近人意之处显而易见:

大学校园不如想象中的美丽与纯净,社会上的许多消极现象在大学也可见一斑,他们所崇拜的大学教授并非想象中那么博学与高尚;大学生活也并非期待中那么绚丽和多彩,他们希望表现自我,发掘能力,然而竞争却异常激烈;他们希

望同学之间坦诚相待，却发现许多人以自我为中心，不易相处；他们曾经渴求的专业原来并不那么有趣和易学；他们梦想创业，原来却那么遥远；他们渴望的双学历，在这所大学中却无法实现……

理想与现实的落差迫使大学生学会反思，学会调适，学会做人，学会成长。

2. 交往与理解的需求＋独立与依赖的矛盾

当代大学生正处于心理断乳期，且在独生子女教养环境中长大。当他们离开家乡和父母，告别高中时的伙伴，独自来到大学这个全新的生活与学习环境时，扩大交往、渴望理解的需求便十分突出：离开了家的港湾，期待友情的归属；远离了父母的呵护，渴求老师的关爱；疏远了昔日中学的玩伴，渴望身边同学的理解。

然而，曾经以考试为中心、以分数为荣耀的生活经历使他们失去了生活自立的实践和体验；使他们缺乏理解他人、有效地与新的同伴和平相处的能力。于是，一方面，大学生时代的生活使他们渴望自立与成熟，渴求找到独立感与成人感，另一方面，低龄化的思维方式与行为惯性又使他们难以应对身边大量复杂的实际问题，进而又陷入了对身边的同学和老师的依赖之中。因此，在独立与依赖的矛盾中适应和成长是当代大学生的又一显著特征。

3. 自我表现与渴望认同的需求＋自尊与面子的挣扎

处于青春期的大学生，自我关注度明显提高，自我意识大大增强，因而他们充满朝气，乐于表现，渴望认同。中学时曾经以分数为荣的学生，期待在大学校园依然鹤立鸡群；曾经自感多才多艺的学子渴望在大学舞台依然技艺超群；曾经在中学里备受宠爱的学生干部期待在大学里依然众星捧月。于是大学生们个个跃跃欲试，纷纷参与竞争。

然而，刚刚踏出中学校门的大学生们却习惯了付出等同成功、想象代替事实。当过程与结果出人意料时，他们所面临的则是难言的遗憾与无奈的失落：有的学生失去了中学的优势，从常胜将军变为芸芸众生；有的学生没能复制昔日的荣耀，曾经的"面子"已不复存在；有的学生远离了群星环绕，自尊的失落使他们孤枕难眠；等等。种种现象表明，刚刚脱去中学生外衣的大学生们在自我表现与渴望认同时必然要在自尊与面子的挣扎和考验中去体验成长，去感悟人生。

4. 爱与被爱的需求＋性成熟与爱的能力冲突

伴随国家经济的发展和全民生活水平的提高，当代大学的莘莘学子身体素质不断增强，生理发育也明显提前。在大学时期，学生的性生理已经成熟，而性心理正趋向成熟，这是大学生心身异步的典型表现。

由于这一现象的出现，一方面，大学生们渴求与异性交往，渴望体验恋爱，爱与被爱的需求与日俱增；另一方面，专业学习的压力，经济上的不独立，性心理的不够成熟，爱的能力的缺乏，往往使他们感到无所适从，导致他们在与异性交往以及追求恋爱的过程中产生种种与性相关、与爱的能力相关的问题与心理矛盾。又因为性问题的隐蔽性而成为难言之隐，许多学生为之默默承受痛苦，却没有勇气接受专业指导，问题迟迟得不到解决，进而加剧了这一时期大学生心理的困扰，严重影响了他们的成长。

因此，加强性心理教育，提升爱的能力，有效地缩小性生理成熟落后于性心理成熟的现实，是当代大学生成长的重要课题之一。

（二）接纳现实、正视矛盾、挑战自我、健康成长

当代大学生要使自己尽快适应大学生活，在大学时代健康成长，务必学会清晰地理解自己的需求，客观地正视心理矛盾，准确地接纳现实自我，合理地构建理想自我，勇于挑战自我。同时要积极参与学校组织的各项校园文化活动、思想教育活动和社会实践活动，在竞争与失落、困难与挫折中去感悟与体验成长。

在知识经济时代，在社会变革的浪潮中，当代大学生若要成才与成功就务必学会科学地学习，有效地成长。即在与时俱进中更新观念、在接纳新知识中迎接挑战，在失落与挫折中学会思辨，在实践与体验中感悟人生，进而学会理性地做人，有效地处事，逐步达到厚基础、强能力、高素质，在德、智、体、美中全面发展自我，最终迈向成功。

第五节　大学生人格的健全与发展

一、健全人格的含义

所谓健全人格是指各种良好人格特征在个体身上的集中体现，它主要包括以下内容：

1. 悦纳自我，接纳他人

人格健全的学生能够积极地开放自我，正确地认识自己，坦率地接受自己的缺点并对生活持乐观向上的态度。

2. 人际关系和谐

人格健全者心胸开阔，善解人意，宽容他人，尊重自己也尊重他人，对不同的人际交往对象表现出合适的态度，既不狂妄自大，也不妄自菲薄，在人际关系中具有吸引力，深受大家的喜欢。

3. 独立、自尊

人格健全者人生态度乐观向上，生活态度积极热情，有正确的人生观与价值观，能够用理性分析生活事件，头脑中非理性观念较少，人格独立，自信自尊。

4. 能够发挥自己的潜能

人格健全的大学生具有自我发展、自我塑造与自我完善的能力，能够充分开发自身的创造力，创造性地生活，发现生命的意义并选择有意义的生活。

二、大学生人格发展的常见问题

大学时代既是学习知识的黄金时代，也是人格重塑的重要阶段。处在"心理断乳期"的当代大学生，其人格发展若不顺利，将会产生各种问题，主要表现在以下方面：

1. 无聊与空虚

处于这种状态的人，其主要心理特点是空虚、幻想与被动，自我意识缺乏，其核心在于理想自我的缺失。

（1）因为缺乏有效的目标或目标太低而产生空虚。人一旦失去目标，生活就没有动力。缺乏理想自我必然缺乏对生命意义的深刻认识，从而使生活盲目、浑浑噩噩，以致否定生命的意义，最终将导致对生命的否定。

（2）因为目标不切实际，或者目标过多无从选择而产生幻想，其实质是对责任的恐惧与逃避。

(3) 被动则是由于目标并非出自内心的意愿,或者为应对考试而学习,或者为应付他人而行动,在学习和生活中缺乏主动性与创造性,从而丧失了人生本应有的快乐与情趣体验。

克服无聊与空虚的心理的根本方法是构建正确的理想自我,并由人生目标的牵引,实现自我价值。

2. 意志品质不良

意志品质不良的主要表现为:缺乏目标,随波逐流,无所事事,醉生梦死;或者曲解意志品质,把犹豫、彷徨当做沉稳,把刚愎自用、轻率当做果断,把固执己见、偏执当做顽强等。不良意志品质一经形成,会带来诸多性格缺陷,最后发展为人格障碍。消除不良意志品质的办法是:矫正非理性观念,正确理解意志品质的内涵,注重发展自觉性、果断性、坚韧性、自制力;确立行之有效的行动目标,执著坚定,实现自我。

3. 懒散倦怠

懒散倦怠是指一种慵懒、闲散、疲沓、松垮的生存状态。对于处在这种状态的大学生而言,其主要表现为:缺乏活力,什么也不想做,无法将精力集中在学业上,甚至不愿做自己曾经喜欢的事,百无聊赖,心情不爽。在大学生活中,他们常常踏着铃声进教室,是生活中的"九三学社"会员(早起床——九点,晚睡觉——次日凌晨三时),他们常常觉得不如尽早进入社会,接触实践,以免落得"人财两空"。

若要克服懒散倦怠,有效的做法是从小事做起,自我监控,学习运筹和管理时间。正如学者所言:你是容量极大的水库,里面蓄积了你的天赋与才干,虽然许多尚未使用,但一经挖掘,即可随时随地运用,而拖拉和胆怯将使你永远无法打开那扇智慧的闸门,其水库能量也就形同虚设。

4. 退缩

退缩是指在困难面前怯懦与恐惧,选择后退或逃避。其主要表现是:遇事缺乏勇气、信心与主见,缺乏责任意识与行为能力。这样的人常常抱怨不幸又没有远见,忍受痛苦却不主动追求。克服退缩的有效途径是:学会自我激励,勇于面对挫折,学会自我欣赏,摒弃退缩,付出行动,创造成功。

5. 偏执、狭隘

偏执、狭隘也简称偏狭,就是人们常说的"小心眼"。其主要表现为:心胸狭窄,挑剔,嫉妒。

偏狭是一种有百害而无一利的人格特征。偏狭人格多出现于性格内向者,以女性偏多。偏执、狭隘并非与生俱来的,而是后天养成的。因而,要克服这种人格发展的缺陷,首先要学会宽容,正确看待与接纳生活中可能出现的各种矛盾冲突,对事不对人。人一旦学会胸襟豁达,就会避免进入管状思维——只见树木,不见森林,如此方能与时俱进,取得成功。

6. 虚荣

虚荣是指过分地看重他人的赞誉，随意接纳他人的奉承，且自以为是。虚荣心往往与自尊心、自卑感相结合，它是自尊心与自卑感的混合物。过于自尊产生虚荣，虚荣不足则产生自卑。虚荣心强的人一般内向、敏感和多疑，常常过分介意他人的评价，情感比较脆弱。与人交往时他们喜欢抬高自己而防御他人，其实他们捍卫的是虚假而脆弱的自我。

克服过强的虚荣心，首先要明确认识虚荣心的危害性，其次要正确看待名利，学会有效地认同自我，正视自己的优势与不足，从而在实践中扬长避短，独立成长。

7. 自我中心

自我中心者考虑问题、处理事情都以自我利益为中心，将自我作为思考问题的出发点与归宿。其表现是目中无人与自私自利。遇到冲突时，认为对的是自己而错的是他人。特别是那些自尊心与优越感过强、自信与独立过高的大学生，比较容易以自我为中心。当这种倾向与自私自利及唯我独尊相结合，自我膨胀便呈现出来。

改变自我中心的途径主要有：① 正确评估自己，认识自己的责任，既不妄自菲薄也不夜郎自大，既不自我贬损也不盲目自恋；② 将自己与他人、自我与社会、个人利益与集体利益结合起来，学会既善待自我又尊重他人。走出自我中心，方能迈进成功的殿堂。

8. 适应不良

适应不良主要是指大学生在专业学习、人际关系、异性交往等方面表现出的不适应。主要表现为不能适应环境的改变，感到强烈的失落与孤独。其实在构成环境的诸多要素中，人才是最重要的因素。因为个体既受环境的制约，又在影响与改变着环境，所以大学生应客观地认识自己所处的环境，培养自我调节的能力，学会主动地适应环境和有效地改善环境。

本章练习

一、思考题

1. 什么是人格？人格有哪些特征？
2. 什么是气质？各气质类型分别有哪些特征？
3. 大学生的主要心理需求和心理矛盾有哪些？试举例说明并加以分析。

二、课堂训练

1. 自我介绍：① 我的姓名、班级；② 我的家乡；③ 我的亲友。
2. 自我认同（优点轰炸）：① 我的形象特征；② 我的个性魅力；③ 我的能力优势。

本章附录

附一　气质类型测验量表

【指导语】下面的60道题可以帮助你大致确定自己的气质类型,在回答这些问题时,请按以下方式记分:

(1) 很符合自己的情况,记2分; (2) 比较符合的,记1分;
(3) 介于符合与不符合之间的,记0分; (4) 比较不符合的,记-1分;
(5) 完全不符合的,记-2分。

一、测验题目

1. 做事力求稳妥,不做无把握之事。
2. 遇到生气的事就怒不可遏,想把心里话全说出来才痛快。
3. 宁肯一个人干事,不愿与很多人在一起干。
4. 到一个新环境很快就能适应。
5. 厌恶那些强烈的刺激,如尖叫、危险镜头等。
6. 和人争吵时,总是先发制人,喜欢挑衅。
7. 喜欢安静的环境。
8. 善于和人交往。
9. 羡慕那种克制自己感情的人。
10. 生活有规律,很少违反作息制度。
11. 在多数情况下情绪是乐观的。
12. 碰到陌生人觉得很拘束。
13. 遇到令人气愤的事,能很好地自我克制。
14. 做事总是有旺盛的精力。
15. 遇到问题常常举棋不定,优柔寡断。
16. 在人群中从不觉得过分拘束。
17. 情绪高昂时,觉得干什么都有趣,情绪低落时,又觉得做什么都没意思。
18. 当注意力集中于一事物时,别的事很难使自己分心。
19. 理解问题总比别人快。
20. 碰到危险情景,常有一种极度恐怖感。
21. 对学习工作和事业怀有很高的热情。
22. 能够长时间做枯燥、单调的工作。
23. 对符合兴趣的事情,干起来劲头十足,否则就不想干。
24. 一点小事就能引起情绪波动。

25. 讨厌做那些需要耐心细致的工作。
26. 与人交往不卑不亢。
27. 喜欢参加热烈的活动。
28. 爱看感情细腻、描写人物内心活动的文学作品。
29. 工作学习时间长了，会感到厌倦。
30. 不喜欢长时间谈一个问题，而愿意实际动手干。
31. 宁愿侃侃而谈，不愿窃窃私语。
32. 别人说我总是闷闷不乐。
33. 理解问题比别人慢些。
34. 疲倦时只要经短暂休息就能精神抖擞起来，重新投入工作。
35. 心里有话宁愿自己想，不愿说出来。
36. 认准一个目标就希望尽快实现，不达目的誓不罢休。
37. 同样与别人学习或工作一段时间后，常比别人更疲倦。
38. 做事有些莽撞，常常不考虑后果。
39. 老师讲授新知识时，总希望他讲慢些，多重复几遍。
40. 能够很快地忘记那些不愉快的事情。
41. 做作业或完成一件工作总比别人花的时间多。
42. 喜欢运动量大的体育活动或各种文艺活动。
43. 不能很快地把注意力从一件事转到另一件事上去。
44. 接受一个任务后，就希望迅速解决它。
45. 认为墨守成规比冒风险强些。
46. 能够同时注意几件事物。
47. 当烦闷的时候，别人很难使自己高兴起来。
48. 爱看情节起伏跌宕、激动人心的小说。
49. 工作始终认真、严谨。
50. 和周围人们的关系总是相处不好。
51. 喜欢复习学过的知识，重复做已掌握的工作。
52. 喜欢做变化大、花样多的工作。
53. 小时会背的诗歌，似乎比别人记得清楚。
54. 别人出语伤人，可自己并不觉得怎么样
55. 在体育活动中，常因反应慢而落后。
56. 反应敏捷，头脑机灵。
57. 喜欢有条理而不甚麻烦的工作。
58. 兴奋的事常使自己失眠。
59. 老师讲新概念常常听不懂，但是弄清后就很难忘记。
60. 假如工作枯燥无味，马上就会情绪低落。

二、测验评分统计表

气质类型	题 号	总分
胆汁质	2，6，9，14，17，21，27，31，36，38，42，48，50，54，58	
多血质	4，8，11，16，19，23，25，29，34，40，44，46，52，56，60	
黏液质	1，7，10，13，18，22，26，30，33，39，43，45，49，55，57	
抑郁质	3，54，12，15，20，24，28，32，35，37，41，47，51，53，59	

三、测验结果解释：

① 如果某类气质得分高出其他三种 4 分以上，则可认定自己属于该类气质。如果该类气质得分超过 20 分，则为典型气质类型；如果该类得分在 10~20 分，则为一般型。

② 两种气质类型得分接近，其差异低于 3 分，而且又高于其他两种 4 分以上，则可定为属于这两种气质的混合型。

③ 三种气质得分均高于第四种，而且接近，则为三种气质的混合型，如多血—胆汁—黏液质混合型或黏液—多血—抑郁质混合型。

④ 如 4 栏分数皆不高且相近（<3 分），则为 4 种气质的混合型。多数人的气质是一般型气质或两种气质的混合型，典型气质和数种气质的混合型的人较少。

根据自己气质类型的特点选择职业，能够提高工作效率，并在工作中发挥自己的能力。当然，气质类型与职业选择的关系只是相对而言的，对于有些职业，例如教师和作家，各种不同气质类型的人都可以从事，并且都能取得很好的成就。

附二　九型人格简易测试表

【指导语】这个测量表能帮助你在很短的时间内，初步判断自己属于九型人格中的哪个类型。这里共有 108 个性格描述，记录下符合你的性格描述的题号，并参考最底部的题号分类，统计出你拥有的哪个性格类型的描述最多。

说明：统计的结果只是一个参考的结论，更准确的判断还需要通过对九型人格深入地了解和揣摩分析后才能获得。

一、测验题目

1. 我很容易迷惑。
2. 我不想成为一个喜欢批评的人，但很难做到。
3. 我喜欢研究宇宙的道理、哲理。
4. 我很注意自己是否年轻，因为那是我找乐子的本钱。

5. 我喜欢独立自主，一切都靠自己。
6. 当我有困难的时候，我会试着不让人知道。
7. 被人误解对我而言是一件十分痛苦的事。
8. 施比受会给我更大的满足感。
9. 我常常试探或考验朋友、伴侣的忠诚。
10. 我常常设想最糟的结果而使自己陷入苦恼中。
11. 我看不起那些不像我一样坚强的人，有时我会用种种方式羞辱他们。
12. 身体上的舒适对我非常重要。
13. 我能触碰生活中的悲伤和不幸。
14. 别人不能完成他的分内事，会令我失望和愤怒。
15. 我时常拖延问题，不去解决。
16. 我喜欢戏剧性、多彩多姿的生活。
17. 我认为自己非常不完美。
18. 我对感官的需求特别强烈，喜欢美食、服装、身体的触觉刺激，并纵情享乐。
19. 当别人请教我一些问题，我会巨细无遗地分析得很清楚。
20. 我习惯推销自己，从不觉得难为情。
21. 有时我会放纵和做出僭越的事情。
22. 帮助不到别人会让我觉得痛苦。
23. 我不喜欢人家问我广泛、笼统的问题。
24. 在某方面我有放纵的倾向（例如食物、药物等）。
25. 我宁愿适应别人，包括我的伴侣，而不会反抗他们。
26. 我最不喜欢的一件事就是虚伪。
27. 我知错能改，但由于执著好强，周围的人还是感觉到压力。
28. 我常觉得很多事情都很好玩，很有趣，人生真是快乐。
29. 我有时很欣赏自己充满权威，有时却又优柔寡断，依赖别人。
30. 我习惯付出多于接受。
31. 面对威胁时，我有时是变得焦虑，有时又是对抗迎面而来的危险。
32. 我通常是等别人来接近我，而不是我去接近他们。
33. 我喜欢当主角，希望得到大家的注意。
34. 别人批评我，我也不会回应和解释，因为我不想发生任何争执与冲突。
35. 我有时期待别人的指导，有时却忽略别人的忠告径直去做我想做的事。
36. 我经常忘记自己的需要。
37. 在重大危机中，我通常能克服对自己的质疑和内心的焦虑。
38. 我是一个天生的推销员，说服别人对我来说是一件轻易的事。
39. 我不相信一个我一直都无法了解的人。

40. 我爱依惯例行事，不大喜欢改变。
41. 我很在乎家人，在家中表现得忠诚和包容。
42. 我被动而优柔寡断。
43. 我很有包容力，彬彬有礼，但跟人的感情互动不深。
44. 我沉默寡言，好像不会关心别人似的。
45. 当沉浸在工作或我擅长的领域时，别人会觉得我冷酷无情。
46. 我常常保持警觉。
47. 我不喜欢要对人尽义务的感觉。
48. 如果不能完美地表态，我宁愿不说。
49. 我的计划比我实际完成的还要多。
50. 我野心勃勃，喜欢挑战和登上高峰的滋味。
51. 我倾向于独断专行并自己解决问题。
52. 我很多时候感到被遗弃。
53. 我常常表现得十分忧郁的样子，充满痛苦而且内向。
54. 初见陌生人时，我会表现得很冷漠、高傲。
55. 我的面部表情严肃而生硬。
56. 我很飘忽，常常不知自己下一刻想要什么。
57. 我常对自己挑剔，期望不断改善自己的缺点，以成为一个完美的人。
58. 我感受特别深刻，并怀疑那些总是很快乐的人。
59. 我做事有效率，会找捷径，模仿力特强。
60. 我讲道理、重实用。
61. 我有很强的创造天分和想象力，喜欢将事情重新整合。
62. 我不要求得到很多的注意力。
63. 我喜欢每件事情都井然有序，但别人会以为我过分执著。
64. 我渴望有完美的心灵伴侣。
65. 我常夸耀自己，对自己的能力十分有信心。
66. 如果周遭的人行为太过分时，我准会让他难堪。
67. 我外向、精力充沛，喜欢不断追求成就，这使我的自我感觉良好。
68. 我是一位忠实的朋友和伙伴。
69. 我知道如何让别人喜欢我。
70. 我很少看到别人的功劳和好处。
71. 我很容易看到别人的功劳和好处。
72. 我嫉妒心强，喜欢跟别人比较。
73. 我对别人做的事总是不放心，批评一番后，自己会动手再做。
74. 别人会说我常戴着面具做人。
75. 有时我会激怒对方，引来莫名其妙的吵架，其实我是想试探对方爱不爱我。

76. 我会极力保护我所爱的人。

77. 我常常刻意保持兴奋的情绪。

78. 我只喜欢与有趣的人为友,对一些闷蛋却懒得交往,即使他们看来很有深度。

79. 我常往外跑,四处帮助别人。

80. 我有时会讲求效率而牺牲完美和原则。

81. 我似乎不太懂得幽默,没有弹性。

82. 我待人热情而有耐性。

83. 在人群中我时常感到害羞和不安。

84. 我喜欢效率,讨厌拖泥带水。

85. 帮助别人获得快乐和成功是我最重要的成就。

86. 付出时,别人若不欣然接受,我便会有挫折感。

87. 我的肢体硬邦邦的,不习惯别人热情的付出。

88. 我对大部分的社交集会不太有兴趣,除非那是我熟识的和喜爱的人。

89. 很多时候我会有强烈的寂寞感。

90. 人们很乐意向我表白他们所遭遇的问题。

91. 我不但不会说甜言蜜语,而且别人还会觉得我唠叨不停。

92. 我常担心自由被剥夺,因此不爱作承诺。

93. 我喜欢告诉别人我所做的事和所知的一切。

94. 我很容易认同别人为我所做的事和所知的一切。

95. 我要求光明正大,为此不惜与人发生冲突。

96. 我很有正义感,有时会支持不利的一方。

97. 我注重小节而效率不高。

98. 我容易感到沮丧和麻木更多于愤怒。

99. 我不喜欢那些侵略性或过度情绪化的人。

100. 我非常情绪化,一天的喜怒哀乐多变。

101. 我不想别人知道我的感受与想法,除非我告诉他们。

102. 我喜欢刺激和紧张的关系,而不是确定和依赖的关系。

103. 我很少用心去听别人的心情,只喜欢说说俏皮话和笑话。

104. 我是循规蹈矩的人,秩序对我十分有意义。

105. 我很难找到一种我真正感到被爱的关系。

106. 假如我想要结束一段关系,我不是直接告诉对方就是激怒他来让他离开我。

107. 我温和平静、不自夸,不爱与人竞争。

108. 我有时善良可爱,有时又粗野暴躁,很难捉摸。

二、九型人格测验统计表

分 类	题 号	个数	性格型号	
1号人格完美主义者	2, 14, 55, 57, 60, 63, 73, 81, 87, 91, 97, 102, 104, 106		完美主义型	
2号人格给予者	6, 8, 22, 30, 69, 71, 79, 82, 85, 86, 89, 90		助人型	
3号人格实干者	20, 33, 38, 59, 65, 67, 70, 72, 74, 77, 80, 93		成就型	
4号人格悲情浪漫者	7, 13, 17, 52, 53, 54, 56, 58, 61, 64, 100, 105		自我型	
5号观察者	3, 19, 23, 32, 42, 43, 47, 48, 51, 83, 88, 99, 101		理智型	
6号怀疑论者	9, 10, 26, 29, 31, 35, 37, 45, 46, 68, 75		疑惑型	
7号享乐主义者	4, 16, 18, 21, 28, 49, 78, 92, 103		活跃型	
8号保护者	5, 11, 24, 27, 40, 44, 50, 66, 76, 84, 95, 96		领袖型	
9号调停者	1, 12, 15, 25, 34, 36, 39, 41, 62, 94, 98, 107, 108		平和型	

测试结果分析,哪个型号拥有记号数最多,你就有该种性格型号的趋向。

三、人格型号及名称

第一型　完美主义者、完美型、改革者、改进型、秩序大使
第二型　助人者、全爱型、助人型、成就他人者、博爱型
第三型　成就者、事业型、成就型、实践型
第四型　艺术型、浪漫者、自我型、凭感觉者
第五型　智慧型、观察者、思想型、理性分析者、思考型
第六型　忠诚型、寻找安全者、谨慎型
第七型　快乐主义型、丰富型、活跃型、创造可能者、享乐型

第八型　领袖型、能力型、挑战者、保护者、权威型
第九型　和平型、和平者、和谐型、维持和谐者

四、九型人格分类描述

第一型：完美型

欲望特质：追求不断进步

基本困思：【我若不完美，就没有人会爱我。】

主要特征：原则性，不易妥协，常说"应该"及"不应该"，黑白分明，对自己和别人要求甚高，追求完美，不断改进，感情世界薄弱。

生活风格：爱劝勉教导，逃避表达愤怒，相信自己每天有干不完的事。

人际关系：你是典型的完美主义者，显浅易明。正因为你事事追求完美，你很少讲出称赞的话，很多时只有批评，无论是对自己，或是对身边的人。又因为你对自己的超高标准，你给自己很大压力，会很难放松自己去尽情地玩、开心地笑。

愤怒、不满：完美型的人常有愤怒、不满的感觉，这都是源自超高的生活要求。当遇到什么不顺意时，就很容易感到恼怒、不满，觉得事情不应该这样发生……这种情绪不单是对自己，对周围的环境和人都是一样，因为你对他们一样带有超高的要求。但要注意，作为你的朋友，要承受你的恼怒情绪，的确不容易，也会造成压力，所以要多加注意啊！

失望、沮丧：同样因为你事事追求完美的态度，让你在生活里常常感到碰钉子、不如意。除了对外发泄愤怒情绪，其实在内心不断经历挫败，不断经历失望。这些情绪对你并不健康，必须积极处理。最根源的方法不是让自己做得更出色，而是调节对每件事情的看法，轻松面对！

第二型：全爱型、助人型

欲望特质：追求服侍

基本困思：【我若不帮助人，就没有人会爱我。】

主要特征：渴望别人的爱或良好关系，甘愿迁就他人，以人为本，要别人觉得需要自己，常忽略自己。

生活风格：爱报告事实，逃避被帮助，忙于助人，否认问题存在。

人际关系：助人型，顾名思义，你很喜欢帮人，而且主动，慷慨大方。虽然你对别人的需要很敏锐，但却在很多时候忽略了自己的需要。对你来说，满足别人的需要比满足自己的需要更重要，所以你很少向人提出请求。这样说来，你的自我并不强，很多时要通过帮助别人去肯定自己。

自豪、骄傲：第二型的你，是否觉得这个形容很不贴切？觉得很惊奇？其实，一向表现得助人为快乐之本的你，是通过热心帮助人去肯定自己，要朋友接纳、欣赏自己。所以当有朋友找你们帮助，你自是开心不已，也会有自豪和骄傲之感，

因为在过程中你得到肯定和满足。

占有、控制：正因为帮人得到这么多的满足，你很想继续这样下去，这个很正常。可是，当你投入越多时间和精力，你希望得到的回报就越多。很有可能，你会很希望朋友依附你，甚至是只依附你一个，事事对你说，跟你分享。这便反映出了你内心的占有欲，若朋友不能这样对你，你便会很失望，觉得他们背叛了你。甚至你可能会对他们施加压力，以控制他们。这里当然不是说每个第二型都是这样，但当你状态不佳，心情不太好时，的确有可能出现以上倾向。多留意点自己的情绪反应，有助于控制及改善。

第三型：成就型

欲望特质：追求成果

基本困思：【我若没有成就，就没有人会爱我。】

主要特征：好胜心强，喜欢逞强，常与别人比较，以成就衡量自己的价值高低，注重形象，工作狂，惧怕表达内心感受。

生活风格：爱数说自己成就，逃避失败，按着长远目标过活。

人际关系：成就型的你精力充沛，总是动力过人，因为你有很强的争胜欲望。你喜欢接受挑战，会把你自己的价值与成就连成一线。成就型的你会全心全意去追求一个目标，因为你相信"天下没有不可能的事"。

自恋、炫耀：成就型的你倾向把自己看成为很大、很重要的，所以有一点的自恋、自我膨胀心理。所以你都会把自己最好的一面给友人看，甚至极端时，会在朋友面前撒谎，以求保持自己在朋友心目中的形象。很多时，第三型真正的实力往往没有那么强，因为他们的表达实有一点点夸张。

害怕亲密：第三型的你很害怕亲密关系，不是说你会没有朋友，只是当关系渐深的时候，你可能会因怕真面目被看见而避开、逃掉。所以，亲密/好朋友关系对第三型的人来说并不容易建立，因为他们害怕被人看见自己的真面目，也因此很难开放自己与人坦诚交往。第三型的你好胜心很强，通常认为自己不能在朋友面前"认衰"，所以会表现得"很棒很棒"，但世界上没有一个人是十全十美的完人，能容许自己以真面目示人，你的生活将很快乐！

第四型：艺术型、自我型

欲望特质：追求独特

基本困思：【我若不是独特的，就没有人会爱我。】

主要特征：情绪化，追求浪漫，惧怕被人拒绝，觉得别人不明白自己，占有欲强，我行我素的生活风格，爱讲不开心的事，易忧郁、妒忌，生活追寻感觉好。

生活风格：爱讲不开心的事，易忧郁、妒忌，生活追寻感觉好。

人际关系：自我型的你是否曾有人跟你说，你有艺术家的脾气？这个自我型就正是艺术家的性格——多愁善感及想象力丰富，会常沉醉于自己的想象世界里。另一方面，由于你是感情主导的人，有些工作你不喜欢就可能会不做，不会考虑责任的问题。

嫉妒、比较：自我型的你其实都有点"艺术家脾气"，自怜，觉得自己与其他人不一样，喜欢沉醉于自己的想象世界……很多时，第四型的你表现会比较抽离，都是因为跟身边人比较，觉得自己不同，又觉得其他人都拥有很多你没有的东西，所以在现实的社交圈子里很难得到满足。

自我沉醉、自怜：由于从现实生活中得不到满足，自我型的人都会在幻想里建构自己的世界，制造一些抑郁的环境，好让自己的情绪得以发泄出来。不过，这样一来，自我型的人都显得比较情绪化，令其他人更不能明白你们，更孤立起来。所以注意要不要让自己过分脱节！

第五型：智慧型、思想型

欲望特质：追求知识

基本困思：【我若没有知识，就没有人会爱我。】

主要特征：冷眼看世界，抽离情感，喜欢思考分析，要知很多，但缺乏行动，对物质生活要求不高，喜欢精神生活，不善表达内心感受。

生活风格：爱观察、批评，把自己抽离，每天有看不完的书。

人际关系：理智型的你是个很冷静的人，总想跟身边的人和事保持一段距离，也不会有情绪。很多时，你都会先做旁观者，然后才参与。另外，你也需要充分的私人空间和高度的私隐，否则你会觉得很焦虑，不安定。你也很有机会成为专家，例如，在电脑、漫画、时装方面，因为你对知识是非常热爱的！

好辩、抽离：

思想型的人常常观察身边的事，却很少参与，所以感情投入也很少，且好辩，很执著，却少有辩输的空间和量度。对知识的执著固然重要，但经验生活中所得的体会也非常可贵，因此思想型的你应取得平衡，以得到最多！

第六型：忠诚型

欲望特质：追求忠心

基本困思：【我若不顺从，就没有人会爱我。】

主要特征：做事小心谨慎，不轻易相信别人，多疑虑，喜欢群体生活，为别人做事尽心尽力，不喜欢受人注视，安于现状，不喜转换新环境。

生活风格：爱平和讨论，惧怕权威，传统，可给予安全感，害怕成就，逃避问题。

人际关系：忠诚型的你会是一个很好的员工，因为你很忠心尽责。安全感对你很重要，因为当遇到新的人和事，都会令你产生恐惧、不安的感觉。基于这种恐惧不安，凡事你都会作最坏打算，换句话说，你为人都比较悲观，也较易去逃避事。

害怕、忧虑、犹豫：忠诚型的你表现得忠诚，是因为你害怕，对很多事情皆忧虑，很多时候都向坏处打算，所以做人很谨慎。同一原因，由于害怕做错决定，所以当面对抉择的时候，你大都显得很犹疑。适当的忧虑能保护我们，但若过分忧虑则会阻碍我们前行！

第七型：活跃型、开朗型

欲望特质：追求快乐

基本困思：【我若不带来欢乐，就没有人会爱我。】

主要特征：乐观，追求新鲜感，追上潮流，不喜承受压力，怕负面情绪。

生活风格：爱讲自己经验，喜欢制造开心。

人际关系：活跃型的你，就是如此：乐观、精力充沛、迷人、好动、贪新鲜、爱变花样……"最要紧的是玩得开心"就是你的生活哲学！你很需要生活有新鲜感，所以很不喜欢被束缚、被控制。你的活力是玩的活力，但跟成就型又有所不同。

不耐烦、冲动、上瘾：好玩、享乐主义行头的活跃型，做事欠缺耐性，因为你很怕闷。不耐烦之余，也很易冲动行事，因活跃型的人做事鲜有周详计划，很讲即兴，想做就去做！但必须要小心，就算遇上一种玩意你十分喜欢，也不要沉迷下去，要顾及自己的身体及其他事情。（这是因为活跃型的人比其他型的人更易染上烟瘾、毒瘾、赌瘾或者电脑游戏瘾等）。

第八型：领袖型、能力型

欲望特质：追求权力

基本困思：【我若没有权力，就没有人会爱我。】

主要特征：追求权力，讲求实力，不靠他人，有正义感，要做事，喜欢做大事。

生活风格：爱命令，说话大声，有威严，报复心理，爱辩论，靠意志来掌管生活。

人际关系：领袖型的人一般都有以下特质：豪爽、不拘小节、自视甚高、遇强越强、关心正义和公平。清楚自己的目标，并努力前进。由于不愿被人控制，且具有一定的支配力，所以很有潜质做领袖带领大家。由于领袖型的人都较好胜，有时候会对人有点攻击性，让人感到压力。

侵略、挑战、反叛：领袖型的人通常身兼领袖身份，可以有权力全权安排，也可指挥他人。由于动力较强，有时会予人侵略之感，而这个也是你本身的动力源头。你很有争胜及控制的欲望，但却要小心运用，不要用之伤害别人。此外，你专向难度及规范挑战，就是"明知山有虎，偏向虎山行"的任性。

第九型：和平型、和谐型

欲望特质：追求和平

基本困思：【我若不和善，就没有人会爱我。】

主要特征：需花长时间作决定，难于拒绝他人，不懂宣泄愤怒。

生活风格：爱调和，做事缓慢，易懒惰、抑压，生活追寻舒服。

人际关系：和平型的人在很多情况，都是和平使者，善解人意，随和。很容易了解别人，却不是太清楚自己想要什么，会显得优柔寡断。相对地说，你们的主见会比较少，宁愿配合其他人的安排，做一个很好的支持者，所以你的心是较被动的。

怕羞、怕事、懒惰：和平型的你与世无争，渴望人人能和平共处，很怕引起冲突，是不显眼的一个。由于从不试图突出自己，你会比较怕羞、怕事，也很容易有偷懒的意欲，因为你喜爱和平，不喜爱辛劳。若你想干一番大事，则需要好好鞭策自己！

第四章
Chapter 4

大学生的学习与创新

在大学阶段,学习仍是大学生的主要任务。大学与中学阶段学习的最大不同在于大学的学习具有很强的目的性、自主性和选择性。它不是单纯为了学习而学习,而是为志趣而学,为未来而学,为了发展而学。更为重要的是,大学阶段是青年人记忆、思维、行为反应最佳的黄金时期。因此,当代大学生的学习,不仅是未来事业发展的基础,更是个体成长历程的关键。

第一节 学习概述

一、学习的概念

学习一词,在我国最早出自《论语》。孔子曰:"学而时习之,不亦乐乎?"还说"学而不思则罔,思而不学则殆。"孔子的观点,在一定程度上揭示了学习与练习、学习与情感、学习与思维的关系。长期以来,人们都在不断地研究学习,试图阐明学习的定义与内涵。

许多心理学家、教育学家和哲学家都分别从不同角度提出了学习的定义。桑代克说:"人类的学习就是人类本性和行为的改变,本性的改变只有在行为的变化上表现出来。"(1931)加涅认为:"学习是人类倾向或才能的一种变化,这种变化要持续一段时间,而且不能把这种变化简单地归之为成长过程。"(1977)希尔加德的解释为:"学习是指一个主体在某个现实情境中的重复经验引起的,对那个情境的行为或行为潜能变化。不过,这种行为的变化不能根据主体的先天反应倾向、成熟或暂时状态(如疲劳、醉酒、内趋力)来解释的。"(1987)联合国教科文组织在1987年所作的《学习,财富蕴藏其中》的报告中指出:"学习是指个体终身发展、终身教育的理念。"

综合上述观点,可将学习的概念分为广义学习与狭义学习。

1. 广义学习

广义学习指的是人和动物的经验获得及行为变化的过程。或者说是个体以其行为方式的改变应对与适应新的条件及环境。

广义学习定义的内涵:

（1）学习是动物和人共有的心理现象，虽然人的学习相当复杂，而且与动物的学习有本质区别，但不能否认动物也有学习。

（2）学习是后天习得性行为（在后天环境中通过学习而获得的个体经验）。

（3）任何水平的学习都将引起适应性的行为变化，不仅是外显行为的变化（有时并不明显），也有内隐行为，即个体内部经验的改组和重建，这种变化不是短暂的而是长久的。

（4）不能把个体的一切变化都归为学习，只有通过学习活动产生的变化才是学习（如由于疲劳、生长、机体损伤以及其他生理变化所产生的变化都不是学习）。

（5）经验遗传——本能性行为，即通过遗传而获得的种族经验不属于学习。

2. 狭义学习

狭义的学习就是通常所指的学生在学校的学习。当探索大学生的学习时，所讨论的就是狭义的学习，即学生在大学阶段的理论学习。

二、大学生学习的意义与特点

（一）大学生学习的意义

人需要学习，只有通过学习才能达到自我完善与自我发展的目标。三字经上说："玉不琢，不成器，人不学，不知义。"这句话从一个侧面说明了学习的重要性。大学生学习的重要意义主要体现在以下两个方面：

1. 适应与生存

21世纪是社会变革转型、经济高速发展、科技日新月异、生活节奏迅速的时代。对于当代大学生而言，必然带来不同程度的心理上的紧张、焦虑和压力。个体的心理承受如果无法有效地适应社会变化的速度，则必将在这个过程中受到冲击，并最终被淘汰。

毫无疑问，如何适应这个变革转型的社会，并且有效地在高速发展的社会中生存下去，是每个当代学生必须思索和必须面对的现实问题。适应与生存依靠知识、依赖能力，知识来自学习，能力来自锻炼。因此，大学生的学习最直接、最现实、最重要的意义就是适应与生存，它是人生发展的基础和前提。

2. 创新与发展

创新推动发展，发展依赖创新，而无知必然无能，无能则无从发展，所以知识的学习应当与能力、素质的培养并重。随着当代高等教育的不断改革，知识技能的学习与创新能力的培养同样重要这一观念被不断强调。那种只重视学生学习具有实用价值的知识，忽视学生创造能力的培养的陈旧观念及教育模式已经被时代所摒弃。因此，通过学习不断培养、构建创新与发展能力，既是当代大学生的重要使命，也是其成长、成才与成功的基础。

（二）大学生学习的特点

结束了中学的基础教育，进入专业学习的大学生，其学习从内容、形式及方法都有了质的改变，其学习特点主要体现在以下几个方面：

1. 自主性

大学生的学习，无论从学习内容、学习时间及学习方式上都更加强调个体在学习活动中的主导地位，即强调学习的自觉性与能动性。

（1）学习时间的自主性。大学生可以按照学校教学计划并结合自身特点实施学习时间的管理。比如自主规划、安排、支配和管理各课程的学习、复习、研讨、论文撰写、毕业设计时间等。

（2）学习内容的选择性。大学生对学习内容具有较大的选择空间，特别是随着高等教育的深化改革，大学课程的安排更加科学、合理，既有公共必修课、专业基础课，还有大量选修课，学生可以根据自己的特长、爱好及兴趣进行自由选择。

（3）知识运用能动性。大学生的学习能力主要体现为学业拓展能力及知识活化能力，其可以完全自主地、能动地将课堂学习与实践相结合；高校更加重视学习，在课程设计、毕业设计、学年论文与毕业论文中体现大学生知识的运用能力。

2. 专业化

中学阶段的学习属于基础教育，那么，进入大学后就进入了专业教育和职业教育阶段。因为大学生的学习是以专业为导向的，因此其学习的职业定向性是较为明确的，即为将来从事职业劳动，适应社会需要进行学习；并且专业与学科的划分也将学习与未来职业生涯紧密联系在一起。专业学习要求大学生既要了解本专业的经典理论与前沿知识，还要掌握与专业相关的其他综合知识及通用基础理论（比如大学各专业均需要学习大学英语、大学语文、计算机基础应用等）。

3. 多元化

（1）学习途径多样化。在大学里，教师已不再是知识的中心。学习知识、获取知识途径的多元化带动了学习方式的变迁，网络又为当代大学生开辟了一条学习的新途径。大学开放式的教学也为学生提供了多样化的成功之路，除第一课堂的学习（如课堂教学、课外实习、课程设计、科研训练、学年论文等）之外，第二课堂的实践（如学术报告、社会实践和咨询服务等）更为大学生提供了广阔的学习、实践、发展与成才的空间。

（2）身心发展全面化。大学生正处于智力发展的高峰期，记忆力、观察力、思考力、逻辑思维能力与创造性都有很大的发展，所以学习是大学生的主要任务。但是大学生的学习既不同于儿童的学习，也不同于成人的学习，他们的学习既有一定的专业性、目的性和探索性，又有深刻的社会意义，主要体现为学生的实践服从于学习目的。大学生不仅要通过学习掌握知识经验与技能，还要发展智能，培养品德以及促进健康人格的发展，形成科学的价值观与人生观。

4. 探索型

大学生的学习具备探索性与创新性。走出中学校门的大学生已具有一定学科探索能力，即对书本之外的新观点、新理论进行深入的钻研与探索的能力。大学学习不仅在于掌握知识，更重要的是要探究知识的形成过程与科学的研究方法，了解学科发展前沿、存在的问题及解决的思路。当代大学生需要学会在探索中前进，在创新中发展。目前，高等学校为全面落实科学发展观，普遍加强了大学生创新能力的培养，在课程设置、课程安排、课程衔接上突出学生的主体地位，加大了学生实践环节的培养，其目的在于提高大学生的探索与创新能力。

三、大学生学习的结构

学习本身是一个复杂的过程，包括认知活动、智能训练、操作实践等。下面根据认知过程将学习作以下阶段性内容构成，如图4-1所示。

图4-1 学习结构流程图

1. 学习知识

可以说任何学习都开始于对知识、概念的初步了解和简单回忆。它是学习的第一步，也是进一步学习的基础和起点。

2. 理解知识

有了对知识、概念的初步了解和简单回忆，接着需要学会对所学知识的进一步理解与诠释；因为只有能够理解和诠释的知识才能够被应用。简而言之，应用始于理解。

3. 应用知识

所谓应用知识，是指在特殊的相关情况下，根据所学习的知识，根据对知识的理解与诠释，正确地将概念和规则应用于客观实践中。

4. 分析事件

当知识及其规律应用于实践时，有一个重要的过程和内容，那就是根据所学的知识，分析、区别、了解和把握事物的本质及内部联系。换言之，要建立理论与现实的对接，即通过诠释理论进而分析与诠释现实。

5. 综合把握

通过对客观事实的分析、诠释，学会把所学的各种知识、观点重新综合为一种新的完整的思想和观点，构建新的知识系统。

6. 评价现实

通过对知识的学习、理解，逐步学会将所学的知识、概念、规律作为内部的依据或外部的标准去直接判断，评定已经明晰、无须分析的客观现实。

第二节 大学生的学习动机与学习心态

一、动机概述

（一）动机的定义

动机是激发个体朝着一定目标活动，并维持这种活动的一种内在的心理活动或内部动力。也就是推动个体投入行动，达到目的的心理动力。动机可分为以下几种类型：

1. 生理性动机和社会性动机

（1）生理性动机：由有机体的生理需要产生的动机叫生理性动机，这种动机又叫驱力或内驱力。

（2）社会性动机：以人类的社会文化需要为基础而产生的动机属于社会性动机。

（3）兴趣、爱好：是人认识某种事物或从事某种活动的心理倾向，它是以认识和探索外界事物的需要为基础的，是推动人认识事物、探索真理的重要动机。学生的学习动机、兴趣、爱好等都属于社会性动机。

2. 有意识动机和无意识动机

（1）有意识动机：能意识到自己行为活动的动机，即能意识到自己活动目的的动机。

（2）无意识动机：没有意识到或没有清楚地意识到的动机。

（3）定式：是指人的一种心理活动的预先准备状态，它对人的知觉、记忆、思维、行为和态度都会起到重要的作用。定式属人的无意识动机。

3. 内在动机和外在动机

（1）内在动机：由个体内在需要引起的动机。

就学习行为而言，若学生对学习本身感兴趣，这就是内在动机。比如，因为数学本身的逻辑性而对学习数学充满兴趣。如果学生的学习是由内部动机激发的，他对学习就会变得非常主动、积极。

（2）外在动机：在外部环境影响下产生的动机。

对学生而言，若由于学习以外的因素刺激而产生学习意愿，那就是外在动机。比如教师的表扬、家长的奖励、自己在班级内的名次所带来的优越感等。

在一定条件下，外部动机可以向内部动机转化。年龄小的孩子可以用外部动机激励学习，但是有使孩子的学习目的变得功利化的危险。在教育中，有时这两种动机并不是能明确区分的。

（二）动机与需要的关系

需要是动机的基础，动机是需要的体现。需要与动机既相似，又有严格的区别。需要是人的积极性的基础和根源，动机是推动个体行为的直接原因。当人的需要产生，同时又具有某种可能达到的特殊目标时，需要才能转化为动机。

例如，某大学生有竞聘学校学生会主席的愿望，但需要一个必备条件，即只有在学院公开选拔学生会主席的刺激条件存在时，他才产生竞聘的动机并最终采取竞聘行动。再比如，人处荒岛，很想与人交往，但缺乏交往的对象（诱因），这种需要就无法转化为动机。

所以只有适合人的一定需要的刺激物与需要结合起来，才会产生一个人活动的动机。假如外部刺激物存在，并且刺激很强，但个体无这种需要，也很难产生活动的动机。

二、大学生的学习动机及其构建

（一）大学生的学习动机

由动机的基本概念可知，学习动机就是以学习目的为出发点，推动学生为达到一定的学习目的而努力学习的动力。大学生的学习动机属于社会性动机。

根据大学生的学习特点，学习动机既有内在动力也有外因的作用，因而大学生的学习动机主要分为内在稳定性学习动机和外在非稳定性学习动机。

1. 内在稳定性学习动机

内在稳定性学习动机是指其学习动力来自内在、稳定的精神需求，这类学习动机可以分为以下几种。

（1）兴趣与爱好：虽然兴趣与爱好可能来自后天的习得和培养，但一旦形成便具有持久性和稳定性，因此，它是一种能够推动个体持续学习、不断进步、良性发展、成效显著的较强的且恒久的学习动力。

（2）求知与探索：求知与探索一旦融入学习行为之中，将产生强大的学习动力，使个体在学习中执著坚定、意志顽强、不断追求与探索、不断创新与发展，最终达到学习目标。这无疑也是一种能够有效推动学习的核心动力。

（3）成就与建树：成长、成才、成功、实现自我价值可以说是绝大多数大学生心中的理想与向往。作为一种高级心理需求，它必然会转化为当代大学生的一种价值信念，进而稳定而持久地推动大学生为实现理想自我而学习。

（4）责任与使命：马克思在中学时代就确立了为人类幸福而奋斗的人生目标；毛泽东将理想称为"人生之鹄"，毕生为之学习与奋斗；早年的周恩来"为中华崛起而读书"；20世纪80年代的大学生"为振兴中华而读书"等，所有这些例子都有一个共性——社会使命或人类责任，并且都与个体人生观、世界观有着密切的联系。这种动机具有较大的稳定性和持久性，能在较长时间乃至人的一生中发挥作用。

2. 外在非稳定性学习动机

与内在稳定性学习动机相反的则是外在非稳定性学习动机，它是指因外部环境因素刺激而产生，并受其影响而变化的学习动机。这类学习动机又可以分为以下几种。

(1) 报答型。报答型学习动机在大学生中是常见的,他们或者为了报答父母的养育之恩而学习,或者为了不辜负老师的教诲而学习。这种学习动机有其积极的方面,但由于它受特定的、可变的人际关系的影响,因而它属于外在非稳定性学习动机。

例如,某大学生为报答父母而学习,并按照父母的期待确立学习目标。但一旦在竞争中失策,成绩下滑,便产生强烈的自责,导致心理问题的产生,反而使学习停滞不前。

诸如此类的例子在大学生中很常见。

(2) 功利型。许多大学生在谈及自己的学习动机时,毫不讳言:上大学是为了谋求职业或理想的地位,为了将来生活的保障,为了获得高回报、高收入。从人的现实需求出发,任何大学生的学习动机、学习目的中都包含一定程度的物质、名利需求,这无可厚非,但若当它成为唯一主导个体学习的动力,而一旦学习的效率与预期目标距离较大时,个体的学习动机将被挫败,行为必然停滞。因而它也属于外在非稳定性学习动机。

(3) 面子型。经历过中学应试教育的大学生,因分数而荣耀,因名次而优越的体验是极其深刻的。在它的直接推动下所催生的就是面子型学习动机,如为了得到他人的认可、羡慕与欣赏,为了获得社会名望等。面子型学习动机常常主导着许多刚刚踏进大学校园的学生的学习,当面子期待在竞争中失落时,心理冲突便由此产生。

(4) 附属型。在大学,有许多需求与学习关联。比如,因为学习,认识了老师;因为学习,结交了朋友;因为学习,萌生了恋情;因为学习,不再孤独;因为学习,不感到无聊;等等。当这些附属性需要成为主宰学生学习的动力时,学习已异化为满足人际关系需求的手段了。很显然,对学习而言,它属于外在非稳定性学习动机。

(二) 大学生学习动机的构建与调整

1. 学习动机的作用

对大学生而言,学习动机在学习中发挥着重要作用。

第一,学习动机决定学习方向。因为它是推动学生为达到一定的学习目的而努力学习的动力,没有明确的学习目标就不会产生动力,因此,学习动机首先要求学生懂得为什么而学、朝着什么方向努力。

第二,学习动机决定学习过程,学生的学习行为能否持之以恒,差异在于学习动机。美国心理学家阿特金森于1980年通过对有关动机的全面探讨与研究,得出的结论是:"完成某项学习任务所需要的时间与对这项任务的动机水平正相关"。

第三,学习动机影响学习效果。沃尔伯特研究了动机水平与学习成就的关系后得出:"学习动机越强烈的学生,其学习成绩越好,其正相关达98%。"

2. 构建内在、稳定的学习信念

由学习动机的概念及学习动机的作用可知,构建内在、稳定的学习信念及动机对于当代大学生来说具有重大意义，它是大学生成长、成才与成功的关键。内在、稳定的学习信念及动机的构建需要从以下几个方面努力。

(1) 学习兴趣的培养。

学习兴趣是一种力求认识世界，渴望获得科学文化知识的意识倾向，这种倾向是与一定的情感体验相结合的，它是学习动机中最现实、最活跃、带有强烈情绪色彩的因素。学习兴趣的培养，主要取决于以下因素：

第一，事物本身的特性。凡是相对强烈、对比明显、不断变化，带有新异性和刺激性的事物都会引起人们的兴趣。

第二，人的已有的知识经验。因为它能使人们获得新知识，如实用的计算机、外语知识等易激发学生的学习兴趣。

第三，人对事物的愉快体验。一个人在学习过程中获得别人的承认，或内在的满足等积极情感体验，会加强学习兴趣的稳定性。

综上所述，大学生要根据兴趣本身的特征有意识地培养、构建个人稳定的学习兴趣。

(2) 求知与探索精神的建立。

人类社会的进步来自对知识的追求和对真理的探索，可以说所有科学家、思想家等伟大人物的成功都源自对科学与真理的不懈探索与追求。求知与探索精神既是当代大学生应具备的重要素质，也是成才与成功的强大动力。因此，一个立志成才的大学生必须培养求知与探索精神，并内化为持久的学习动力。

(3) 成就动机的构建。

成就动机作为一种理论最早于1961年由麦克莱兰提出，而后阿特金森又进一步提出：人们在成就动机强度上的差异可以用避免失败来解释。成功倾向者善于确立适中的奋斗目标，而避免失败者常常倾向于把目标定得偏高或偏低。

一般来说，大多数学生将学习中的成功与失败归因于四种因素，即学习能力、努力程度（内归因）、学习的难度和运气（外归因）。

低成就动机的学生往往把成功归为运气好，失败归为自己的学习能力差；而高成就动机的学生常将成功归为个人的能力与努力程度，而将失败归为功夫不够，对这类学生，失败并不能降低他们的自信心和对成功的期待水平，反而促使他们更加努力。

由此可知，当代大学生要积极完善自我意识，树立正确的成就动机，掌握正确的归因方式。研究结果也表明，成就动机与学习行为成正相关，即成就动机在学习中起着很大的推动作用，它与学生的学习毅力、学习成绩以及学习效率成正相关。

(4) 价值定位。

几乎所有的大学生都希望自己成才与成功，然而，对成才与成功的价值定位却不尽相同。有很多大学生把是否博取他人的羡慕、获取社会名望等作为成功目标。最为典型的表现莫过于一次考试优异，就沾沾自喜，骄傲自负；一旦竞争失败、考分落后，便颓废沮丧，自暴自弃。

因此，当代大学生必须根据自身个性、能力及兴趣倾向准确地构建理想自我，树立健康的成就欲，构建科学的价值观。不为面子而学，不为名誉而学，而是为未来而学，为实现自我价值而学。在求知与探索中建立成就感，在责任与使命的追求中体验成功。

（三）大学生的有效学习心态

心态的力量是巨大的。因为心态决定行为，行为决定命运。对当代大学生而言，学习心态决定学习的成败，或者说健康的学习心态就是学习成功的路径。因此，构建有效的学习心态，探寻成功的学习路径至关重要。经研究，正确、成功的学习心态体现在以下几方面。

1. 空杯与人本

所谓空杯与人本心态，指的是抛开曾经的经验、个人的虚荣，一切归零，尊重他人，虚心学习和吸取他人的知识与经验。其具体表现为：

（1）虚怀求知。古人云"三人行，必有我师"，人的个性、能力与经历的差异决定了任何人身上都有值得我们吸取的知识和经验、优点和长处。对学习本身而言，任何自我炫耀以及对他人的轻视都毫无意义，它的存在必将堵塞和关闭知识增长及个人成长的心理空间。因此，只有抛开虚荣心态才能空杯，只有心态空杯才能尊重他人、学习他人。死要面子，当然活受罪。

（2）尊师重学。有道是"师风可学，学风可师"，当一个老师在尽心教学时，他或许教学水平有限，但他却在为人师表；当一个老师学富五车时，他或许没有英俊的外表，但他的治学精神一定值得效法。一个人知识的获得需要良好的治学精神；一个学生要取得成功，当汲取教师的力量。所以，一个学生既要懂得学习师风，还需懂得关注学问，更要善于培养学风，如此才能有效地学到应有的知识，找到成功的方向。正所谓空杯才能人本，人本方能取经。

（3）学会合作。合作是一种境界，合作可以打天下。在合作中相互学习；在合作中体验友谊；在合作中共同成长。现代社会，离开了合作，就将失去归属。孤芳自赏，必将葬送前途。

1＋1＝11，再加1是111，这就是合力。但第一个1倒下了就变成了－11；中间那个1倒下了就变成了1－1。由此可见，合力不只是简单的加法，成功的境界在于：把积极的人组织起来共同努力，共创佳绩。

2. 挑战与超越

常言道，"心有多大，舞台就有多大"。人生的"舞台"由"心"而造，唯有心胸宽广，且有胆、有识与有谋之人方能演绎精彩人生。当代大学生应在挑战中学习，在创新中发展，这是21世纪大学生成才的必由之路。唯有挑战才有超越，只有突破方能创新，否则终将被社会所淘汰。

当代大学生既要学会超越自我，也要敢于挑战未来，还要有面对失败、承受挫折的心理能量。纵观中国革命的历史与现代化建设的实践，试想：没有挑战马克思主义经典理论的勇气，如何开辟"农村包围城市的"革命道路？没有发展毛泽东思想的气魄，怎么有改革开放与中国特色社会主义的发展？再看当今世界科技的发展，没有现代计算机革命，如何能开启全球互联网时代？没有挑战太空的勇气，怎么能实现人类的"飞天"梦想？

3. 付出与实践

俗话说的好："天上不会掉馅饼"，成功无法一撮而就，学习也不例外。等待成功好比"画饼充饥""龟兔赛跑"，无疑将失败。而"笨鸟先飞"恰恰是智者的选择。"先飞"者，意味着舍得付出时间，懂得在实践中学习。

知识何以是力量？因为它能转化为能力。实践为何重要？因为它能检验真理。因此，当代大学生若期待学有所成乃至将来事业有成，必须付出时间去领悟理论，通过积极实践将其转化为能力。反之，一个只会背诵概念，没有领悟本质，只会高谈阔论，毫无实践能力的大学生，其未来将与失败结伴，而与成功无缘。

4. 积极与坚韧

事物永远是阴阳同存，辩证统一的。积极心态者往往用发展、进步的眼光看世界，既面对困难也看到希望；消极心态者则用颓废、倒退的眼光看现实，他们只看阴暗而不见阳光，抱怨失败却无视希望。积极心态者在困难中坚持学习并最终战胜困难，消极心态者会在困难时放弃学习，并最终丧失能力。

当代大学生应持怎样的学习心态呢？是选择积极还是选择颓废？答案已不言而喻了。

许多青年人感叹不能成功，为什么？因为他们不能坚持，缺乏坚韧。所谓坚持和坚韧，是一个人在困难、挫折与坎坷中的态度与行为体现。而不是人处在顺境时的状态。

对于大学生的学习而言，其学习过程必然会遇到困难和挫折，在困难面前退却，学业必然倒退与停滞；在遭遇瓶颈时依然坚持探索，突破瓶颈，必然学业有成，更有高峰体验。因此，坚持与坚韧，是学业成功的必备心态。

第三节 大学生的学习策略

一、大学生学习的适应

学生从中、小学的基础教育过渡到大学的专业及职业教育后，进入了以教师为主导、以学生为主体的新的教学模式。这就意味着大学生需转变思维与观念，根据自身个性特点及能力优势从学习心态、学习过程到学习方法进行全面调整，以全新的姿态去适应大学教育。根据高等教育的特点，大学生的学习适应需实现两个过渡：其一是学习主体由被动型向主动型转变，其二是根据自身气质类型，扬长避短，有效学习。

（一）被动学习向主动学习转变

在整个中、小学教育阶段，学生的学习进度、学习重点以及课业练习、课程考试等全部由教师直接安排，教育的典型特征是以教师为主、以学生为辅。

而在整个大学阶段，其学习的主体、学习过程以及学习方法都发生了质的改变。学习过程的安排、学习进度的把握、学习方法的运用、课程的实验及练习等，全部由学生自主决定，并借此培养学生善于思辨、活化知识、勇于实践、不断创新的能力。因此，大学生必须告别过去的完全由老师教、学生学的被动学习模式，学会自主学习。那么，如何学会自主而有效的学习呢？

第一，健全成人意识。步入大学后，虽然"乳臭未干"，但已经是独立的成年人了。所谓独立，其内涵在于思维的自由、观念的建立、个性的形成、行为及生活方式的独立等，因此，作为一个大学生，首先需要明确的是：从现在起，不仅个人生活上要实现完全自理，同时学习也要独立自主。你拥有自由，也必须独立，你做出需要选择，也必须承担责任。

第二，学会自主学习。学习作为一种思维及行为活动，对成年人而言，理应是自由与独立的。因此，进入大学的成年学生，首先需确立个人思维及行为的自由与独立性，并以此为原则，自由选择符合个人特点的学习方式，独立自主地完成大学学业，而不是像中、小学那样，学习任务如何完成，一切依赖老师的安排。在大学，学校除了提供一个学期或者整个学年的教学计划之外，对于如何制订具体的学习计划，如何预习和复习，该做多少作业，课程难点在哪里，考试重点是什么等问题，没有老师限制你，一切由你自主安排、自行决定。

由此可见，大学生的学习需要学会与完成的第一个适应就是：由被动学习向主动学习转变，这是高等教育的性质与素质教育的功能所共同决定的。

（二）气质类型与学习适应

高等教育构建了学生自主学习的完备机制，它要求大学生必须学会根据自己的个性特征、气质类型，扬长避短，选择适合自己特点的学习方式，进而实现学习效率与学习成果的最大化。因为不同的气质类型具有不同的行为特质，所以需采取的学习方法也应不同。

1. 胆汁质

反应快，思维集中。驾驭这一特点，进行持续不断的学习，成绩会相当优秀。但情绪容易冲动，遇到不利的情况、挫折或者听一堂枯燥的知识课，会很容易气馁，没耐心，无精打采。改变这种状态，克服这一障碍的法宝是不断地建立信心并有意识地培养耐心。

2. 多血质

反应快，思维迅速。若集中精力听讲，效率会较高，可以做到当堂知识当堂巩固，能节省更多的时间学习课外知识。不足之处是，意识过于敏感，课堂内外一些微小事情的出现都可以引起注意，造成精力分散，影响听课效果。属于多血质倾向的学生平时要注意锻炼自身的毅力和学习的恒心。

3. 黏液质

注意力平稳，沉着坚定。一般情况下都能集中注意力听讲，干扰较少，反应速度一般，比较沉默寡言。属于这种气质类型的学生不太喜欢与同学交流，因此，如果想提高学习效率，课前就需要多做预习、提前消化；课后也要加强复习和巩固，以不断提高学习信心。

4. 抑郁质

思考持久，注意力集中，不受干扰。倘若能很好地利用这一优势思考问题和钻研学业，成绩会相当出色。因其特点同黏液质较相仿，因此也需要注意多做课前预习和课后复习，及时领悟与消化所学知识，尽量避免与减少因理解知识不及时而带来的挫败感。

二、大学生的主要学习策略

大学生学习的成功与否，既受制于学习动机及学习心态，也有赖于学习策略的优化，二者相辅相成。缺乏良好的学习动机及心态将无法投入学习，没有科学的学习策略则难以获得有效的学习成果。由此可见，掌握一定的学习技能，选择一定的学习策略，对提高大学生的学习效率和学习能力具有十分重要的意义。

学习策略是指学习者为有效地达到学习目标而确立的具体的学习过程和所采取的有效学习步骤。这里重点介绍几种常用而有效的学习策略。

（一）基本策略与支持策略

该策略系由丹瑟洛（D. F. Dansereau）于 1985 年提出，它包含基本策略与支持策略。二者相互联系、相互依存。

1. 基本策略系统

基本策略系统主要用于对学习材料进行直接操作，即直接作用于认知加工过程。该策略主要包括领会与保持策略和提取与应用策略。

（1）领会与保持策略——第一级策略：由理解、回忆、消化、扩展和复查5个部分构成。

理解是指自动地分析所学内容中的重点和难点；回忆是指不看课本，用自己的言语表达或重新解释所学的内容；消化是指根据回忆结果来矫正错误，达到真正意义上的理解；扩展是指通过自我提问的方式对前面所理解的内容进行再次加工，以求融会贯通；复查是指对整个学习过程进行全面的复习，并通过测验来加以考察。

（2）提取与应用策略——第二级策略：由理解、回忆、解释、扩展和复查5个部分构成。

理解是指在某种具体的情景中，理解所面临的问题和任务，并形成有关问题的条件、目标、性质等心理表征；回忆是指回想与问题解决有关的要点；解释是指具体详细的回忆和解释要点；扩展是指把提取出来的信息加以整理和组织，形成解决问题的方案；复查是指对问题解决的有效性进行检查和评估。

从上述分析中可以看到：

第一，在基本策略中，领会与保持策略主要用于信息的获得和储存；提取与应用策略主要用于信息的恢复和输出。这两组策略虽然在结构和程序上基本相同，但它们分别指向不同的目标、不同的学习阶段，具有不同的作用。

第二，领会与保持策略和提取与应用策略是相互联系的，前者是基础，后者是深入与提高。因此，丹瑟洛将前者称为第一级策略，后者称为第二级策略。

2. 支持策略系统

仅有基本策略还不足以顺利地完成学习活动，支持策略在学习活动中也是非常重要的。支持策略，顾名思义，是对基本策略的支持，属于辅助性的策略，但这并不意味着它可有可无。

支持策略主要用于确立恰当的学习目标体系，维持适当的学习心态。该组策略由三个部分构成：计划与时间安排策略、专心管理策略、监控与诊断策略。

（1）计划与时间安排策略。主要指确定学习的目标与进程。根据目标的大小、范围等的不同，可以设置一个目标体系，该体系包含了大、中、小，远、中、近等一系列的目标。可以根据所设立的目标来安排学习进程，同时也可以根据学习进程适当地调整学习目标。

（2）专心管理策略。是支持策略的中心，包括心境设置与心境维持两种策略。心境设置是指在学习之前使学生处于积极的情绪状态，克服并减少消极的情绪。心境维持是指在心境设置的基础上，使积极的情绪状态在整个学习过程中都得到保持。

（3）监控与诊断策略。该策略和基本策略系统中的复查部分相似，主要是对整个学习策略系统进行监控与诊断。

3. 支持策略与基本策略的联系

支持策略＋领会和保持策略（基本策略1）＝第一级策略；

支持策略＋提取和应用策略（基本策略2）＝第二级策略。

很显然，支持策略与基本策略是密切联系的，它们共同决定了学习策略的有效执行及学习活动的顺利完成，二者协同作用完成学习活动。

（二）复习策略

复习策略解决如何对所学内容进行适当的重复学习，主要用于信息的长时记忆与保持。根据遗忘发生的规律，必须采取适当的复习策略来克服遗忘，即在遗忘尚未产生之前，通过复习来避免遗忘。

1. 复习的时间

应该注意及时复习和系统复习。及时复习可以较大限度地控制遗忘，但它也不是一劳永逸的，要想长时间地保持所学的内容，还必须进行系统的、不断的复习。根据有关研究，有效的复习时间作如下安排转为适宜。

第一次复习：学习结束后的5～10分钟，比如下课后将要点加以背诵；或者阅读后尽快地用自己的语言来表述所学的内容。

第二次复习：学习当天的晚些时候或学习结束后的第二天。重读有关内容，将要点用自己的语言表述出来。

第三次复习：一个星期后。

第四次复习：一个月后。

第五次复习：半年后。

在每次复习时，究竟用多长时间是最有效的呢？是否复习时间越长，记忆效果越好呢？对人类记忆的研究发现，人们对事件的开始和结尾具有较强的记忆，而对中间的记忆较差。比如，若连续复习3个小时，那么只有一次开始和结尾，这就可能产生两头记忆效果好而中间记忆效果差的现象。为解决这一问题，可以将连续的集中复习时间加以分散，分为几个小的单元时间，中间穿插短暂的休息。这样，就能够增加开始和结尾的数量，进而提高记忆效果。至于每一单元的复习时间，可根据学习材料的趣味性与难易程度而定。

2. 复习的次数

学习完某一新内容后，复习多少次最有利于记忆？这涉及过度学习的问题。所谓过度学习，即在恰能背诵某一材料后再进行适当次数的复习学习。这种重复学习绝不是无谓的重复，相反，它可以加深记忆痕迹以增强记忆效果。一般而言，过度学习的程度达50%～100%时效果较好。比如，当你识记某一材料，读6遍刚好能够记住时，那么最好你再多读两三遍。但要注意，这并不意味着重复次数越多越好，超过100%的过度学习反而会引起疲劳、注意力分散甚至产生厌烦情绪等不良效果。

3. 复习的方法

要注意选择有效的复习方法。研究发现，许多人经常反复地、一遍遍地阅读某种材料，以期达到记忆的目的。这种方法虽然也能够使学习者最终记住有关内容，但事实上，它并不是一个非常有效的复习方法。较好的方法是尝试背诵，即阅读与背诵相结合：一面读，一面试着背诵。这样，可以使注意力集中于学习中的薄弱环节，避免平均分配学习时间和精力，进而达到提高学习效率的目的。此外，还应尽量地调动起多种感官来共同地进行记忆，眼到、口到、耳到、手到、心到，多种形式的编码和多通道的联系增加了信息的储存和提取途径，自然就使记忆的效果得到增强。

复习策略的主要目的在于使信息在头脑中牢固保持。而一系列的研究证明，只有理解了的信息才比较容易记忆并长久保持，反之，呆读死记的东西既难记，也容易遗忘。因此，复习策略应该与其他的学习策略协同作用，共同促进学习效果的提高。

（三）阅读策略——4 步法

1. 纵览与预习

纵览阅读内容，从整体上把握文章脉络，为仔细阅读做准备；或者快速预习材料，对文章的主题和主要标题有一个大致的了解。

2. 提问与阅读

把文章的标题及主要内容转化为问题的形式，或者针对阅读内容提出一些问题，比如：是谁？何时？是什么？为什么？怎么样？

接着在问题的提示下深入阅读；或针对内容进行阅读，并根据阅读内容寻找问题答案。全面了解内容主要依赖于学习者的理解。

3. 理解与沉思

理解所学内容的意义，包括把现在所学内容与学习者已掌握的知识相互联系起来，把课文中的细节和主要观念联系起来，对所学内容做些评论等。对整个阅读过程进行反思，包括有无理解、记住内容，阅读速度是否合适，有哪些方面需要加以改进等。这一环节在阅读过程中显得尤为重要，它体现了阅读策略的核心。因此在阅读时，必须充分重视这一环节。

4. 回忆与复习

经过上面的阅读过程，学习者已经理解了课文中的大部分内容，接着合上课本，检查有多少内容已经记住，还有哪些没有透彻理解。把尚未理解的内容一并记下来，等待进一步加工。要长期在大脑中保持已经阅读过的内容，就必须复习。通过复习加深对阅读的巩固、理解，并建立有关内容之间的联系。

(四) 问题解决策略

能否成功地解决问题，既取决于个体所拥有的相关知识，又依赖于个体的解题策略。解题策略分为两大类：一类是通用的一般思维策略，该类策略不受具体问题的限制，是一般性的方法与技能；另一类是适合于某一学科的问题解决的具体的思维策略，与具体的学科内容有关。这里仅就一般的解题策略加以介绍。

IDEAL 是布兰斯福德（J. D. Bransford&B. S. Stein）于 1984 年提出的解决问题的一般策略，该策略以她所划分的五个步骤的英文首字母命名。其五个步骤如下：

（1）识别（Identify）——注意到、识别出所存在的问题。比如注意到内容中的不一致、不全面之处，或者意识到自己学习过程中所遇到的困难等。

（2）界定（Define）——确定问题的性质，对问题产生的过程和产生的原因进行解释。该过程直接影响着以后所确定的解决问题的方法。

（3）探索（Explore）——搜寻解决问题的可能方法。该过程受到前面的问题界定的影响。

（4）实施（Act）——将解决问题的方法付诸实施。

（5）审查（Look）——考察问题解决的成效，搜集有关的反馈信息，以便为进一步改善解决方法、更有效地解决问题奠定基础。

总之，学习虽然是一种非常普遍的活动，但其中蕴涵着极其丰富的规律。随着研究的不断发展，对学习规律的探讨也将更加深入和更为准确，从而也更有利于指导人们进行科学而有效的学习。为了自身的成长与完善，更好地适应和改造环境，以促进社会的进步和发展，大学生了解并充分利用有关的学习规律都是非常必要的。

第四节　大学生创新能力的培养与发展

创新是一个民族进步的灵魂，是国家发展的动力。21世纪是知识经济时代，国际竞争突出体现为创新型人才的竞争。高等学校是培养创新型人才的摇篮，大学生是否具备创新能力不仅关系到个人的命运，同时也与国家的发展、民族的复兴息息相关。因此，当代大学生必须全方位地更新观念，努力培养与发展创新能力是时代赋予大学生的责任与使命。

一、能力的定义

能力就是指顺利、有效地完成某项活动所必须具备的心理条件。能力是直接影响活动效率，并使活动顺利完成的个性心理特征。

能力总是和人完成一定的活动联系在一起的。离开了具体活动既不能表现人的能力，也不能发展人的能力。

但是，我们不能认为凡是与活动有关的，并在活动中表现出来的所有心理特征都是能力。只有那些完成活动所必需的、直接影响活动效率的，并能使活动顺利进行的心理特征才是能力。例如人的体力，知识，以及人是否暴躁、活泼等，虽然对活动有一定影响，但不是顺利完成某种活动最直接、最基本的心理特征，因此，不能称为能力。

二、能力的类别

根据不同功能和特征，能力可分为以下三类，其结构如图4-2所示。

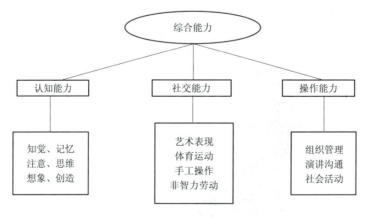

图4-2　能力的分类

三、创新能力的发展

（一）创新能力的概念

创新能力是人们产生新认识、新思想和创造新事物的能力。创新能力涉及一个人的多种能力，主要包括认知能力和实践能力两个部分。

1. 认知能力

认知能力主要指在知识的学习与吸收、思维的加工与创造活动中所表现出来的能力，如认识与观察能力、记忆与想象能力、自学与吸收能力、分析与判断能力等。

2. 实践能力

实践能力指的是在社会实践及创新活动中所表现出来的行为能力，如实验能力、操作能力、信息沟通能力等。

创新能力是一个人综合能力的具体体现。因此，大学生在培养自我创新能力时应注意对组成创新能力的各种相关能力的全面培养，这样才能全面提高创新能力。

（二）创新活动的操作过程

1. 提出问题

创新能力的操作首先从提出问题开始。它是指创新者在已有知识、信息和经验的基础上，对客观存在的问题的情境、状态、性质等重新发现和认识。

2. 分析问题

问题提出之后，创新者需根据问题，开始对相关资料进行寻找收集、分析处理，由此进入尝试解决问题直至弄清问题的整个过程。

3. 解决问题

解决问题是创新者面对提出的问题和分析的结果，在尚无现成办法可用时，将问题从初始状态向目标状态转化直至完成目标的全过程。

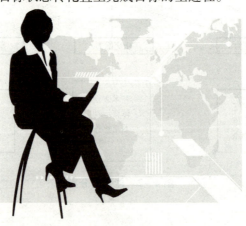

下面通过笔者的一次文学作品的创作经历来说明创新能力的操作过程。

【案例】1995年末笔者参加某市文化局与音乐家协会联合组织的"迎香港回归"大型歌曲创作（歌词）专题笔会。会期3天，要求与会词作家每人创作并提交1~3首作品。笔者虽写过一定数量的歌词作品，但有关政治题材的创作从未涉及，因而感到束手无策，茫然焦虑。该如何完成创作任务呢？笔者开始了思考……

（1）提出问题。

笔者没有政治题材歌词的创作经历，但写过许多抒情作品，能否用抒情方式去表达"香港回归"这一主题呢？根据文学创作原理，答案是肯定的。

（2）分析问题。

既然以抒情方式来写"香港回归"，它的切入点在哪里？需要收集、整理哪些与香港、回归、北京、中国等概念相关的写作材料？创作视角选择历史的，还是现实的？作品的抒情基调是豪情奔放，还是清新温婉？根据笔者的创作经验，宜选择现实视角，作品风格为清新温婉。

（3）解决问题。

虽然确定了抒情方式、写作视角和创作风格，但面对"香港回归"这一全新题材时，并无现成的办法可用，需重新酝酿与构思作品意象、寻找创作路径。

从抒情出发，可写的角度有爱情、亲情、友情等，许多政治题材的作品也都将对母亲的爱比拟为对国家、对党的热爱。因此，必须将爱情、亲情、友情等创作元素与"香港回归"这一素材联系起来构建新的抒情意象。创作思路确定之后，灵感随之产生——将北京和香港分别比拟为两个恋人，他们将在"九七"相会，作品由此诞生：

回归，一九九七

（1）

当一轮明月在北京升起，
温馨撒入香港，就在一九九七；
当一片彩云从香港飘来，
佳音传到北京，正是一九九七。
啊……
听一曲神韵奏响，
彩云追着月亮飞，相约在九七；
闻一缕香风吹来，
香港朝着北京归，牵手在九七。

（2）

当一轮太阳在北京升起，
希望点燃香港，就在一九九七；
当一群白鸽从香港飞来，
欢乐陶醉北京，正是一九九七。
啊……
把一幅画卷打开，
白鸽迎着太阳飞，相聚在九七；
让一个世纪惊叹，
香港朝着北京归，风流在九七。

【案例解析】在这首词作中"北京"和"香港"犹如"月亮"和"彩云"，他们像一对相恋已久的情人，相约、牵手在九七。同时，"北京"和"香港"又像

"太阳"和"白鸽"象征着希望与和平,他们在九七相聚,让世纪风流。

歌词的第(1)段深情款款,温婉美妙;第(2)段则激情奔放,意境高远;两段歌词既对比鲜明,又浑然一体,整首作品清新飘逸,美轮美奂,别具一格,完全超越了笔者的初步构思。

(三)创新能力的提升途径

由创新能力的概念可知,创新能力究其本质是发展能力,能力的提升至少包括以下两个方面:

1. 驾驭认知的潜质

所谓驾驭认知的潜质,其内涵是:不断发掘个体的认知潜能,努力实现抽象思维与艺术思维的有机融合,逐步做到博学与精深,善于研究与创新。

(1)创造性思维——抽象思维与艺术思维的有机融合。

抽象思维是人们在认识活动中运用概念、判断、推理等思维形式,对客观现实进行间接的、概括的反映的过程。属于理性认识阶段。

形象思维主要是指用直观形象和表象解决问题的思维,其特点是具体形象性、完整性和跳跃性。形象思维的基本单位是表象。它是用表象来进行分析、综合、抽象、概括的过程。

当抽象思维与形象思维新颖地、灵活地有机结合时,将孕育出创造性思维。这就是创新过程中的思维活动。每个学生的创造性思维都是可以培养的。贝弗里奇说:"事实和设想本身是死的东西,是想象力赋予它们生命。"所以有人认为客观事实和知识好比空气,想象力就是翅膀。只有两方面结合,智力才能如矫健的雄鹰,翱翔万里,以探索广阔无垠的宇宙,搜索一切知识宝库。

【案例1】"孙悟空"有七十二般变化,但每一种变化都没有超越当时的科学发展和时代水平。正像俄国大文豪高尔基说的那样:"想象在其本质上也是对于世界的思维,但主要的是用形象来思想,是一种艺术的思维。"

【案例2】爱因斯坦16岁时曾问自己:"如果有人追上光速,将会看到什么现象?"以后他又设想:"一个人在自由下落的升降机中,会看到什么现象?"就是这些想象推动他去探索科学知识的奥妙,紧张地开展研究工作,终于创立了相对论学说,获得了诺贝尔奖,成为世界上最伟大的科学家。这个事例充分说明了形象思维在认识和学习中的重要作用。

【案例3】李岚清在担任中共中央政治局常委兼副总理期间,其工作形象及外在形象无不传递出一种作为党和国家领导人的人文内涵与儒雅气质。而当他的个人音乐专著《李岚清中国近现代音乐笔谈》《李岚清音乐笔谈——欧洲经典音乐部分》以及《突围，国门初开的岁月》出版时，国人无不为之敬佩与骄傲。

作为当代的大学生，从李岚清"政治兼艺术"的人生阅历中将获得什么启示呢？

（2）博学与精深。一个人的创造能力的发展既需要抽象思维与艺术思维的有机结合，也需要博学与精深。缺乏广博的知识，难以提升综合素质，缺乏专业的精深，能力将流于浅薄。可以说，博学推动精深，精深促进博学。

例如，爱因斯坦不仅是一位著名的科学家，还是一位音乐家；华罗庚不仅是一位数学家，他的文学造诣也令人钦佩；毛泽东不仅是政治家、哲学家与军事家，同时集诗人与书法家于一身。

毫无疑问，对于当代大学生而言，博学与精深既是未来个人成功的必然选择，也是时代赋予大学生的使命。

（3）研究与创新。一个人需要创新和发展必须学会研究。没有博学，无以研究；缺乏研究则无法精深；没有精深将无法创新。由此可见，创新产生于研究，学会研究是实现创新的必备素养。

研究是一种行为，也是一种心态。没有研究的过程，创新无法实现；而没有研究的心态，创新将无法开始。因此，从研究与创新的关系出发，创新能力首先表现为一种克服困难、承受失败、甘愿寂寞、执著进取的精神，同时也体现为不骄不躁、求真务实、潜心探索的风范。

由此可见，培养研究的心态、投入有效的行为，才是大学生未来创新成功的保证。

2. 知识转化为能力

"知识就是力量"，这是英国哲学家和科学家、经验主义心理学思想的鼻祖——弗兰西斯·培根的经典名言。它表达了知识对于人类发展的无限价值。知识为何是力量？因为它创造了文明，因为它改变了世界，可以说没有知识就没有创新、也没有发展。

毛泽东在《中国革命战争的战略问题》一文中指出："读书是学习，使用也是学习，而且是更重要的学习。"这句话最集中地概括了毛泽东知行合一的学习观，阐明了理论与实践的辩证关系。

创新是一种智谋，它依赖于知识的积累，创新作为一种成果，它产生于行为实践的过程。可见，知识并不直接导致结果，而是知识的应用创造了成功。因而，大学生要取得未来的创新与成功，不仅需要将知识转化为能力，而且还要实现知识、能力与行为三者之间的有效转换。

对当代大学生而言，书籍成堆，经纶满腹并非终极目的，成才与成功、创新与发展才是真正的追求。"画饼充饥"是自欺欺人，"大话西游"无实际意义，"纸上谈兵"将一事无成。因此，大学生务必深刻地理解知识与力量的有机联系和理论与实践的辩证关系，做到踏实学习、积极实践、学以致用，不断地将知识转化为实际能力，将能力转化为有效行动。因为这是未来实现创新、走向成功的必由之路。

（四）大学生创新能力的不足及其调整

1. 创新能力的不足表现

目前，大学生创新能力不足的现象在我国的高校大学生中普遍存在，这也是我国高等教育与世界先进大学的重要差异之一。大学生创新能力的不足主要表现在以下几个方面：

（1）缺乏创新观念和创新欲望。

许多大学生虽然不满足于大学的学习现状，但往往只是牢骚满腹，唉声叹气，却始终没有建立信心并付诸行动。

（2）缺乏创新的毅力。

虽然有些大学生也能认识到毅力在创新活动中的重要性，但在学习、实践过程中缺乏执著、坚定的追求精神，往往虎头蛇尾，见异思迁，放弃追求。

（3）缺乏创新的兴趣。

不少大学生的兴趣往往随着时间、环境、心情的转移而变化无常，其兴趣缺乏深度和广度。

（4）缺乏创新所需的观察力。

在观察的速度和广度、观察的整体性和概括性、观察的敏锐性和深刻性、观察的计划性和灵活性等方面，大学生普遍存在着不足。

（5）缺乏创新性思维能力。

有些大学生也想创新，但不知道如何去创新。他们在直觉思维能力、逻辑思维能力、联想思维能力、发散思维能力以及逆向思维能力等方面都还比较稚嫩，需要加强培养和锻炼。

2. 创新能力不足的调整

大学生思想最活跃、具有创造能力。面对现阶段大学生创新能力不足的现象，需采取有效措施逐步改变。

（1）强化创新意识，完善理想自我的构建，充分理解创新对于当代大学生成才与发展的历史及现实意义。

（2）不断探索提升创新能力的有效路径，思考创新的有效方法，同时加强创新活动训练。

（3）学会建立有效创新的自我激励机制，在创新成就感中激励自我，进而推动自我创新能力的发展。

总之，只要不断努力学习和实践，大学生的创新能力必然会大幅度提高，当代大学生必将会为推动国家的创新与发展做出应有的贡献。

第五节　大学生常见的学习心理问题及调适

大学生在学习中，不仅需要构建正确的学习动机，培养健康的学习心态，掌握有效的学习方法，还需要学会适度地调整情绪，克服困难，培养坚韧的意志和信心，才能圆满地完成大学学习任务。那么，对于当代大学生，在学习中可能遇到哪些问题呢？下面将针对大学生在学习中所表现出来的典型心理问题加以解析。

一、学习动机不当

（一）学习动机不当的类型

一般而言，学习动机不当包括学习动机不足和学习动机过强，这二者都会干扰和影响大学生的学习效能。

1. 学习动机不足

主要表现为：缺乏理想自我，不知道为什么学，无明确的学习目标；因而找不到学习动力；为学习而学习甚至于厌倦学习和逃避学习。

2. 学习动机过强

主要表现为：因功利动机过强造成学习强度过大，由于未达到预期的需求而烦恼；因面子需求过强，求全心理作祟，在与同伴相比较发现落后时心生嫉妒和烦恼。

（二）学习动机不当的原因

1. 学习动机不足的原因：

（1）缺乏专业兴趣。

（2）缺乏使命与责任感，导致无学业期望。

（3）学习态度的不良，致使学习缺乏毅力。

（4）由学习方法不当造成学习效能感低。

2. 学习动机过强的原因

（1）面子需求作祟。渴望外在的奖励与肯定，特别是由于学业优秀带来的心理满足使学生更看重自己的学业优势，因而造成学习强度过大，引起心理疲劳。

（2）功利需求过强。个体学业期望过高。对自己的学习能力缺乏恰当的估计，从而造成学业自我效能感下降。渴望学业成功但又担心学业失败，由此造成心理压力大。

（三）学习动机不当的自我调节

1. 学习动机不足的自我调节

（1）正确认识学习的价值，确立大学的目标，重新规划学业与理想自我。

（2）调整心态，以积极的心态对待学习特别是学习中遇到的挫折与困难，不要在学习之前自我设限；切勿先想象失败，再放弃努力；要加强行为训练，学会用自身的意志战胜惰性。

（3）改进学习方法，以空杯及人本心态和同学交流，借鉴同学的学习经验，探索符合自身特点的学习方法，不断提高学习效率与学业自我效能感，提高学业的自我价值与社会价值。

2. 学习动机过强的自我调节

（1）正确认识自己的潜质，制订恰当的学业目标与学业期望；与此同时，脚踏实地，不好高骛远；循序渐进地改善学习。

（2）淡化外在奖励的诱因，放弃以学习为手段，以获取名利为目的的非健康、非稳定的学习动机，重新确立内在稳定性学习动机，以求真务实的精神推进学业进步。

二、注意力不集中

注意是心理活动对一定对象的指向，具有指向性、选择性和集中性。注意是人类学习的前提，没有注意，就没有大学生的学习。因此，注意在大学生学习中具有极其重要的意义。注意力不集中也是大学生学习中经常遇到的心理问题。

1. 注意力不集中的主要表现

（1）听课不能专心，大脑常常"开小差"，盯着黑板却心猿意马，自己不能控制思维的飘逸。

（2）易受环境的干扰，教室外的微小变化都能引起注意力的转移，而且长时间难以静心。

（3）参加某项活动如体育运动或看一场晚会后，久久地沉浸在对活动情景的回忆之中而无法进入学习状态。

2. 大学生注意力不集中的主要原因

（1）由于大学时期成长、发展的任务较多，因而容易导致心理压力与冲突加剧，特别是恋爱、性幻想等更容易引发注意力不集中。

（2）重要生活事件导致心理应激，如重要丧失——考试失败、评优失败或恋爱受挫等，或者家庭生活发生重大变故、经济困难、宿舍关系失和等，都会造成精神负担过重，精力分散。

（3）学习动机不足，学习焦虑过低，缺少压力与紧迫感。此时，对学习的关注处于动力缺乏或无法启动状态，因此无心学习。

3. 注意力不集中的自我调节

（1）学会转移注意力。

在遇到不同生活应激事件与挫折时，要尽快找到对事件的合理解释，在最短时间内接纳和处理完事件结果，从中解脱出来。

（2）调整学习动机。

注意力的保持需要正确的动机支持，大学生需要建立学习的使命感与责任感，保持适当的学习压力与学习焦虑，并进行积极的自我激励与自我暗示；在有效地学习目标中确立学习的成就感，进而提高对学习的关注。

（3）养成良好的习惯。

学习是否有成效、注意力能否集中常常受行为习惯的制约。因此，大学生需要养成良好的学习习惯与生活习惯，建立有效的自我约束机制，保持独立旺盛的学习精力。

（4）选择或改善学习环境。

古代"孟母三迁"的故事，我们从小就知道。若没有"孟母三迁"，或许就难以成就一代思想家孟子，因此，环境与学习的关系值得重视。学习环境对学习会产生直接或间接的影响。因此，大学生要学会尽可能地减少与学习无关的活动，与此同时，进行适当的自我监控，以保持对学习的有效关注。

三、考试焦虑

（一）考试焦虑及其表现

对学生而言，考试是一种复杂的智力劳动，也是一种非常状态，它要求学生头脑清醒、情绪稳定。考试焦虑是一种严重影响考试水平发挥的情绪。

考试本身是滋生紧张情绪的"土壤"。许多学生常常因考试紧张，不能正常发挥自己的水平。究其原因，主要是由于求胜心切，加重了心理负担。那么，求胜动机是如何干扰考试的呢？

首先，求胜动机会在大脑皮层的某一区域形成占主导地位的兴奋中心，致使其附近区域处于抑制状态，它会破坏知识之间的联系，妨碍对知识的调动与提取。

其次，记忆的暂时中断往往又会加重焦虑情绪，从而加深考生对考试成绩得失的忧虑。于是，导致恶性循环。

在焦虑的状态下，错答、漏答或不知如何应答结合在一起，学生的分析、综合、抽象、概括等具体思维能力无法正常发挥，从而导致考试失败。

考试焦虑的具体表现：

（1）情绪表现：担忧、焦虑、烦躁不安。

（2）认知表现：注意力不集中，记忆力下降，看书效率低，思维僵化。

（3）行为表现：坐立不安，手足无措。

（4）躯体表现：头痛、食欲下降、恶心、心慌、睡眠不好等。

具有高度考试焦虑的学生在考前还会出现明显的、严重的生理心理反应，如：过分担忧、恐惧、失眠健忘、食欲减退、腹泻等症状；在临考时心慌气短、呼吸急促、手足出汗、发抖、频频上厕所、思维浮浅、判断力下降、大脑一片空白；个别学生在考场上甚至出现视力和行为障碍，如看不清题目、看错题目、漏题丢题、动作僵硬、手不听使唤、出现笔误等。

（二）大学生考试焦虑的原因

考试只是检验学习结果的一种手段而非目的，不能全面反映学生的学习能力。由于大学生更看重考试的外在价值，如获得奖学金、保送研究生等各种荣誉，对其内在价值——掌握知识却重视不够。造成考试焦虑既有客观因素，也有主观因素。

1. 考试焦虑的客观因素

（1）考试本身。如考试的重要性、难易程度、竞争程度等。越是重要的考试，越容易产生焦虑；题目越难，越容易产生焦虑；竞争越激烈，越容易引发焦虑。

（2）学业期望。一般而言，学业期望越高的学生，对学习投入的精力越多，越看重学习成绩，因而对考试失败的恐惧越高，越容易产生考试焦虑。而那些学业期望较低的学生，满足于60分，一般不易产生考试焦虑。但学业期望较低的学生在面临学业失败时，也可能会激发其考试焦虑。

（3）知识掌握程度。我们经常说："难者不会，会者不难"，考试的难易是相对的，有一部分学生上课不认真、下课不复习、平时付出少，推崇考前一周效应，等到考试时，才临阵磨枪，匆忙上阵。此时面对考题，感到考试题目太难，无从下笔，便产生考试焦虑。

（4）考试压力的传递。学生之间的相互影响也会造成考试焦虑。如一些学生把考研当做重要的人生目标，考前以发誓言、写战书等方式激励自己，制造人为的紧张，使部分学生感到考研失败可耻，整天笼罩在失败的恐惧之中。

2. 考试焦虑的主观因素

（1）个性气质特点。那些敏感、急躁、过于内向、缺乏安全感和自信心、做事追求完美的学生在考试中容易产生焦虑。

（2）考试经验。大学生多数在中学时代都有考试成功的经验，而进入大学后，偶然的考试失败则会加剧这部分学生的考试焦虑：他们会将过去考试成功归因为题目容易、运气好；而将大学的考试失败认定为自己不聪明、能力差。于是，对自己失去信心，面临考试时产生紧张与焦虑。

（3）知识掌握与复习准备。当复习准备不足，对考试没把握，又害怕考试失败，自然就会产生考试焦虑。

（4）考试动机倾斜。因考试成绩与大学生的学业荣誉、政治前途、学业前途等密切相关（如奖学金、入党、保送研究生等），因而，大学生会对考试的外在价值过分重视，特别是学业成绩优异的大学生，恐惧考试失败的心理压力更大，更容易引发考试焦虑。

（三）考试焦虑的调节

1. 充分的复习准备

许多学生的考试焦虑是由复习准备不充分引起的，因此，专心致志地学习、牢固领会与掌握知识是克服考试焦虑的重要途径。

2. 正确评价自我

确立恰当的学业期望，培养自信心。过于担心、焦虑不仅于事无补，恰恰相反，它只会影响水平的正常发挥。因此，在迎考时，必须正确理解过程与结果的辩证关系，学会努力把握考试过程，而把考试结果置之度外。

3. 学会放松

放松有许多方法，可参考以下两种。

（1）身体放松：

a. 以舒服的姿势坐好，保持身体两边的平衡。

b. 用鼻子深深地、慢慢地吸气，再用嘴巴慢慢地吐出来。

c. 想象身体各部位的放松，放松的顺序：脚、双腿、背部、颈、手心。

（2）想象放松：

播放轻音乐，想象自己赤脚走在海滩上，暖暖的阳光照在身上，海风轻轻吹拂，听海浪拍打海岸，将头脑倒空，达到放松的目的。

4. 接受考前心理辅导

那些敏感、急躁、抗挫折能力差、有心理障碍的学生可在考试前接受有针对性的心理辅导以缓解其心理压力。

具有高度考试焦虑的学生可接受学校安排的集体辅导，从而客观地认识自己，增强自我心理调整能力，提高考试技巧，有效地化解外来压力，发挥出应有的水平。

四、考试作弊

（一）调查结果

考试作弊作为一种特定和普遍的现象，被称为"大学流行病"。考试作弊不仅影

响大学生学业成绩,也影响大学生的学习积极性,同时也是学业竞争的不公平行为。表4-1所示的是一项关于在2 300名大学生中开展的关于考试作弊的研究。

表4-1 大学生作弊原因调查表

题 目	排序	人数	比例/%
课程材料太难,无法掌握	1	269	71.5
恐怕丢掉学位或得不到奖学金	2	235	62.5
时间紧迫	3	190	50.5
担心失败	4	172	45.7
提高分数	5	165	43.9
环境的压力	6	148	39.4
同学之间的竞争	7	145	38.6
监考人员不注意	8	143	38.0
人人都这样做	9	121	32.2
教室里其他人看起来都在作弊	10	106	28.2
偷懒	10	106	28.2
朋友请他帮忙	10	106	28.2
作弊对其他同学并不构成伤害	11	100	26.6
邻座未看好自己的考卷	12	87	23.1
监考老师离开教室	13	81	21.5

以上调查统计说明,造成大学生考试作弊的原因是多方面的,是由多个变量形成的。大学生群体受社会风气的影响,但就个体而言,则互有差异。

(二)原因分析

从直接原因分析考试作弊,既有学生自身的原因,也有考试纪律松懈及不良社会风气影响等客观原因。

1. 学生方面

（1）学位的压力。学位是一把双刃剑，"担心被抓，丢掉学位"，使学生不敢作弊；但成绩较差的学生特别是当面临丢掉学位的现实压力时，又可能铤而走险，实施作弊。而更多的无个人明确作弊动机的学生则易受小团体氛围的影响。在一个大多数人都寻求考试捷径的环境中学习，如果个体不作弊，学生将会认为，别人作弊是对他自身的不公平，也就容易随波逐流了。

（2）追求高分的愿望。成绩较好的学生希望在考试中获得成功，保持学业上的优势，在时间紧迫的情况下可能会找"捷径"。很多学生认为，分数仍然是学生的命根，凡与学生切身利益有关的都与成绩息息相关，这在一定程度上助长了学生的投机心理与侥幸心理。

与此同时，作弊也遭遇了两难境地：如果自己作弊而其他同学不作弊，对其他同学不公平；自己不作弊而别人作弊，又对自己不公平。因此，作弊本身加剧了学生竞争的不公平。

（3）课程的重要程度。学生对那些自认为不重要或"学过以后没有什么大用处或学了就忘"的课程易产生心理上的轻视，如体育课作弊（替考）就是明显的例证。

（4）心理因素与道德因素。从学生心理状态分析，个体心理不成熟与自信心不足的学生存在侥幸心理和投机心理，这部分学生容易作弊；从道德教育的角度看，内心道德观念弱化的学生总在寻找作弊的"合理化解释"，如监考不严、课程太难、作弊的普遍存在等，很少有学生会从自身找原因。

2. 社会环境方面

大学作弊现象存在一个更广阔的社会与教育环境。大学生的许多欺骗行为并不仅仅发生在考试中，如作业的抄袭、笔记的复制、就业中隐瞒不良成绩等都不是个别现象。此外，发生在高等学校中的科学或学术舞弊，对大学生的影响之深，也是有目共睹和不容忽视的。

当代大学生在其成长环境中一直被教育如何鉴别真伪，因此，他们必然对不诚实产生心理上的宽容，在利益机制的驱动下，具有投机心理的学生可能就会铤而走险。

大学生自身的成才动机受市场机制的影响出现了学业的短期行为，学生更热衷于技能类知识的学习而对基础理论有所忽视。

（三）考试作弊的防治

1. 从根本上杜绝作弊

欲从源头杜绝考试作弊，需提高大学生内在稳定性学习动机。内在学习动机不足是大学生考试作弊的深层动因。从心理健康的角度讲，防治作弊的核心在于提高大学生学习的积极性、主动性，激发其内在稳定性学习动机。

2. 转变教育体制与教育观念

逐步建立与完善以教师为主导、学生为主体的教学模式，变传授知识为知识创新，强化教师的人格影响力。博学敬业、严谨求实的教师必然会对学生心灵产生巨大的震撼力。

与此相关，不断改革教学方法，改进教学手段，完善考试制度势在必行。由单一的课程考试向综合能力与创造能力考查转变，包括衡量、考查学生个性的完善等。不用一种固定不变的"好学生"标准衡量学生，真正将学生从沉重的考试中解放出来。

3. 加强学风建设

良好的学风对学生成才起着潜移默化的作用，学风好的班级学生作弊的可能性较小，反之亦然。因此，要营造积极向上的良好的学习氛围，确立正确的学习观，正确地对待考试与荣誉，增强学习的自信心。

本章练习

【案例1】某大学生小丁，来自山区，家庭经济困难，从小学到中学，成绩一直非常优异。上大学后，忽然感到心中茫然，学习没有动力，生活没有目标，有时候想到辍学在家的妹妹和年迈的父母时也会恨自己不争气。但他的确找不到奋斗的目标与学习的动力，学习上得过且过，生活上马马虎虎，盲无目的，上课打不起精神。自述不是因为喜欢上网而荒废了学业，而是因为实在没劲才去上网聊天、玩游戏，不知如何才能摆脱这种状态。

【案例2】小娟已经大三了，一直优秀的她一向对自己要求很高，这也与家庭的期望有关，父母都是具有高级职称的知识分子，在他们的言传身教下，小娟从小就知道努力与奋斗。

在大学，她进行了认真、细致的生涯设计，一步一个脚印地向前走：成绩要拔尖,二年级通过国家英语六级和托福考试,为将来出国留学做好准备;三年级入党;与此同时,锻炼自己在各方面的能力。于是,在大学,她像一只陀螺一样飞速运转着,珍惜大学的分分秒秒,因为她相信:付出总有回报。

然而,她却发现离自己的目标越来越远,开始怀疑自己的学习能力,感到自己在学习上的优势逐渐失落,甚至多年积累的自信也受到挑战。对未来,她忽然担心起来,我该怎么办?

从上述两个案例可以看出:他们二人都因为学习动机不当产生心理上的困惑,不同的是前者是因为学习动机不足,后者则是由于成就动机过强造成的。

是什么原因造成大学生的学习动机不当呢?作为一个大学生,这样的问题曾在你身边或你身上发生过么?你将如何分析这个问题?请同学们结合本章有关内容在课后进行思考与讨论。

本章附录

心 理 测 试

1. 能力测试

在这个科学技术飞速发展的时代,每个人都需要不断地学习新知识,否则就会被别人抛在身后。所以,一个人的学习能力是十分重要的,这种能力决定了每个人在社会中扮演的角色。

学习能力大部分是通过后天环境影响和培养而得到的,所以无论谁都有同样的机会增强自己的学习能力,以便适应社会的发展。

下面有25道题,每道题都有相同的5个备选答案。请你根据自己的实际情况,每题选择1个答案。

题号	题　　目	非常符合(5分)	比较符合(4分)	很难回答(3分)	不大符合(2分)	很不符合(1分)
1	记下阅读中的不懂之处。					
2	经常读与所学学科无直接关系的书籍。					
3	在观察或思考时,重视自己的看法。					
4	重视预习和复习。					
5	按照一定的方法进行讨论。					

续表

题号	题　目	非常符合(5分)	比较符合(4分)	很难回答(3分)	不大符合(2分)	很不符合(1分)
6	做笔记时,把材料归纳成条文或图表,以便理解。					
7	听人讲解问题时,眼睛注视着讲解者。					
8	善于利用参考书和习题集。					
9	注意归纳并写出学习中的要点。					
10	经常查阅字典、手册等工具书。					
11	面临考试,能有条不紊地复习。					
12	认为重要的内容,就格外注意听讲。					
13	阅读中遇到不懂的地方,非弄懂不可。					
14	联系其他学科内容进行学习。					
15	动笔解题之前,先有个设想,然后抓住要点解题。					
16	阅读中认为重要的或需要记住的地方,就画上线或做上记号。					
17	经常向别人请教不懂的问题。					
18	喜欢与人讨论学习中的问题。					
19	善于吸取别人的学习方法。					
20	对需要牢记的公式、定理等反复记忆。					
21	观察实物或参考有关资料进行学习。					
22	听课时做好笔记。					
23	重视学习的效果,不浪费时间。					
24	如果实在不能独立解出习题,就看了答案再做。					
25	能制定出切实可行的学习计划。					

结果分析:

101 分以上:优秀;86~100 分:较好;66~85 分:一般;51~65 分:较差;50 分以下:很差。

2. 创新能力测试

创造性人才在企业中越来越重要,这类人才能够创造性地完成工作,不会被困难吓倒,不会因为条件不具备而放弃努力。创新能力是创新、开发、管理人才的必备条件。

(1) 创新思维能力测试。

下面是 10 个题目，如果符合你的情况，则回答"是"，不符合则回答"否"，拿不准则回答"不确定"。

题号	题 目	是	否	不确定
1	你认为那些使用古怪和生僻词语的作家，纯粹是为了炫耀。			
2	无论什么问题，要让你产生兴趣，总比让别人产生兴趣要困难得多。			
3	对那些经常做没把握事情的人，你不看好他们。			
4	你常常凭直觉来判断问题的正确与错误。			
5	你善于分析问题，但不擅长对分析结果进行综合、提炼。			
6	你审美能力较强。			
7	你的兴趣在于不断提出新的建议，而不在于说服别人去接受这些建议。			
8	你喜欢那些一门心思埋头苦干的人。			
9	你不喜欢提那些显得无知的问题。			
10	你做事总是有的放矢，不盲目行事。			

创新能力测试评分标准：

分数	题号	1	2	3	4	5	6	7	8	9	10
	是	-1	0	0	-4	-1	-3	-2	0	0	0
	不确定	0	1	1	0	0	0	1	1	1	1
	否	2	4	2	-2	2	-1	0	2	3	2

测验评价：

A：22 分以上：

说明被测试者有较高的创造思维能力，适合从事环境较为自由，没有太多约束，对创新性有较高要求的职位，如美术编辑、装潢设计、工程设计、软件编程等。

B：21~11 分：

善于在创造性与习惯做法之间找出均衡，具有一定的创新意识，适合从事管理工作，也适合从事其他许多与人打交道的工作，如市场营销。

C：10 分以下：

缺乏创新思维能力，习惯于循规蹈矩，做人总是有板有眼，一丝不苟，适合从事对纪律性要求较高的职位，如会计、质量监督员等。

（2）创造力测试

请阅读下面20个题目，若符合你的情况打上"√"，若不符合的则打"×"。

题号	题　　目	答案
1	听别人说话时，你总能专心倾听。	
2	完成了上级布置的某项工作，你总有一种兴奋感。	
3	观察事物向来很精细。	
4	你在说话以及写文章时经常采用类比的方法。	
5	你总能全神贯注地读书、书写或者绘画。	
6	你从来不迷信权威。	
7	对事物的各种原因喜欢寻根问底。	
8	平时喜欢学习或琢磨问题。	
9	经常思考事物的新答案和新结果。	
10	能够经常从别人的谈话中发现问题。	
11	从事带有创造性的工作时，经常忘记时间的推移。	
12	能够主动发现问题，以及和问题有关的各种联系。	
13	总是对周围的事物保持好奇心。	
14	能够经常预测事情的结果，并正确地验证这一结果。	
15	总是有些新设想在脑子里涌现。	
16	有很敏感的观察力和提出问题的能力。	
17	遇到困难和挫折时，从不气馁。	
18	在工作遇到困难时，常能采用自己独特的方法去解决。	
19	在问题解决过程中找到新发现时，你总会感到十分兴奋。	
20	遇到问题，能从多方面多途径探索解决它的可能性。	

测验评价：

A. 20道题答案都是"√"，创造力很强；B. 16道题答案是"√"，创造力良好；C. 10~13答案是"√"的，创造力一般；D. 低于10道题答案是"√"的，创造力较差。

（3）工作创意测试。

下面是10个题目，请在备选答案中选择一个。

题号	题 目	是	否
1	你在接到任务时,是否会问一大堆关于如何完成任务的问题?	0	1
2	你在完成任务过程中,是否不善于思考,而习惯于找他人帮忙,或者不断来问别人有关完成任务的问题?	0	1
3	在任务完成得不好时,你是否会找出一大堆理由来证明任务太难?	0	1
4	对待多数人认为很难的任务,你是否有勇气和信心主动承担?	1	0
5	当别人说不可能时,你是否就放弃?	0	1
6	你完成任务的方法是否与他人不一样?	1	0
7	在你完成任务时,领导针对任务问一些相关的信息,你是否总能回答上来?	1	0
8	你是否能够立即行动,并且工作质量总能让领导满意?	1	0
9	工作完成得好与不好,你是否很在意?	1	0
10	对于做好了的工作,你能否很有条理地分析成功的原因和不足?		

测验评分标准表:

题号		1	2	3	4	5	6	7	8	9	10
答案	是	0	0	0	1	0	1	1	1	1	1
	否	1	1	1	0	1	0	0	0	0	0

测验评价:

A. 满分10分,很优秀;B. 7分以上,一般;C. 7分以下,较弱;D. 如果低于5分,很差。

大学生的交际能力

人的一生除了自我独处，就是与人相处。因此，人际交往是人的基本需要，它不仅是最普遍的社会现象，也是人类最重要的社会行为。通过人际交往构建和谐的人际关系，才能有效地促进和保障一个人的生存和发展。

人从出生第一天起，就进入了人际关系网络，人际交往涵盖了亲情、友情、爱情、婚姻以及职业行为等各个方面。知识的获得、信息的交流、精神的慰藉、科技的发展、事业的成功等无不依赖有效的人际沟通与和谐的人际关系。可以说，离开了人际交往，人类将倒退到愚昧时代；丧失了人际和谐，人生将走进孤独的荒漠。因此，有效地进行人交往，构建和谐的人际关系是当代大学生的重要心理素质。

第一节 人际交往概述

一、人际交往的定义

人际交往是指人与人之间通过一定方式进行接触，在心理与行为上产生相互影响的过程。那么，人际交往过程中人与人之间心理与行为上相互影响是如何的产生的呢？下面举例说明。

【案例】有一天中午下课了，刚入学不久的某大学生小林（化名）径直来到学院的食堂准备吃饭。一摸口袋，小林发现他既没带饭卡，也没带现金。小林若要去拿自己的饭卡或现金得上6楼的寝室，他实在不想这么麻烦，怎么办呢？

此时，小林想到了向同学借饭卡吃饭。他环顾食堂，发现了本班的同学小刘（化名），于是他开口了："小刘，我没带饭卡，我住6楼，不想上去拿，能借你的饭卡给我吃一次饭吗？下午2点钟上课时，我还现金给你。""就这么点事，哥们你早说啊，饭卡给你。"小林接过饭卡，心里非常高兴。他刷了5块钱买了午饭，边吃边想："小刘真不错，待人挺实诚，这个朋友值得交。"

下午2点钟，小林和小刘几乎同时来到教室，他们相视一笑，小林立刻从口袋里掏出了5块钱递给小刘并表示感谢"哥们,谢谢了!"小刘说:"不客气,不就5块钱吗,这么急干啥?"一边说着,一边接过小林的钱放进了自己的口袋。此时小刘心里非常认可小林:"小林这哥们不错,挺讲诚信。"

【案例解析】1. 小林因为需借饭卡吃饭,他和小刘发生了一次接触与交往的过程。

2. 小林接过小刘的饭卡,这一行为瞬间使小林心里"非常高兴",同时对小刘产生了好感——"小刘真不错,待人挺实诚,这个朋友值得交。"

3. 当小林还钱给小刘时,这一行为也使小刘对小林产生认同——"小林这哥们不错,挺讲诚信。"

以上例子非常清晰地说明了人际交往定义的内涵:
(1) 人际交往是一个行为过程。
(2) 在交往的行为过程中,交往的双方相互之间都将产生心理影响。
(3) 在人际交往中,彼此既影响对方,也接受对方的影响。
(4) 所谓人际关系,就是通过人与人之间的相互交往得以建立的。

二、人际交往的类型

在人际交往中,根据交往方式的不同,可分为以下几种,如图5-1所示。

图5-1 人际交往类型

三、人际关系的定义

人际关系是指人们在交往过程中所形成的人与人之间的心理关系。它是在社会生活、实践活动过程中,个体对他人所形成的一种心理倾向及其相应的行为。

任何一种人际关系都包含着三个互相联系、互相促进的因素,即认知因素、情感因素和行为因素,其中情感因素是人际关系的重要调节因素。

人际关系的好坏反映了人们在相互交往中的物质和精神的需要能否得到满足的心理状态。

四、人际关系的类型

根据社会心理学研究,人际关系根据需求取向可分为以下6种类型。

表 5-1 人际关系取向分类

序号	类别	特征
1	主动包容式	主动与他人交往，积极参与社会生活
2	被动包容式	期待他人接纳自己，往往退缩、孤独
3	主动支配式	喜欢控制他人、能运用权力
4	被动支配式	期待他人引导，愿意追随他人
5	主动情感式	表现对他人的喜爱、友情、同情、亲密
6	被动情感式	对他人显得冷淡，复性情绪较重，但对自己亲密

五、人际关系与人际交往二者的关系

由以上人际交往与人际关系的定义可知，人际交往与人际关系相互关联，它们都是指人与人之间的相互联系，二者既相互联系，又互有区别。

（1）人际交往强调人与人之间在心理上和行为上发生相互影响的过程；人际关系则强调这种相互影响的过程在心理上产生的结果。

（2）人际交往是建立人际关系的前提与手段；人际关系则是人际交往的出发点和落脚点。

（3）没有人际交往就没有人际关系的建构。

毫无疑问，人际交往对良好的人际关系的构建具有积极、能动的作用。良好的人际交往将会构建良好的人际关系，而不良的人际交往将导致不良的人际关系。因此，对于当代大学生而言，学会有效的人际交往，构建良好的人际关系具有非常重要的意义。

第二节 人际交往的基本功能

由人际交往的定义可知，人际交往的本质功能在于满足人们构建人际关系的需要。这一需要又源自人的亲和动机。所谓亲和动机是指个人在社会生活中与他人亲近、交流以获得他人的关心、理解、合作的一种心理状态。这是一种重要的社会性动机。

当亲和行为得以顺利进行时，个人就感到安全、温暖、有信心；当亲和行为受到挫折时，个人就感到孤独、无助、焦虑和恐惧。从这一原理出发，人们将通过人际交往来构建人际关系，进而实现情感归属、互惠互助、信息交流与经验借鉴、自我发展与价值认同等功能。

一、情感归属

人的亲和动机首先体现为个体需要获得情感归属,而情感归属则主要体现为亲情归属、爱情归属和群体归属。因此它成为人际交往的首要功能。

(一) 亲情归属

每个人都出生于各自的家庭,并且都在父母的抚养下长大成人。由于亲情归属带给人们安全、温暖与信心,因此它是个体赖以成长与发展的基础。反之,当个体的生活出现亲情缺失时,将导致孤独、无助、焦虑和恐惧等一系列心理冲突。

"独在异乡为异客,每逢佳节倍思亲。"唐代诗人王维的这一著名诗句道出了无数异乡游子的心声。"慈母手中线,游子身上衣,临行密密缝,意恐迟迟归。"这是唐代诗人孟郊的著名诗作《游子吟》。这首诗之所以千古传颂,是因为它既表达了天下母亲对儿女的成功期待,又渗透了母子之间毕生都无法割舍的亲情依恋。每当春节前夕,当我们目睹车站码头那些急切回家过年的旅客时,亲情归属在人们心中的分量和价值就不难理解了。

(二) 爱情归属

如前所述,每个人都出生于各自的家庭,并且都在各自父母的抚养下长大成人。而当我们长大成人时,也将寻找爱的伴侣,并在爱的归属中构建新家庭、学习为人父母。

"碧草青青花盛开,彩蝶双双久徘徊,千古传颂生生爱,山伯永恋祝英台。同窗共读整三载,促膝并肩两无猜,十八相送情切切,谁知一别在楼台,历尽磨难真情在,天长地久不分开。"梁山伯与祝英台的爱情为何千古传颂?罗密欧与朱丽叶的故事为何依然令人陶醉?因为爱的追求,使生命注入了幸福;因为爱的归属,使人类获得了繁衍;因为人间有爱,世界才如此多彩。当代大学生对爱情也同样倾注了追求与向往,所有这些足以说明爱情的美丽与永恒以及爱情归属对于人类的价值所在。

(三) 社会归属

人的情感归属需求不仅体现在亲情归属和爱情归属,同时也体现为社会归属,这是由人的社会属性决定的。因为个体要实现其社会价值,不仅要善待自己的家庭,同时还要以不同的社会角色融入各自不同的社会群体之中。一个人从小到大,除了属于自己的家庭之外,还将在不同的时期、以不同的角色归属于不同的社会群体。比如一个人从小学到大学,他将分别以小学生、中学生、大学生的不同身份归属于他的小学、中学和大学的班集体,成为学生群体中的一员,并和这个群体中的人相互交流、关心与帮助。

不难理解,当一个人或离群索居,或步入无人的荒漠,或被一个群体抛弃时,他必将陷入孤独无助、抑郁焦虑之中,且面临极度的精神煎熬。许多抑郁症患者的自杀无不与难耐的孤独结伴、与极度的无助结合、与失去社会群体的归属相关。

综上所述，人的一生都将在亲情归属、爱情归属与社会归属中生存和发展，直至生命的终结。亲情归属、爱情归属及社会归属既是精彩人生之必须，也是人类和谐之保障。

二、互惠互助

人之所以需要人际交往，除了情感归属的需要之外，也是由人与人之间的差异性决定的。人的性格差异决定了情感归属的选择，而人的能力局限性、需求差异性以及社会角色的不同则决定了人与人之间需要通过人际交往实现互惠与互助。

孔子曰："三人行，必有我师焉。"这一经典名言充分说明：人的能力的差异性决定了任何人都有其能力优势与弱势。正是人类所固有的这种差异决定了社会职业的分工，比如一个医生遇到法律问题需要向律师或法官咨询与请教；而一个金融专家可能需要向医生请教健康保健知识，一个家长需要向教育专家学习有关子女教育的学问……

由此可见，恰恰是人与人之间的不完美促进了人与人之间的互惠、互助与合作，进而使世界充满了和谐、温馨与爱。"只要人人都献出一点爱，世界将变成美好的人间。"歌曲《爱的奉献》充分诠释了人际交往中需要互惠、互助与友爱的心理学原理。

俗话说"人走茶凉"。当"茶"与"人"同在时，说明人在交流、需求在互动、互惠互助在延续。而所谓"人走茶凉"，就意味着需求变化、交流结束、互动停止、互助中断。因此，当"茶"还在，但"人"却走了时，人际关系失落之感叹——"人走茶凉"便油然而生。

商界有一句流行语："没有永远的朋友，也没有永远的敌人。"其道理与"人走茶凉"不谋而合。这两句话都恰如其分地诠释了一个心理学原理：人际交往实现了互惠互助，人际关系的存续也决定于互惠互助。

三、信息交流与经验借鉴

人际交往的另一重要功能就是信息交流与经验借鉴。当今社会已进入知识爆炸、信息高度发展的时代，一个人接受教育、汲取知识、借鉴经验、追求成功无不需要通过对相关信息的获取、经验的借鉴来实现。而大量的相关信息、经验的取得必须通过人际交往行为来实现。

例如一个人从出生时的无知到大学毕业，他将在不同的时期分别与幼儿园、小学、中学和大学的老师及同学交往，从而获得其人生成长与发展所必须的知识信息与经验借鉴。不难理解，脱离了人际交往，个体发展所必须的信息交流与测试将难以实现，人生将一事无成。

一个人一生从书本上学到的知识毕竟有限，即使是皓首穷经、学富五车，与浩瀚的知识海洋相比，也只能是沧海一粟。但是通过人际交往，他就能够以各种方式迅速地获得信息，因此人际交往较之于书本而言，所获得的信息内容更广泛，渠道更直接，速度更迅速。

在社会生活中，信息的交流与沟通，是人们相互联系的重要形式。人们的生产、生活、工作、学习和娱乐都离不开信息的交流。可以说，没有信息交流，就没有个人和社会的进步。当今时代，是信息的时代，信息对于每个人都非常重要，每个人都是一个信息源，既是信息的传播者，也是信息的接收者。

以信息的两步传递法来看，第一次是广播、电视、报纸、互联网等传媒，但不少人没有听广播、看报、看电视，也没有上网。第二步是听过广播、看过电视、读过报纸和上过网的人将信息传递给朋友、同事、亲人。依靠两步传递的方式，重要的信息最终传达到人们中间，这说明，人际交往具有交流信息的功能。

信息传递不只是一个简单的传递过程，在信息传递和交流过程中，会不断地形成新的信息、新的思想。正如英国戏剧家萧伯纳所说："如果你有一个苹果，我有一个苹果，彼此交换，每个人还是一个苹果；如果你有一个思想，我也有一个思想，彼此交换，每个人就有两个、甚至多于两个以上的思想。"

综上所述，交换相关信息、汲取知识、借鉴经验是人类生存与发展的基本手段之一。更新知识需要与人交往、借鉴经验需要与人交流，学业进步及情感发展同样需要人际信息的互动。这是信息时代的魅力与人际交往的功能所决定的。

四、自我发展与价值认同

人需要发展就需要获得机会，而机会的获得则来自他人对其价值的认同，价值认同又取之于个体在人际交往中的行为表现。只有不断扩大人际交往范围，在更大的范围内表现自我，他人才可以信任你的为人、理解你的性格、欣赏你的学识、明白你的才能。例如大学生积极投入学校各项竞赛活动，参加学生会、班级以及学生社团的干部竞聘等，其目的都是试图通过表现自我，获得他人认同；通过锻炼自我，获得有效成长。

榜样的力量促使人成长。自我的有效发展是通过交往实现的。在与他人的交往中，自我的兴趣、动机、能力、意志和行为等都将发生改变。个体通过他人对自己的态度和评价调整自我，与此同时，个体自我意识也在交往以及社会化过程中得以逐步发展、成熟与完善。

通过人际交往，我们可以广泛而深入地接触各种不同特征的人，他们或者性格与观念不同、或者经历和家庭环境不同、或者职业和地位不同、或者学历与爱好及能力不同。与他们交流思想经验，观察他们的行为风格以及他们对自己的印象、态度及评价，将能够更深刻、更全面的认识自我，认识社会，认识人生，并不断地积累自我完善的经验，获得社会生活所必需的知识、观念、态度、伦理道德规范等。

如此一来，人际交往的自我发展与价值认同功能将通过交往的过程得以实现，即能够准确地确立个人与他人、个人与社会的关系；进一步熟悉社会现实、明确社会责任、学会遵纪守法；逐步克服自我中心，与人平等相处和竞争；在社会化进程中学会自立自强，取得社会资格，成为一个成熟的、健康的人；使自己的学习、生活、行为更好地适应社会要求。

由此可见，通过有效的人际交往，不仅能获得价值认同，实现观念的内化；同时也能深化自我认识，并且促进个体社会化，促进身心健康与全面发展。

第三节 人际交往的人本心态

一、尊重独立性

独立性这一名词，我们耳熟能详，其字面含义也通俗易懂，但其概念内涵却非常深刻。主权独立称为国家，地区独立管制称为自治。毫无疑问，人的性格、思维、情绪、行为的存在与自由就是人所具有的独立性。人从出生那天起，他就是独立的生命；当他用啼哭表达意愿时，就具有了独立的情绪；从牙牙学语开始，他就有独立的思维；从蹒跚学步开始，他就逐步学会了独立的行为。

尽管人的自由与独立是相对的，但是，在法律、道德、文化习俗允许的范围内，任何人既有其个性、思维及观念存在的独立空间，也有其行为决策的充分自由，因而独立性是人最基本的权利。这种个体所独有的权利一旦被侵犯，将直接导致内心的焦虑不安，并引发人际冲突。所以，在人际交往中务必秉持尊重独立性这一人本理念，学会善待他人和率性而为。

（一）善待他人

所谓善待他人，就是尊重他人的自主权。换言之就是有效地尊重、善待他人，而不是随意地排斥与侵犯、监控与支配他人。

1. 尊重他人的行为自由

人的独立性的实质体现为个人思维与行为的自由。在与人相处过程中，一个人的思维、情绪、行为不妨碍他人，那么就是独立与自由的，他有权利为自己的意愿做主，完全可以根据个人的自由意志决定自己想做什么、不想做什么以及如何行动。我们也必须完全尊重他的个人意志。或许他的思维方式不完美、他的个性不成熟、他的行为能力有缺陷，当他人没有自我改变的意愿时，我们没有权利按照自认为完美的方式去强制他人和改变他人，而唯一的选择就是允许它的存在，因为它纯属个人意志，并不妨碍他人。

在现实生活中，我们不难发现会有这样的人：他爱管闲事，无论是谁的事情，他都乐于提出见解、给予指导，并主动要求你按照他的意图去行动，这种人的口头禅就是"听我的没错，不听我的愚蠢"。比如，他帮你选购裙子，帮你决定报考什么样的大学，替你选择职业，替你决定是否与恋人分手等。显然，他这种做法美其名曰乐于助人，但本质上却是在侵犯、剥夺他人行为的自主权与独立性，进而充分满足自己非理性的控制欲和支配欲。

尊重他人的行为自由的另一个重要内容就是认同他人的劳动价值，不侵占他人的行为成果。在现实生活中，常常会发现这样一些人，对他人的劳动所得心生嫉妒，诋毁破坏，甚至于见利忘义，煞费苦心地窃取和剥夺他人的劳动成果。比如企业员工之间利益侵占和奖励争执、文化教育领域研究成果抄袭与学术腐败等，无不体现为对他人劳动价值的歧视、否定和侵占。毫无疑问，这一行为将严重阻碍人际交往、破坏人际和谐。当代大学生必须注重培养和建立对他人劳动价值与行为成果的保护意识，因为它是人际交往的基本和必备素质。

2. 保护他人的精神自由

人的独立性另一重要体现就是个体的精神空间属于他自己，一旦被侵犯，其行为自由就被制约。一个人的精神与行为信息是个人隐私，他有保留个人思维与情绪内容、思想与行为信息，不对外传播和不与人交流的自由。或者说个体在想什么、高兴与不悦的原因、持什么观点以及他做什么决定都属于个人自由，完全可以不告知他人，且不受他人干预。

但在现实生活中，个人精神与行为自由被干预的现象却时有发生。比如有些人专爱打听或传播别人的秘密，关注、监视他人的行踪，并无中生有、添油加醋、无所不及地加工和杜撰他人的生活内容及信息，并且乐此不疲，却不知如此行径将给当事人造成了何种精神伤害；又比如有些家长以关心孩子为由，时常监视孩子的各项活动，偷看他的日记，翻看他的书包，盘问与他交往的同学和朋友等，这种做法侵犯了孩子所拥有的精神自由，严重损害了孩子的身心健康。

综上所述，人际交往的有效性首先来自善待他人、尊重他人的独立性与自由意志。而所有破坏这一原则的做法最终都将阻碍人际关系的和谐与发展，这是人际交往的大忌。

3. 认同他人的人格价值

人的社会属性决定了每个人都承担着特定而不同的角色或职业，都在人际互动及社会发展中发挥自身应有的价值，因而，既肯定自我，又尊重他人应成为当代大学生必备的人本素养。孔子曰："三人行，必有我师焉。"这正是与人相处时需要尊重他人的最好诠释。

尊重是一种修养、一种品格；尊重是对他人人格与价值的充分肯定。因为金无足赤，人无完人，任何人都不可能尽善尽美，完美无缺。因而，我们没有理由以高审视的目光去看待别人，也没有资格用不屑一顾的神情去嘲笑、歧视、贬低他人，或许他人某些方面不如自己，但自己某些方面也可能不如别人，因此，我们不可用傲慢和不敬去伤害别人；也不必以自卑或嫉妒去代替尊重。人与人之间需要的是不卑不亢，平等相待。

【案例】在美国，一个颇有名望的富商在散步时，遇到一个瘦弱的摆地摊卖旧书的年轻人，他缩着身子在寒风中啃着发霉的面包。富商怜悯地将8美元塞到年轻人手中，头也不回地走了。没走多远，富商忽又返回，从地摊上捡了两本旧书，并说："对不起，我忘了取书。其实，您和我一样也是商人！"两年后，富商应邀参加一个慈善募捐会时，一位年轻书商紧握着他的手，感激地说："我一直以为我这一生只有摆摊乞讨的命运，直到你亲口对我说，我和你一样都是商人，这才使我树立了自尊和自信，从而创造了今天的业绩……"

不难想象，没有那一句尊重鼓励的话，这位富商当初即使给年轻人再多钱，年轻人也不会出现人生的巨变，这就是尊重的力量。

（二）率性而为

所谓率性而为，指的是有效地尊重、接纳、欣赏、善待与鼓励自我，而不是人云亦云，无原则地依附他人，随波逐流。生活中，一个人除了与人相处，就是自我独处，所以当人的思维、情绪、行为不妨碍他人时，他就是独立与自由的。那么，我们在尊重他人独立性的同时，无疑也需要尊重自我的独立性，学会率性而为，有效地善待自我。那么，如何做到率性而为呢？

1. 我的愿望我做主

率性而为，首先意味着能够按照自己的意愿行事，体现自己的真实性情；率性而为，不是无主见、无原则地凡事听命于他人，也不是安于天命，不思进取。恰恰相反，率性而为的正确表现是刻苦用功，不畏困难，无视那些不理解的目光，以自己最大的能力奋发向上。

然而在生活中，我们常常发现有些人难以做到率性而为，他们凡事请示他人，一件纯属个人的事情，也不敢下判断、做决定。例如，在高考之后，有的学生明明有自己兴趣以及对未来的发展梦想，但在填报、选择志愿时，却将属于自我的这份独立选择的权利无原则地让给父母及他人，当发现父母或他人替自己选择的专业完全不适合自我的发展时，却为时已晚。而此时，帮你选择的人，他们除了对你的困扰给予安慰之外，无法承担任何责任。

2. 我的行为我负责

率性而为，并不是肆意妄为，不计得失，也不是懒惰无为，而是既尊重自我的意愿，也敢于为自我的行为负责，以自己最大的努力向成功迈进。

率性而为，也不是一味地向往美好未来，而是做好迎接未来的各项准备。率性而为不是自暴自弃，享乐现在，而是充分利用时间，去学习，去提高，去休息，去娱乐，去享受无论是数字、文字，还是音乐、画作，抑或是图像、友情带给我们的各种快乐。

率性而为，体现为取得成功时为自己感谢，为自己欣赏，为自己鼓励；遇到挫折时，不放任自己，不抱怨他人，不推卸责任。在行为过程中勇于正视困苦与挫败，勇于面对过去，无视那些失败带来的自卑感，以自己最强的自信心挑战自我、迎接未来。

但在现实生活中，我们常常能发现这样一种人：对自己有利的事就抢先而为；遇到有困难与风险的事就怂恿他人行动；事情成功了，率先去领赏；做事失败了，把责任推给他人，逃之夭夭。以这种遇到利益急争先、遇到责任就逃避的典型的自私方式与人相处，最终将给人际关系带来什么后果？它能有效地构建和谐的人际关系吗？

二、包容差异性

世界上既没有两片相同的树叶，也同样找不到两个完全相同的人。人的独立性与差异性并存是无可辩驳的客观事实。因此，在人际交往中既要尊重人的独立性，同时也要包容差异性，二者紧密联系，不可偏废。包容人的差异性包括接纳人际差异与允许他人失误两个方面。

（一）接纳人际差异

接纳人际差异是指在法律、道德、人文习俗允许的范围内，接纳他人在认知、个性、价值取向、行为风格等方面与自己的不同。

人的差异性从宏观方面包括种族差异、血统差异、地域差异、文化差异等，从微观而言包括个体生理自我、社会自我、心理自我、理想自我的差异。因为有56个民族，中华大地才花团锦簇；因为人的性格、能力、观念丰富多样，人类社会才如此异彩纷呈，才会充满生机；也因为人的差异性，才彰显人际交往的无穷魅力，才使得人与人之间能够互惠互助，人与人之间能够和谐友爱。

由此可见，接纳人际差异，是有效地进行人际交往，构建和谐人际关系的必由之路。

孔子当年与学生子路、曾皙、冉有、公西华坐而论道，谈论人生理想，每个人都有自己的人生追求。子路、冉有大谈自己齐家治国平天下的政治理想，公西华愿意在宗庙祭祀或外交场合做个小相，而正在一边弹琴的曾皙停下来说道："莫春者，春服既成，冠者五六人，童子六七人，浴乎沂，风乎舞雩，咏而归。"听了曾皙的理想，"夫子喟然叹曰：'吾与点也！'"

四个学生各抒其志，孔子不见得都认同，但都不反对，只是对子路的过分自信表达了一点不以为然（夫子哂之）。当曾皙说出了孔子深以为然的理想之后，孔子长叹一声："吾与点也！"（我赞成曾皙的理想啊！）在事关人生理想这样重大的课题上，孔子对学生的理想都抱有一种包容心和尊重自由选择的观念，这就是大师的风范。

然而，当我们对日常生活进行观察，不难发现有这样一种人：以自我为中心、为标准去衡量现实世界，对他人与自己的不同百般排斥与挑剔，这样的现象在大学生中也屡见不鲜。比如有的学生特别喜欢挑同学的毛病：不是说他的发型不好，就是说他不懂时尚；不是说这个人长得不帅，就是说那个人不够温柔；不是说这个人是书呆子，就是说那个人太小气等。他们觉得自己才是唯一正确的，所有人都应听他的、按他的模式生活才是对的，完全抹杀了人的性格差异性、爱好的多样化以及所呈现的生活方式的差异性。以如此心态去与人相处，能不破坏人际关系的和谐吗？

显而易见，意识到个人的有限性，避免无知与狂妄，在坚守底线的前提下，保持谦逊的教育心态，尊重并包容他人的差异性，这是与他人友好交往、构建良好人际关系的前提条件。

（二）允许他人失败

何谓允许他人失败？简言之，就是在安全、自由的时空内，包容他人的失败，允许他人纠错。

1. 允许他人行为失败

"失败乃成功之母"，似乎是老生常谈。但深入思考之后，方能理解它所包含的深刻的心理学内涵：既然失败是成功之母，那就意味着失败孕育了成功，失败是成功的必经之途。

例如，当代大学生几乎没有不会骑自行车的，而学会骑自行车的大学生都有过这样的经历——学车时摔过跤。学车时多次摔跤是前一段经历。学会平衡，控制摔跤是后一段经历。两段经历相结合，学会了骑车，拥有了成功。试想，如果不允许摔跤，还能学会骑车吗？

由此可见，从失败到成功，犹如"雨过天晴"，好似"冬去春来"，是一种普遍过程，也是一个必然规律。一个人渴望成功，就必然经历失败。成功是一个人的追求，而失败也是一个人的权利。当一个人失败的体验被剥夺时，他将与成功绝缘。

对当代大学生而言，允许他人失败，不仅是一种人际交往的必备心态，更是一种时代青年所应有的人本内涵和人格素养。

2. 允许他人为行为负疚

允许他人失败，另一个重要意义在于当他人遭遇挫折时，既给予自己助人成功的空间，又给予他人内疚、自省的体验，进而获得自我纠错、自我成功的机遇。因为只有当一个人为行为负疚时，他才会痛定思痛、自省和纠错。

然而，在现实生活中，却时常听到另一类声音："只许成功，不许失败。""你必须给我考上名牌大学，考不上，这书就别念了，就别再浪费我的钱。"这类声音一经发出，就如同一支无情棒，敲碎了人的自信，而与此同时，既剥夺了失败与负疚的体验，也剥夺了自省与纠错的机会，甚至把一个人打入难以承受的自卑、焦虑与恐惧之中。

《三国演义》中曹操有句名言"宁可天下人负我，我不负天下人"。若将这句话反其意而用之，将"负我"理解为"有负于我"，那么，从现代心理学出发重新诠释它时，将引发新的人生思考：当"天下人"都对不起我、都对我道歉时，将会发生什么？当"天下人"都要向我弥补他们的愧疚时，"天下"最富有的人不是我又会是谁？

臧天朔的歌曲《朋友》这样唱到："朋友啊朋友，你可曾想起了我，如果你正享受幸福，请你忘记我；朋友啊朋友，你可曾记起了我，如果你正承受不幸，请你告诉我；朋友啊朋友，你可曾记起了我，如果你有了新的彼岸，请你离开我。"这首歌为何脍炙人口？是因为它道出了"朋友"的心声：

朋友不是用来索取的——"如果你正享受幸福，请你忘记我"；朋友是在他人遇难时提供给予的——"如果你正承受不幸，请你告诉我"；朋友是用来负疚的——"如果你有了新的彼岸，请你离开我"。不仅如此，朋友甚至是用来被伤害的——我是你的朋友，你不伤害我，伤害谁？

综上所述，允许他人失败，允许他人负疚，学会以德报怨，在人际交往中其意义非同一般，它既是人际交往的成功之道，也是人际关系和谐的完美境界。

第四节　人际交往的动机定位——黄金规则

一、"黄金规则"概述

提起数学中的黄金分割，当代大学生对它并不陌生。黄金分割指的是：把一

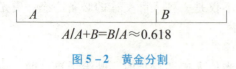

图 5-2 黄金分割

条线段分割为两部分，其中一部分与全长之比等于另一部分与这部分之比，其比值的近似值是 0.618。如图 5-2 所示。

0.618，一个极为迷人而神秘的数字，它还有着一个很动听的名字——黄金分割律，它是古希腊著名哲学家、数学家毕达哥拉斯于 2500 多年前发现的。古往今来，这个数字一直被后人奉为科学和美学的金科玉律。在艺术史上，几乎所有的杰出作品都不谋而合地验证了这一著名的黄金分割律，无论是举世闻名的完美建筑——古希腊的帕特农神庙，还是中国古代的兵马俑，它们的垂直线与水平线之间竟然完全符合 1 比 0.618 的比例。

黄金分割律，这一数学中的规律为物质世界创造了完美。与此同时，它也引发了心理学家的思考：数学中黄金分割律是否也能在人际交往中完美地模拟和运用呢？经研究，答案是肯定的。

基督教《圣经·新约·马太福音》中有一句话："你想人家怎样待你，你也要怎样待人。"这是一条做人的法则，也称为"为人法则"，几乎成了人类普遍遵循的处世原则。其实，这条法则早在 2500 年前我们的祖先孔子就说过："己所不欲，勿施于人。"

美国著名心理学家埃利斯（音译）在创立合理情绪疗法的同时，也概括了前人的观点，提出了人际交往的"黄金规则"——"像你希望他人如何对待你那样去对待他人"。换句话说，你希望别人怎样对待你，你就怎样对待别人。

这条"金箴"与数学中的黄金分割几乎全等："你希望他人怎样对待你"好比一个定值 M，你对待他人也应该等于这个定值 M。

显然，在"黄金规则"的操作中，"你希望他人如何对待你"是一种人际交往的良性动机。这是因为：你对待他人的动机是"希望"他人也如此对待你，所以当你的"希望"落空时，只是验证了目标的"失望"，而不会产生抱怨，更不会破坏身心和谐，也不会导致人际冲突。

在社会实践中，作为一种个人行为价值的评判准则，无论从哪个角度、哪个方面去看，这个"黄金规则"的正确性都是毋庸置疑的。因而在普通民众中获得了一致的认同。这条"金箴"几乎适用于一切条件和场合，你无法统计出世上有多少事是在"黄金规则"的指导下完成的。

大学生人际交往中若遵循"黄金规则"，当出现付出与回报不对等，他人令你失望时，你就会学会自省，而不会把过错归因于他人，如此一来，人际冲突将消失在萌芽状态，从而有效地维护了身心健康和人际和谐。

二、"黄金规则"的操作（图5-3）

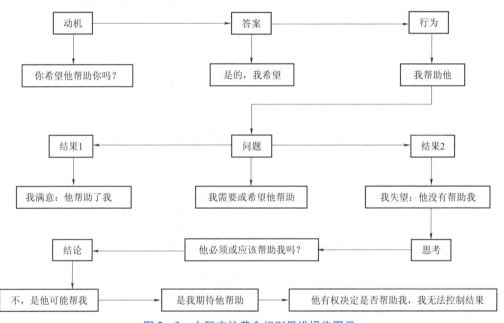

图5-3　人际交往黄金规则思维操作图示

社会是由无数个体的人组成的群体大环境，任何人都无法孤独地生存于社会。人的社会属性决定了人与人之间交流、交往的必然性。但人际交往从来都不是简单的社会行为，那么，如何才能和谐而畅通地进行人际交往呢？又该如何有效地操作人际交往的黄金规则呢？

三、反"黄金规则"

（一）反"黄金规则"概念

在日常生活中，许多人并不知道或者不会用"黄金规则"，他们所坚持的观念是："像你要求他人如何对待你那样去对待他人。"——这恰恰是所谓的反"黄金规则"。

人际交往中大量的矛盾和冲突其实都源自反"黄金规则"的运用。

(二)反"黄金规则"表现形态

"我对别人怎样,别人就必须怎样对我"——因为对他人的"要求"而导致动机置换。

(三)反"黄金规则"负面效应

当"要求"落空时,就会对他人抱怨或憎恨,因此破坏身心和谐,制造人际冲突。

例如,根据"黄金规则":你希望别人在你困难时借钱给你,那么,当别人向你借钱时,你就把钱借给别人。而反"黄金规则"就是:我要求在我困难时他借钱给我,所以我借钱给他,于是,"因为我曾借钱给他,所以他必须借钱给我"。

由此可见,"黄金规则"与反"黄金规则"的本质差异就在于动机取向的正性与负性。

(四)与反"黄金规则"相关的观念辨析

1. 只要你尊重他人,就能够得到他人的尊重(图 5-4)

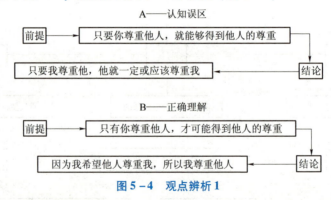

图 5-4 观点辨析 1

当一个学生理解他的交际是一种"对牛弹琴""肉包子打狗"的无效行为时,他将选择吸取教训,分析失望原因,学会理性交友,放弃怨恨他人。

2. 付出,就会有回报(图 5-5)

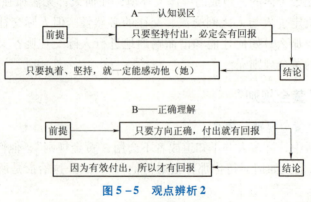

图 5-5 观点辨析 2

比如，男学生向女学生求爱，因为性格不合，女生坚定拒绝，而男生却迷信"精诚所至，金石为开"，一意孤行，最终不仅屡战屡败，而且白白付出了时间、精神、金钱及学业。

【案例】我是一个不喜欢与人争执的人，好像说什么都不会被别人注意，有时反而觉得周围人都在有意无意地针对我。我很帅，真的，但从来都没有炫耀，也没有从心理上对他人有所歧视。当我和长相平平或有些缺点的人相处时，总感觉他们在排斥我。不知道自己怎么了！我对人一向很好，是不是因为对人太好了，才会如此？我真的很郁闷！

【案例解析】人际关系的"黄金规则"是：像你希望他人如何对待你那样对待他人。但这个法则不可以反过来用。换言之，你对他一向很好，既符合他的意愿，也是你的自愿；你无须在意别人对你怎样，也无须因为他人的态度而郁闷，因为那是别人的事，属于别人的意愿。如果你真的是自愿对人一向很好，又为何会在意他人的态度呢？即使他人对待你不如你对待他那么好，他人有必要无缘无故地排斥你吗？

我们不可能"人见人爱"，不能保证每一个人都喜欢自己，但只要能做到真诚待人，问心无愧，我们的人际交往自然就不会存在太多的困扰。

一个人会因为失望而自省，会因为怨恨而报复。因此，大学生在人际交往中，若遵循"黄金规则"，当出现付出与回报不对等时，其行为的挫折将被解释为失望。于是，他就会反思、就会进步，而不会把过错归因于他人，如此一来，怨恨、报复等人际冲突就被消灭在萌芽状态，从而有效地维护了身心健康和人际和谐。

第五节 人际交往的有效路径——白金法则

作为一种个人价值的评判标准，人际交往的"黄金规则"的正确性毋庸置疑，然而，从人际交往的整体性和有效性出发，"黄金规则"似乎难以解决纷繁复杂的所有问题。当我们要进一步拓展人际关系时，仅做到这一步显然是不够的。因此，在人际交往过程中，不仅需要遵守"黄金规则"，还需要进一步探索，找到一条人际交往的有效路径——白金法则。

一、"白金法则"概述

美国最有影响力的演说家和最受欢迎的商业广播讲座撰稿人托尼·亚历山德拉博士与人力资源顾问、训导专家迈克尔·奥康纳博士共同研究，提出了人际交往的"白金法则"——别人希望你怎么对待他们，你就怎么对待他们。

"白金法则"的精髓在于，从他人的需要出发，调整自己的行为，运用我们的智慧和才能，有效地付出和给予，使他人过得轻松、舒畅。所谓"白金法则"，可用一句中国的经典成语来表达那就是："雪中送炭"。

随着社会的发展和变革，人们生活在价值多元化的时代。人们的喜好、兴趣和需求也在千变万化，莫衷一是，因此，当我们在待人接物、处理人际关系的时候，若仅从自己的观点出发："我希望别人如何对待我，我就如何对待别人"，往往只能达到"自己"猜测对方满意，而未必是"对方"真正的满意。如果想要达到对方100%的满意，就必须从对方的需求、意愿来考虑："别人希望我怎么对待他们，我就怎么对待他们"，大家耳熟能详的"以客为尊""让顾客满意"所遵循的就是这个原则和道理。

"己之所欲，施之于人""己所不欲，勿施于人"，这是人际交往的"黄金规则"，是人际互动的动机取向，即使你的给予并非他人所急需，但至少不会冒犯别人。

"人之所欲，施之于人"，是人际经营的"白金法则"，唯有如此，才能使我们在价值多元化的现代社会里无往不利，真正做到100%地让顾客满意，让对方认同。

很显然，"白金法则"并非游离于"黄金规则"之外而独树一帜，作为人际交往的有效路径，它与人际交往的安全机制"黄金规则"相结合，成为一个更富有人情味的版本。

二、"白金法则"的操作

（一）准确理解需求

按照"白金法则"的要求，"别人希望你怎么对待他们，你就怎么对待他们"，这就意味着需要花时间去观察和分析跟我们相处的人，研究他们的需求。

1. 把握个性风格

根据心理学原理，一个人的需求与个性之间是相互依存的。因此，要理解一个人的需求，应先了解一个人的个性。每个人都有自己的习惯，都有他或她自己审视世界的方式。用通俗语言来概括就是江山易改而本性难移，用心理学的词汇来描述，就是行为模式或个性风格。

每个人都会通过自己的行为方式与途径传达其独特的个性风格，比如，握手的方式，心情烦躁时情绪排解的方式，办公室布置特征，住房的装修特点，行为决断的模式，打电话时简捷利落或喋喋不休、絮絮叨叨等。

学会读懂这些信息、准确识别他人的个性风格，据此调整我们的行为方式，才能有效地减少和避免冲突。以此为基础，才能进一步理解他人的需求，满足他人的愿望。

2. 理解心理需求

马斯洛需求层次论揭示了人的五种需要，即生理需要、安全的需要、爱和归属的需要、尊重的需要、自我实现的需要。不仅处在不同阶段的人，需要不同，这五种需要同时也和人的年龄、学历、职业及社会地位相联系。这就为我们如何理解他人的需求找到了途径。

比如，根据年龄及学历特征，当代大学生具有求知与发展的需求、交往与理解的需求、自我表现与渴望认同的需求以及爱与被爱的需求。不同个性特征的大学生，对这几种需求的程度不同，从大一到大四，需求也会发生变化：

大一的学生自我表现、交往与理解的需求相对强烈；大二的学生爱与被爱的需求则较为突出；而大三、大四的学生能力发展、职业规划、自我实现的愿望可能更为迫切。

又比如，在企业管理中，可把企业员工大致分为：

经济的人——员工的动机是为了解决温饱、为了经济而不得不来劳动。

社会的人——随着一定的发展，挣钱不是唯一的动力，员工也产生了新的心理需求，需要在工作中得到尊重、回报。

自我实现的人——在一定的时期，员工在得到经济提升与尊重之后，不再是仅为温饱而工作，他们希望成就事业，人尽其才，发挥潜力，丰富人生。

可见，对一个企业而言，不仅要根据社会和企业的大环境去了解员工的心理需求处于哪一个阶段，还要根据具体的岗位去理解不同的职业层次的员工的心理状态，因为在一个企业中，不同的岗位会有不同的人、不同的需求层次。

（二）有效付出行动

当我们准确地把握了交往对象的个性风格、理解其心理需求之后，将不再按照我们中意的方式去对待他们，而是需要实施新的"最佳操作"。所谓最佳操作，就是调整我们自己的行为，根据他人的期待、他人的需要付出、给予和满足，而且这种付出、给予和满足必须符合具体、安全、有效三项原则，从而使我们的付出让他们觉得更称心和自在，也使他们更容易对你产生有效的认同。

【案例1】在某大学，当我们将大学生的一般需求与某个学生的具体特征相联系时，就容易找到这个学生本人的需求。当我们对这个学生的需求有相对清晰的理解时，就能够以符合他的需求的行为与之交往：

比如鼓励大一的学生小李（化名）在学生会干部的竞聘中积极表现，培养自信；帮助大二的学生小军（化名）分析情感需求，学习爱的能力；协助大三（化名）的学生小林规划职业生涯，打造未来成功的梦想。

【案例2】对于一个企业，若对"经济的人"宣讲个人的创造力、潜力将没有实际意义。因其经济水平、思想意识决定其没有如此需求；反之，如果员工已经要求"自我实现"，企业仍不理解，则会抑制员工的高层次需求，将使员工的创造性无法得以发挥，最终使员工丧失信心，另谋高就。

从需求层次论出发，一般而言，个体总是在力图满足某种需求。一旦某种需求得到满足，就会有另一种需求取而代之。在同一个时期，一个人可能同时有几种需要，但每一时期总有一种需要处于支配地位，对其行为起决定性作用。因此，只有满足人的最迫切的需要，才能有效地激励人朝着既定目标去行动。

经实践检验，人际交往的"白金法则"与"黄金规则"相辅相成。但从操作的有效性而言，"白金法则"的操作较"黄金规则"更复杂，技术性也更高，而一旦操作成功，其效率也更胜一筹。换言之，"白金法则"对我们有效地进行人际交往，构建积极、和谐的人际关系有重要意义，可以说，它几乎适用于学业、生活、官场、职场、情场等各种场合。

第六节　人际交往的安全机制——水晶定律

在"黄金规则"中，我们明确了如何建立良性的交往动机，学会了与人交往时如何放下"要求"，允许"希望"，接受"失望"；而"白金法则"中，我们又理解了如何调整自己的行为，按照他人的期待，有效地给予和满足。然而，人际交往中还有另一个同等重要的问题，那就是如何理性、安全地接纳他人的给予。下面就重点学习和讨论这个问题。

一、"水晶定律"概述

俗话说"天下没有免费的午餐"，所以"拿人家的手短、吃人家的嘴软"。这说明，若对他人的给予随意接纳，无疑将使自己的社交陷入困境，并由此带来焦虑与冲突。

由人际交往的功能可知，互惠与互助是人际交往有效延续的前提，因此如何理性地接纳他人的给予，无论从理论上还是操作上都不是无条件和无原则的。

毛泽东说："世上没有无缘无故的爱，也没有无缘无故的恨。"古代军事家孙子曰："知己知彼，百战不殆。"由此带给我们的思考与启迪是：人与人之间交往，如果动机清晰、信息透明，其安全性就有了保障。根据这一理论思考，我们提出了人际交往的安全机制，并命名为"水晶定律"——以他人动机的透明和自我需求的清晰为前提接纳他人的给予。

【案例】某大学学生余青（化名），独生子，父母均为公务员。有一天晚上余青在网吧结识了一位社会青年李明（化名），不久就以朋友相称。有一个周末，李明借过生日之机邀请余青去他家做客，酒足饭饱之后，余青经不住李明怂恿，第一次玩起了麻将。当晚余青"手气"不错，第一次打麻将就赢了500元。李明直夸余青智商高，打麻将有天赋。第二个周末，余青又如约去李明家打麻将，而且又幸运地赢了600元，余青此时对自己打麻将的"天赋"深信不疑，对这一生财之道也非常入迷。然而，从第三周开始，余青的运气"背"了，一天下来就把前两次赢的钱输光了。但此时的余青对麻将已是欲罢不能了，他坚信凭他的"智商"一定能扭转输局。在他的要求下，李明借钱给他继续赌，而余青的"智商"似乎并未取得佳绩，他连续两周输牌，不仅把一个月的生活费输掉了、把刚买的笔记本电脑卖了，又借了同学1 000元，还欠了李明6 000元的赌债。此时的李明已拒绝借钱给余青，并且他开始威逼余青还钱了。痛苦不安、焦虑无助的余青终于把实情告诉了他的班主任，并走进了学校的心理咨询室。

在学校、父母、同学的共同帮助下，余青结束了上大学以来最痛苦的日子，恢复了往日的笑容。

【案例解析】 姑且不论社会青年李明家的牌局是不是一个陷阱，当余青把两次赢的钱输完了时，已经达到了心理承受的临界值，而当他向李明借贷6 000元并继续赌博时，已经完全逾越了他物质与精神的双重安全底线，必然引发他与李明之间的对抗性矛盾。

以上案例说明，在人际交往中，接受他人给予时必须遵守"水晶定律"，不能逾越个人需求的风险底线。

"黄金规则"明确了交往的动机取向，"白金法则"建立了给予的有效路径，而"水晶定律"则明确了接纳的安全机制，三者结合，共同构成了科学、严谨而完备的人际交往操作理论体系。

二、"水晶定律"的操作

"水晶定律"的魅力及安全性源自于接纳他人给予时的透明度与清晰度。因此"水晶定律"的操作需把握两大要领：意愿表达适度、透明；接纳给予理性、清晰。

（一）意愿表达适度、透明

1. 符合个人的承受底线

俗话说"欠债还钱，天经地义"，当我们因为个人的需求而接纳他人的给予时，客观上你已经有负于他人，或者说你欠下了一份人情账单，根据人际交往的互惠功能，在你签署"人情账单"时，必须思考的问题是：你的偿还底线是什么？若允许个人欲望的无条件膨胀，不计代价地接纳他人的给予，未来可能面临的后果是什么？

改革开放以来，有许多政府高官因为贪污腐败而被"双规"和"落马"。从心理学角度来看，他们的结局无不与超越个人承受底线，无条件接纳他人给予有关。因此，当我们接纳他人给予时，意愿表达必须适度、透明，不可逾越个人承受的安全底线。

2. 符合他人的给予能力

人生在世，没有人能做到万事不求人，每个人都有需要他人帮助的时候，这就是人际互惠功能存在的依据。然而，是否我们的任意求助都能获得他人的满足呢？答案显然是否定的。因为每个人的能力都是有限的。比如一个父亲可以让天上的月亮倒映在装满水的脸盆里，却无法将月亮从水中捞出来给他的儿子。由此可见，我们若要获得他人的给予，需满足的一个必备条件就是：个人需求与他人的给予能力相符。当个人需求与他人能力不符时，将直接带来两大问题：

第一，当个体的需求超越他人的给予能力时，不仅你的需求无法得到满足，还有可能使对方觉得不合情理，甚至觉得你贪得无厌，以致你被对方排斥。

第二，当个体的需求超越他人的给予能力时，由于对方的拒绝，有可能使原本可能得到的部分满足也落空了。使个体感到大失所望，甚至丧失了再次向他人求助的信心，从而使目标永远无法得以实现。

（二）接纳给予理性、清晰

1. 识别与抑制反"黄金规则"

在生活中，由于每个人都希望获得他人的关心、帮助和给予，因此"向你要求他人如何对待你那样去对待他人"这一反"黄金规则"，成为很多人的思维惯性。它常常是人际冲突的原因所在。比如：

朋友之间，由于反"黄金法则"，大家更加注重了利益交换的对等或索取。今天我为你办了事，你就欠了我一份人情，明天必须回报我，甚至要比我给你的更多。这样所谓的友谊几乎成了许多成人包括当代大学生人际关系的常态，甚至成为他人变本加厉、无止境向你索取的陷阱。

因此，当我们接纳他人给予时，要善于识别反"黄金规则"，有效地抑制它的运用；果断地拒绝他人在给予之后所提出的非理性索取，将他人的贪婪和私欲抑制在萌芽状态。这就要求大学生要建立自立自强意识，加强实践能力培养，克服非理性依赖。当我们需要获得他人帮助时，及时回馈他人的帮助，以杜绝他人可能产生的索取欲望。

2. 不要无条件、非道德索取给予

在生活中，我们常常发现有些人特别是有些大学生显得特别慷慨大方，乐于助人。其实，他们可能是碍于面子，不善于拒绝他人，这就使得有些人特别是爱占他人便宜的人无条件、无原则地贪恋他人的给予。对于当代大学生而言，要提高自身修养，提升珍重和保护友谊的素质认清任何无条件、无原则接纳他人的给予都是非道德行为。

3. 接纳安全性给予

既然他人的反"黄金规则"的给予需要预防，但也不能无原则地索取他人的给予，那么，是否存在无需深入思考，可以安全接纳的给予呢？答案是肯定的。

任何人都不愿意欠别人的,这似乎是人际交往的一种常理。因此当他人的给予源自于对我们帮助的感谢时,可适度接纳,以满足他人的心愿。

人际交往中,包括朋友、同学之间都有可能发生误解、矛盾甚至伤害,根据心理学原理,当人们意识到自己行为的错误对他人造成伤害时,就将产生对当事人的不同程度的愧疚。作为当代大学生,应学会接纳他人的内疚性给予,既卸除他人心中的歉疚,又借此修复珍贵的同学友情。所谓"相逢一笑泯恩仇",其道理就在于此。

由人际交往的互助功能可知,每个人都有主动同情、鼓励、帮助他人的意愿。因此,对当代大学生而言,既要学会在同伴遇到困难时慷慨帮助,也要懂得在同学取得进步时给予欣赏和鼓励;反之,当我们遇到困难或取得成功时,也要适时接纳、而不是排斥来自同学、朋友的同情或鼓励性给予,使他们的道德风范、人格魅力得以展示。

此外,在人际交往中,还有一种给予,如生日礼物、结婚礼物、节日互访等,也是安全性给予,这种"礼尚往来"形成了人与人之间情感联系的纽带,因此我们需要对他人的礼仪性给予表示应有的尊重和接纳。

第七节 人际交往的互动技巧

人际交往是人与人之间相互接触、相互影响的过程,换言之,人际交往就是人与人之间的双向互动,因而人际交往的有效性就取决于人际互动的质量。那么,如何提高人际交往的有效性?或者说,如何运用人际交往中的互动技巧来提高人际交往的效率,以构建良好的人际关系呢?下文将讨论这个问题。

一、印象整饰

人际交往包括三个过程:初步印象——深度交往——知己知彼。可见,所有的人际交往都是从初步印象开始的。因而建立良好的初步印象就是人际交往成功的第一步,而良好的初步印象的建立往往源自印象整饰。

印象整饰是指个体进行自我形象的控制,通过一定的方法、技巧去影响别人对自己的印象,以符合自身的期待。印象整饰一般有以下方法:

（一）修饰外在形象，驾驭光环效应

光环效应是指当你对某个人有好感后，就不容易感觉到他的缺点，就像有一种光环在围绕着他。

每个人都有自己的优点与缺点，在人际交往中若能扬长避短，突出优点，便有可能形成属于自己的光环，使他人对自己产生好感，以促进人际交往的良性发展。

比如，情人在相恋的时候，很难找到对方的缺点，认为他（她）的一切都是好的，所做的事都是对的，就连别人认为是缺点的地方，在对方看来也无所谓，这就是种光环效应的表现。这就是所谓的"情人眼里出西施"。

（二）把握首因效应，建立初步好感

首因效应在人际交往中对人的影响较大，是社会心理中的一个重要概念。首因效应是指人与人第一次交往中给人留下的印象，将在对方的头脑中形成并占据着主导地位。

我们常说的"给人留下一个好印象"，一般就是指的第一印象，也就是首因效应的作用。因此，在交友、招聘、求职等社交活动中，可以利用这种效应，展示给人一种极好的形象，为以后的交流打下良好的基础。

（三）重视近因效应，留下美好记忆

首因效应在社交活动中只是一种暂时的行为，更深层次的交往还需要个人素质的完备。即需要你加强在人际交往中的人本心态的修养，提高谈吐、举止、礼仪等各方面的素质，不然则会导致另外一种效应的负面影响，那就是近因效应。

近因效应与首因效应相反，是指在交往中最后一次见面给人留下的印象，这个印象在对方的脑海中也会存留很长时间。

比如，多年不见的朋友，在自己的脑海中的印象最深的，其实就是临别时的情景；一个朋友总是让你生气，可是谈起生气的原因，大概只能说上两三条，这也是一种近因效应的表现。

利用近因效应，在与朋友分别时，给予他美好的祝福，你的形象会在他的心中美化起来。有可能这种美化将会影响你的生活，因为你有可能因此成为一个"光环"人物，这就是光环效应。

二、情绪管理

每个人都会有喜怒哀乐、七情六欲，人本质上是情绪动物，人的情绪表现在他的各项活动之中。在人际交往中，人的情绪表现尤为明显。情绪的和谐与紊乱对人际交往影响很大。因此，如何有效地管理情绪，是有效进行人际交往、构建和谐人际关系的重要举措。

俗话说"一句话说得你笑，一句话说得你跳"，指的就是人际交往中情绪和言语相关。比如，同学甲平日爱开玩笑，有一天，突发兴致，抓住同学乙身体上某

个缺陷,用玩笑话调侃乙同学,由此引起轩然大波,结果也出人意料。同学甲认为只是开个玩笑,并无恶意,但同学乙却认为是伤害和歧视,决不轻饶,于是从口角发展为打架,最后不仅导致同学之间友谊破裂,甲、乙双方身体受伤,甚至还酿成了违反治安事件。

诸如此类的现象在大学校园时有发生,究其原因,可以说都与情绪的管理有关。试想,如果同学甲具备一定的情绪预知能力,尽管他平时爱开玩笑,但他会选择和大方、爽朗、随意的同学进行互动,而不会挑选平时不拘言笑、性格内向的同学开玩笑,从而杜绝了可能发生的冲突。而被玩笑调侃的同学乙,若能客观地看待玩笑,不会毫无原则地将同学之间的玩笑认为是对其人格的伤害,那么尽管同学甲的玩笑有些出格和不严肃,但依然可以通过生气和提醒来处置,并接受同学的道歉,如此一来冲突就不会扩大和升级。

由此可见,有效的情绪管理,对于当代大学生构建人际和谐具有十分重要的意义。为此,本书将在第九章中重点学习和讨论。

三、行为自律

人际交往的延续来自互动的有效性,有效的人际交往促进人际关系的和谐。人际关系和谐体现为人与人之间的相互信任、相互依赖,而行为自律则是人与人之间相互信任、相互依赖得以建立的前提。因而行为自律不仅是人际互动中的技巧,也是人际互动中应坚持的原则。

行为自律是指按照行为规则与他人的期待约束自己的行为。那么在人际交往中如何做到行为自律呢?① 言行一致,不做无条件承诺,说得出就要做得到;② 谨慎节制,不逾越自我和他人的道德及安全底线去谋取利益,防止人际关系一触即破;③ 自检自律,不逾越自我与他人的心理需求底线去满足一己私利,保障人际交往的有效延续和人际关系的稳定发展。

四、适度设防

在人际交往中,大家都会产生不同程度的防范。比如,在两个人独处的时候,我们会不自觉地防范对方;在人多的时候,你会感到没有自己的空间,担心自己的物品是否安全;你的日记总是锁得很紧,怕别人偷看你的秘密。为了这些,你可能会设防。可见,在人际交往中存在自我保护与防范意识。适度设防也就成为人际交往中的有效策略之一。

俗话说:"逢人且说三分话,切莫全抛一片心。"这句话恰如其分地说明了人际互动中的适度设防策略。那么,如何理解与操作这一适度设

防策略呢？

（1）人际交往之初，为了个人安全，可选择"且说三分话"，但这"三分话"必须是事实，表达的是真诚。

（2）先说"三分"真话，但不意味着再说"七分"谎言。

（3）"且说三分话"，是一种对真诚的有效探索，是为再说"七分话"作必要准备。

第八节 人际交往的常见问题

根据科学发展观的要求，以人为本，构建和谐人际关系应成为科学的人际心理观。因此，人际交往的人本心态的健全是人际交往有效与人际关系和谐的核心。人际交往中出现的各种问题、矛盾与冲突其实质源自人本心态的缺失或不健全。人本心态体现为人际交往过程中人与人之间的独立与对等，其问题主要表现为由于独立和对等的破坏而产生的人际心理失衡。

一、需求期待不对等

由人际交往的功能可知，情感归属及互惠互助是人际交往的两大基本需要，同时，它常常也是人际交往中问题的来源。

1. 情感期待不对等

情感期待不对等指的是在人际交往中，因亲情、友情、爱情混淆不清，角色紊乱，需求受阻，从而导致心理失衡。亲情的特征是无偿给予，而友情的特征是平等互惠。在人际交往中，当二者混淆不清时，必然产生心理失衡。

【案例】张三把李四当做兄弟，对他无条件付出、关爱有加，而李四则把张三当做好朋友，虽然感谢张三对他的帮助，但他只把张三的行为视为朋友之间的帮助。有一天张三遇到一个特殊困难，期待李四资助时，李四却很随意地回绝了。张三的期待就这样落空了。于是，张三心里极度地不平衡，抱怨李四为何这么无情无义，感叹世上人情比纸薄。

2. 互惠期待不对等

互惠期待不对等指的是在人际交往中，因付出与回报不对等而产生的失落感与挫败感。这种失落感与挫败感源自心理期待的不对等。

【案例】有的人习惯占他人便宜，无偿索取，不劳而获进而引起他人不满；有的人为他人付出后未获得及时回报而心生不满；还有的是因为互赠礼物、相互关心后感到互惠价值量不对等而心理失衡。

凡此种种心理失衡，其实都源自反"黄金规则"的运用，由此凸显出"黄金规则"在人际交往中的重要性。

二、依赖与互控失衡

依赖与互控失衡是指由于安全感的缺乏，或者凡事支配、控制他人，或者凡事对他人依赖和依附。其表现有以下两种：

1. 人际支配与控制过度

人际支配与控制过度是指在人际交往中处处支配、控制他人，控制人际关系的状态。表现为凡事要求别人服从自己的意志，强制性维持自我与他人之间的关系模式等。比如，家长强制子女听话，老师强制学生服从，领导强制下属遵命等。凡此种种，都足以制造人际畏惧，引发人际冲突。

2. 人际依附、被控过度

人际依附、被控过度指的是个体缺乏独处、自立、自主能力，缺乏自我认同，凡事依赖、依附他人。当这种人际依赖及依附消失或中断时，个体就表现为心生焦虑、极度不安，无所适从；而当人们感到被这种依赖或依附纠缠且难以解除和摆脱时，也常常会产生心理上的困扰和焦虑。

【案例】一个大学女生在家凡事依赖父母，上大学后则处处依赖同学，上街买裙子要同伴陪着并为之决策；去食堂吃饭要跟同学做伴；何时洗衣服须等同伴拿主意；课余休闲活动也不能独自安排。换言之，她没有属于自己的独立空间，她所有的思想与行为均听命于他人，当无人可依赖时，她无法独处，焦虑不安，手足无措。

上述例子在大学生当中并非罕见。人际依附、被控过度，是一个人自我意识不健全的典型表现，它既使个体产生独处焦虑，也对他人的独立性造成干扰。因此，作为当代大学生需学会自立，培养独处能力，这是一个人成长与发展的必由之路。

三、无效给予及非理性接纳

人际交往，究其本质就是接纳与给予两大行为，因而人际交往的规律源自这里，人际交往的问题也常常产生于此。

常言说："付出就会有回报""耕耘不问收获"。然而，在现实生活中，也常常会听到另一种声音——"他真小气""他无情无义""他不会做人"等。

所有这些人际抱怨，其根本原因为"无效给予"，因为"对牛弹琴"，必然"枉费心机"。

人际交往中和"给予"相对等的另一个行为就是"接纳"。所谓非理性接纳，其含义是无法实现与给予之间的对等交换；其表现形式就是不懂得拒绝或不愿意拒绝。毫无疑问，非理性接纳必然导致人际交往过程受阻、人际关系失衡。这一问题在大学生乃至成年人中很常见。

为何不懂得拒绝？因为拒绝等同于否定，它可能带来人际关系状态的改变，因而此时的不拒绝，其实就是一种对人际关系的无原则、无条件的依附。何谓不愿意拒绝？因为拒绝等同于失去，因而不假思索的不拒绝，其实就是一种对获得的无原则、无条件的贪恋。

四、先入为主，虚拟代替真实

所谓先入为主，虚拟代替真实，就是指在人际交往中，当信息尚不完整、事实并非明朗时，个体根据自己的经验预先形成假设性结论，从而用想象代替现实，用感觉代替结论，结果导致和预期相反的结论，人际关系由此而失衡。

【案例】一个猎人驾车行使在无人的小路上，突然轮胎没气了，这时，他看到了远处农舍发出的灯光，就向那里走去。他边走边想："这么晚了，也许没人来开门，要不然就说是没有千斤顶。即使有，主人也许不会借给我。"他越想越觉得不安，当门打开的时候，他不假思索地一拳向开门的人打过去，嘴里喊道："留着你那糟糕的千斤顶吧！"

这个故事只会让人哈哈一笑，但它却说明了一个道理：与人交往时，当信息不全、事实不明时，应尽量避免先入为主。预先设定"也许""即使"等假设，否定可能存在的希望，并用它代替尚未发生的现实，这样极易造成人际交往冲突和人际关系失衡。

本章练习

一、思考题

1. 人际交往的基本功能有哪些？
2. 如何理解人际交往的人本心态？结合个人经历，谈谈你的体会。
3. 人际交往有哪三大规律？各自的意义是什么？
4. 人际交往的"黄金规则"是什么？结合这一规则尝试着对个人交往中的一个具体负性事件（人际交往中的不愉快）进行分析。

二、课堂训练

1. 自我演讲训练：

谈家庭、谈喜好、谈个性、谈优点、谈憧憬;
2. 人际交流课堂小游戏(5人一组):
互相介绍、互相认识、一对一交流。

本章附录

大学生人际心理相关测试

一、人际关系心理测试

美国著名教育家卡耐基先生曾指出:一个人事业的成功,只有15%是由他的专业技术决定的,另外的85%则要靠人际关系。你是否善于交际?请回答下面的问题。

1. 一位朋友邀请你参加她(他)的生日,可是,任何一位来宾你都不认识:
   A. 你借故拒绝,告诉她(他)说:"那天已经有别的朋友邀请过我了。"
   B. 你愿意早去一会儿帮助她(他)筹备生日。
   C. 你非常乐意借此去认识他们。
2. 在街上,一位陌生人向你询问到火车站的路径。这是很难解释清楚的,况且,你还有急事:
   A. 你让他去向远处的一位警察打听。
   B. 你尽量简单地告诉他。
   C. 你把他引向火车站的方向。
3. 你表弟到你家来,你已经有两个月没有见到过他了。可是,这天晚上,电视上有一部非常精彩的电影:
   A. 你让电视开着,与表弟谈论。
   B. 你说服表弟与你一块看电视。
   C. 你关上电视机,让表弟看你假期中的照片。
4. 你父亲给你寄钱来了:
   A. 你把钱搁在一边。
   B. 你买一些东西,如油画、一盏漂亮的灯,装饰一下你的卧室。
   C. 你和你的朋友们小宴一顿。
5. 你的邻居要去看电影,让你照看一下他们的孩子。孩子醒后哭了起来:
   A. 你关上卧室的门,到餐厅去看书。
   B. 你看看孩子是否需要什么东西。如果他无故哭闹,你就让他哭,终究他会停下来的。
   C. 你把孩子抱在怀里,哼着歌曲想让他入睡。

6. 如果你有闲暇，你喜欢干些什么？
    A. 呆在卧室里听音乐。
    B. 到商店里买东西。
    C. 与朋友一起看电影，并与他们一起讨论。

7. 当你周围有同事生病住医院时，你常常是：
    A. 有空就去探望，没有空就不去了。
    B. 只探望同你关系密切者。
    C. 主动探望。

8. 在你选择朋友时，你发现：
    A. 你只能同你趣味相同的人们友好相处。
    B. 兴趣、爱好不相同的人偶尔也能谈谈。
    C. 一般说来你几乎能同任何人都合得来。

9. 如果有人请你去玩或在聚会上唱歌，你往往：
    A. 断然回绝。
    B. 找个借口推辞掉。
    C. 饶有趣味地欣然应邀。

10. 对于他人对你的依赖，你的感觉如何？
    A. 避而远之，我不喜欢结交依赖性强的朋友。
    B. 一般地说，我并不介意，但我希望我的朋友们能有一定的独立性。
    C. 很好，我喜欢被人依赖。

测验计分与解释

题号	答题选择（√）			测验分类解释
	A	B	C	
1				1. 分数为 25～30：
2				你非常善于交际，你的伙伴们非常喜欢你，你总是面带笑容，
3				为别人考虑的比为自己考虑的要多，朋友们为有你这样一位朋
4				友而感到幸运。
5				2. 分数为 15～25：
6				你不喜欢独自一个人呆着，你需要朋友围在身边。你非常喜欢
7				帮忙——如果这不花费你太多精力的话。
8				3. 分数为 15 分以下：
9				注意，你置身于众人之外，仅仅为自己而活着。你是一位利己
10				主义者。要奇怪为什么你的朋友这样少，从你的"贝壳"中走
小计				出来吧。
合计				
计分方法：				选择 A－3 分、选择 B －2 分、选择 C－1 分。

二、人际交往能力测验

题号	题　　目	是	否
1	你常常主动向陌生人做自我介绍吗？		
2	你喜欢结交各行业的朋友吗？		
3	你喜欢参加社会活动吗？		
4	你喜欢发现他人的兴趣吗？		
5	你与有地方口音的人交流有没有困难？		
6	你喜欢做大型公共活动的主持吗？		
7	你愿意做会议主持人吗？		
8	你在回答有关自己的背景与兴趣的问题时感到为难吗？		
9	你喜欢在正式场合穿礼服吗？		
10	你喜欢在宴会上致祝酒词吗？		
11	你喜欢与不相识的人聊天吗？		
12	你喜欢成为公司联谊会上的核心人物吗？		
13	你在公司组织的活动中愿意扮演逗人笑的丑角吗？		
14	你喜欢在孩子们的联谊会上扮演圣诞老人吗？		
15	你曾为自己的演讲水平不佳而苦恼吗？		
16	你与语言不通的人在一起时感到乏味吗？		
17	你与人谈话时喜欢掌握话题的主动权吗？		
18	你喜欢倡议共同举杯吗？		
19	你希望他们对你毕恭毕敬吗？		
20	你在宴席上是否借机开怀畅饮？		
21	你是否曾因饮酒过度而失态？		
22	你与地位低于自己的人谈话时是否轻松自然？		

测验计分说明：

（1）1，2，3，4，6，7，9，10，11，12，14，17，18，22题选择"是"计1分；

（2）5，8，13，15，16，19，20，21题选择"否"计1分；

测验解释：

1. 得分：0~4分

你是非常孤独的人，不喜欢任何形式的社会活动，难免被他人视为古怪之人。

2. 得分：5~10分

也许是由于羞怯或少言寡语，你没有表现出足够的自信。当你在应该或需要表现出轻松热情的情境时，常常却显得过于局促不安。

3. 得分：11~16分

你在大多数社交活动中表现出色，只是有时尚缺乏自信，今后要特别注意主动结交朋友。

4. 得分：17~22分

你在各种各样的社会场合都表现得大方得体，从不错过广交朋友的机会。你待人真诚友善，不狂妄虚伪，是社交活动中备受欢迎的人物，也是公共事业的好使者。

大学生爱的艺术

爱情，既是一个古老而新鲜的话题，又是一种浪漫而美妙的情感。在西方，有罗密欧与朱丽叶的爱情传奇；在中国，有梁山伯与祝英台的爱情绝唱。大学生正值青春期中后期，随着性生理的成熟和性心理的发展，渴求与异性交流、渴望爱情、期待恋爱，已成为大学生当中常见而普遍的心理状态。许多大学生在承受学习压力的同时，也在承受着恋爱的困惑。因此，正确理解爱的内涵，确立正确的恋爱动机，提高爱的能力与丰富爱的艺术，已成为当代大学生综合素质的重要体现。本章将会着重探讨大学生爱的艺术与实践。

第一节 亲情、友情与爱情的区分

亲情是生命之源。一个人从出生开始便在亲情的呵护中逐步长大成人；随着年龄的增长，当人们成人后，便开始融入各种不同的社会群体，于是又在群体的归属中、在友情的互动中成长和发展；当人们进入青春期之后，又产生了对异性交往的渴望，对甜蜜爱情的憧憬。亲情、友情和爱情既有联系又有本质差异，因而一个大学生，若要追求与发展爱情，首先需学会准确地理解和区别亲情、友情与爱情。

一、亲情的特质

亲情，特指亲人之间的那种特殊的感情。

亲情是一种微妙的感觉，一丝不经意间的牵挂、惦记，一种让有生命的动物都会拥有的本能反应、原始能力。

亲情，作为血缘关系的纽带，从生命开始的时候，就永远不会改变。同时我们也无法选择优劣：不管对方怎样也要爱对方，无论贫穷或富有，无论健康或疾病，甚至无论善恶，即使我们父母的社会地位、文化品位低于我们自己的标准；即使我们的兄弟姐妹是何等地与我们的身份格格不入，即使孩子个性顽劣愚痴甚至做些有违法律的事件，我们依然没办法抛弃甚至在心理上鄙视他们。

由此可见，世界上我们可以选择任何人或者事情，但唯独不能选择血缘。血浓于水，对于亲人，人们愿意无偿付出自己的所有，甚至是生命。

这就形成了亲情的行为特征：付出与依赖相融、无偿奉献与无条件接纳结合。

二、友情的特征

友情是人们与接触较亲密的朋友之间所存在的感情，它是人与人在长期交往中建立起来的一种特殊的情谊，互相拥有友情的人叫做"朋友"。作为朋友，人们愿意为其付出一些或全部自己的思想。比如，我们的邻居，我们的同学、伙伴、我们的同事、战友等。

友情在我们既有的生活中占据着举足轻重的地位。它同属于精神领域，但与亲情有很大的区别，因为它具有可选择性。

人们的归属需要决定了友情是人一生中不可缺少的情感：
"不论是多情的诗句、漂亮的文章，还是闲暇的欢乐，什么都不能代替无比亲密的友情。"（俄国诗人普希金）；"缺乏真正的朋友乃是最纯粹最可怜的孤独；没有友谊则斯世不过是一片荒野。"（英国哲学家培根）。

友情既是一种感情，也是一种收获。对于友情的获得，它遵循一个规律："欲先取之，必先予之。"因此，友情是一种只有付出了同样一份这样的东西，才可以得到的东西。你只有付出关爱，付出真诚才能得到它。

由此可见，友情的行为特征是：平等付出、需求互动。

三、爱情的内涵

爱情是男女之间的强烈的依恋、亲近、向往，以及无私专一并且无所不尽其心的情感。它是人际之间吸引的最强烈形式，是心理成熟到一定程度的个体对异性个体产生有浪漫色彩的高级情感，是至高至纯至美的美感和情感体验。

爱情具有亲密、情欲和承诺的属性，并且对这种关系的长久性持有信心，也能够与对方分享私生活。爱情是人性的组成部分。

爱情，是上升到一定高度的精神境界，它是人类情感的最后皈依。爱情跟性有直接的关系，因为爱情是有结果的。爱情的结果是后代繁衍，观念传承。

父母对子女的亲情是爱其强，更爱其弱，父母对儿女爱护的时间很久。从儿女呱呱落地，到长大成人，一直延伸到儿女的下一代，再下一代。例如，一个断了腿，又瞎又聋的孩子，父母爱他会更加倍；再比如，当今我国绝大部分大学生的全额学费都由父母倾其所有，无偿提供。而爱情则不然，爱情乃爱其强，不爱其弱。爱情需要强与弱、优与劣互补。

综上所述，爱情具有以下内涵：

（1）爱情的生理基础——性爱。

（2）爱情的归属——两性结合，组成家庭。

（3）爱情的取向——专一、排他。

（4）爱情的行为特征——奉献，即付出与接纳互动，奉献与感动结合。

（5）爱情所衍生的行为动机——付出、欣赏、珍惜、感动、了解、保护和占有，从而让其更好地存在。

（6）爱所产生的体验——得到时的欣喜，平常的牵肠挂肚，失去后的痛心，不能拥有时的无奈。

第二节　大学生恋爱的特点

大学生正处于青春发育期，性生理、性心理的发育基本成熟，他们自然地产生与异性交往的要求。随着社会的飞速发展和对外开放的逐步深入，当代大学生敢于追求理想爱情，恋爱观开放。富有浪漫气息的大学生恋爱，成为大学校园的一道特殊风景。可以说，在校大学生的恋爱有其自身固有的特点。

一、恋爱现象普遍

（一）身心发展的需要

在校大学生，正值青春妙龄，已逾越性发育阶段而进入了性成熟阶段，他们结束了由性意识觉醒而引起的躁动不安与心理不平衡，开始由性接近阶段向恋爱阶段过渡，具有道德意义和社会意义的爱情意识逐渐萌芽，从而对异性产生好奇与关注，渴望与异性交往，期待男女恋爱，因此，大学生对爱情的向往和追求是青年人身心发展的必然，是完全正常的。

（二）情感需要

当代大学生经过十余年的寒窗苦读之后考进大学。在中学阶段的升学压力之下被压抑的青春期情感此时得到了释放，已经摆脱了家长约束的学子，生活的诸多诱惑使他们跃跃欲试，他们觉得自己具备了自立的能力，希望按照个人的意愿去生活。

很多大学生恋爱欲望强烈，渴望爱的满足。他们在有异性出现的场合会有一种强烈的自我表现欲，并且努力表现得更好，更出色。他们在心目中勾勒恋爱的对象,当遇到接近自己理想中的异性时,便会寻找各种机会进行试探与追求。

(三) 社会影响

长期以来,我国一直缺少对青少年的性知识教育。近年来,对外开放和生理及性科学的研究,以及各种传媒、文艺作品中对爱情的过分渲染等,无不给生理上已经成熟,但缺少社会阅历的大学生带来了极大的影响。年轻人特有的好奇心驱使他们渴望揭开两性之间的神秘面纱,诱导他们谱写大学时代的恋爱诗篇。

二、恋爱观念开放

(一) 开放式恋爱

观念的变革、环境的宽松、校园中的和谐氛围,使大学生的恋爱方式日渐开放,他们已完全抛弃了犹抱琵琶半遮面的羞怯,不再遮遮掩掩、扭扭捏捏;他们激情洋溢,热情奔放,大胆追求爱情,不再担心受到嘲讽和批评,甚至为此感到自豪和荣耀。当代大学生已突破传统的"父母之命""媒妁之言""嫁鸡随鸡,嫁狗随狗"等旧式婚恋观,渴望一种真挚的感情,追求一种不受世俗因素干扰的纯洁的感情。它无疑是有进步意义的。

(二) 多元性恋爱

所谓恋爱多元性,一方面表现为男女双方在恋爱过程中,双方或一方同时与恋爱对象以外的异性进行交往,即潜在地、未公开地把他们作为自己的恋爱对象加以考虑;另一方面大学生恋爱呈现追求享受、满足性欲、寻求保护、填补空虚、爱慕虚荣、魅力证明、寻觅爱情、学习经验等多元化动机,不一而足。

(三) 过程式恋爱

当代大学生注重恋爱的过程,而不在意恋爱的结果。因为大学生的爱情是在特殊的校园文化环境中萌生的,而作为爱情之果的婚姻与家庭却需要在学业完成之后才能实现,所以大学生在恋爱中大多交流人生、社会、学习等,追求丰富多彩的精神生活,而很少涉及家庭、经济等现实问题。

三、恋爱关系不稳定

(一) 宽容未婚同居

大学生性观念呈多元化倾向。中国大学生性观念正在发生变化,呈现日趋多元化的倾向。"浙江省都市网"对 2 000 多名大学生的网上任意调查,结果显示:42%的大学生对未婚同居表示理解和认可,另有近 30%的大学生对此表示反对,而其余的大学生则对此不置可否。

许多大学生对婚前性行为持理解和宽容的态度,认为"只要真心相爱,无须指责",传统的贞操观在大学生的思想观念中逐渐淡化,从而导致恋爱过程随意,恋爱关系不稳定。

(二)恋爱关系脆弱

在校大学生谈恋爱一般不考虑经济、地位、职业、家庭等社会性问题,浪漫色彩浓厚,自主性强,约束性差,情感性强,理智性弱。往往不能理性地对待恋爱中的挫折,表现为"普遍开花、零星结果",即恋爱率高,巩固率低,能发展为缔结婚姻关系的寥寥无几。

(三)"浪漫"浓厚、理性模糊

当代大学生对婚恋道德尤其是"性"道德存在模糊认识。近年来,由于不良社会风气的影响,部分大学生把无所顾忌等同于大胆与浪漫,因此,他们在恋爱中难免做出一些有失道德规范的事情,而自己却浑然不知,这无疑也是导致恋爱关系不稳定的重要因素。

四、恋爱过程逐步递进

大学生的恋爱呈现出递进式发展过程,一般可分为萌芽期、发展期和稳定期三个阶段。

(一)恋爱萌芽

经历了高考的激烈角逐,挤过了升学的独木桥,进入大学殿堂的青年学子终于从如牛负重的应试教育中解脱出来,个个如醉如痴,得意洋洋,精神世界暂时出现了"空档"。于是,开始找老乡,交朋友,你来我往,男生女生由此开始了频繁接触。尤其是在这时,高年级的学长开始关心起低年级的学妹来了。有的确属关心,有的则别有一番用意。

例如,某大二的男生看中了某位大一女生,便倍加关心,无微不至,进而使对方坠入情网,成了自己的恋人。还有为数较少的学生是在高中毕业之前就"名花有主""佳人在旁"了,他们双双升入大学,或者同在一地,或者同属一校。这种恋情大多能够得到巩固和发展。

(二)恋情发展

经过一年左右的大学生活,男女同学之间有了较深入的了解,同学间的友谊逐步建立。因为友谊在一定程度上表现为情感依赖,它使人发现自我,善解别人,从中体验到一种深度的情感依恋与精神寄托。由于友情可以成为爱情的基石。因此,异性之间的友谊则容易上升为性爱的依恋,这样,二三年级的大学生谈恋爱便呈迅速发展之势。其类型大致有如下几种:同乡恋爱、集体恋爱、干部恋爱。

(三)情感稳定

进入大四以后,大学生变得更加成熟、老练,看问题也更加客观和现实。他们会把很多精力投入到毕业实习、论文或设计、职业选择等问题上,此时的他们由于担心出现新的"牛郎织女",所以对爱情的思考逐步冷静和理智,恋爱也趋于较稳定的态势。这期间，功利型恋爱也颇为明显：新确立的恋爱对象或者为现实条件接近者，或者是在为未来就业找背景，其数量占大学生恋爱总数的10%~20%。

总之，大学生的恋爱已成为当代大学生所关注的普遍现象之一，是他们生活的重要组成部分，同时，他们的恋爱也最具有鲜明的时代性，符合社会发展的潮流。然而，在对大学生恋爱的主体意识给予肯定的同时，大学生恋爱中所存在一些问题也不容忽视，当代大学生要学会端正恋爱态度，树立理性的择偶标准，明确爱的责任，培养爱的能力，遵循爱的道德，从而减少恋爱中的不文明、不道德的行为，减少恋爱挫折对身心的伤害，使大学时代的恋爱趋于稳定与和谐。

第三节 大学生恋爱的动机

随着高校大学生恋爱的普遍化，由于当代大学生个人成长经历的差异，以及受社会环境、家庭环境、同辈群体等外部因素的影响，其恋爱动机和行为亦呈现出多样化的趋势，主要表现为以下几类。

一、生理需求的驱动

无论是恋爱还是婚姻，"性"总是一个绕不开的话题。男女恋爱始于性的生理机能成熟。性的成熟使异性产生倾慕，彼此萌生交流的渴望。性爱是恋爱、婚姻不可缺少的内容；性爱也是性的行为表现。因此，大学生的恋爱动机必然包含性的猎奇与满足——生理需求的驱动。

据调查发现，对"试婚"明确表示反对的只有12%，"随其自然"的占51%，表示"可以考虑"和"是结婚的前提"的分别占14%和23%。这说明当代大学生对未婚同居还是比较宽容的，同时也表明大学生恋爱动机中对性的欲求占有重要地位。

然而，"性爱"不是婚恋生活的全部，大学生在行为上需克服这一本性劣根。人之所以区别于动物，就在于人具有抽象的思辨能力，能够用意识和思想去判断事物的性质，决定行为的取向。

例如，对于婚前性行为，部分大学生显得随意和轻率。据有关资料显示，近几年来大学生异性同居、卖淫嫖娼等现象时有发生。由于道德观、法律意识淡薄而产生的大学生性行为放纵，不仅给高校的校风、校纪造成不良的影响，而且也损害了少数大学生的身心健康，甚至使部分学生误入歧途。

性是爱的所然，爱是性的归宿。没有赤裸裸的性，也没有赤裸裸的爱，选择了行为就意味着承担责任。当代大学生在恋爱中必须建立性与爱的专一的内化结构，构建爱的和谐，共担社会责任。

二、功利需求的诱导

（一）现实条件的选择

许多大学生认为在大学里找对象是可行的，因为他们担心毕业后再难找到合适的对象，担心错过最好的恋爱机会，以后再找年龄相当、条件相近、志趣相投的对象就难了。由此可见，客观条件的匹配、现实功利的把握，成为当代大学生恋爱动机之一。比如，有些男大学生固执地认为毕业后还没有男朋友的女孩都是别人挑剩下的。于是他们急于求成，渴望尽快找到集才华、风度、美貌于一身的女朋友。

（二）地位名利的追逐

近年来，受市场经济负效应的影响，迫于毕业分配的压力，多数大学生迷恋都市生活，贪图享受，毕业后希望留在大城市工作。由于就业压力很大，自己本身又没有规划职业生涯、开拓职业空间的能力，所以把希望寄托在恋爱对象的身上，匆忙寻找可能满足其职业发展要求的对象谈恋爱，希望在所爱的人那儿获得经济、社会地位等方面的补偿。

比如，某男生追求某女孩，就是因为该女孩的父亲是某大公司老板或某地方的行政官员，希望通过该女生的父亲找到自己满意的职业，并顺利留在大城市工作。很显然，如此的恋爱完全受功利性动机驱使，而将爱的需求置之度外了。

三、精神需求的引导

（一）爱的互动——两情相悦

多数当代大学生对恋爱婚姻问题的认识是比较清晰和正确的，认同恋爱是婚姻的基础这一观念，认为"恋爱是为了成家立业，共度美好人生"。所以他们带着对未来婚姻家庭的憧憬去选择恋爱对象，在恋爱问题上比较慎重，他们能够在恋爱过程中认真对待，彼此尊重、相互鼓励、和谐相处、共同进步，同时能够主动接受老师、专家对恋爱的指导。可以说，这是值得在当代大学生中推崇的健康恋爱。

（二）摆脱孤独——寻求精神寄托

有少数大学生是为了寻找一个避风港而恋爱。这些大学生进了大学后，或者不思进取，或者人际关系失调，或者高校的生活方式让他们感到枯燥乏味，他们常常被孤独与寂寞困扰，于是便在异性中寻找寄托，通过恋爱排遣寂寞，期望从恋爱中获取温暖、保护、关怀和体贴，使自己的感情有所依托，有所归属，从而摆脱孤独与空虚。此种恋爱在大学中并非少见。

（三）情感代偿——亲情、友情与爱情混淆

当代大学生绝大部分都是独生子女，在过度保护、过度满足中成长。在家里被父母宠着、被爷爷奶奶惯着、被外公外婆"抬"着，习惯了他人的呵护与关爱，既以自我为中心又缺乏独立能力。当他们离开了亲情的关注与慰藉，来到大学，独立面对大学生活时，便犹如走进情感的荒漠，感到力不从心，且束手无策，为了摆脱这种困扰，他们开始恋爱，并且希望父母亲情的失落在恋爱对象身上获得代偿。显然，这是一种混淆亲情、友情与爱情，角色紊乱和冲突的"情感寄托型"恋爱，如师生恋、姐弟恋等，在各高校屡见不鲜、不一而足。

（四）渴望认同——为面子、为虚荣而恋爱

1. 攀比恋爱

攀比心理是一个人嫉妒心与好胜心的混合。主要指自身做事不甘落后，也不愿看见别人比自己强，它表现在个人学习、生活、情感等各个方面。为攀比而恋爱就是嫉妒心与好胜心在恋爱中的典型表现。此种恋爱在大学中也不难见到。

2. 从众恋爱

在一个群体（比如同一宿舍）中，如果大部分人都在谈恋爱，剩下的人也会受到影响。处在青年期的大学生，往往对自我缺乏充分的肯定，甚至有人会为自己没有恋人而自卑："我不恋爱我有病？"于是在从众心理的驱使下，他们选择"顺潮流而动，赶潮流恋爱"。

（五）追求浪漫——恋爱理想化、艺术化

不少大学生从高中开始就深受影视、文学作品的影响，追求浪漫与纯情。来到大学后，脱离了父母的监督与管束，于是他们展开想象的翅膀，寻找梦中情人，捕捉浪漫瞬间，渴望一场生死相许的纯情恋爱。激情中，他们往往失去方寸：热恋时意乱情迷，情断时失魂落魄。

（六）宣泄情绪——挫败恋爱对象

有的大学生因为曾经的情感失落而耿耿于怀，于是便在寻觅新的恋情时，将曾经的怨恨无情地向对方宣泄，挫败对方。

值得注意的是，由于这种畸形的恋爱动机常常受潜意识支配且具有隐蔽性，因此，其真实的行为目的往往不易被识别。因此，当恋爱中，发现对方情绪与行为常常不合常理时，其恋爱动机就值得探究了。

大学生的恋爱动机因为受社会环境、家庭环境以及内在需求等诸多因素影响，而呈现出多元化、复杂化、功利化和非理性化。因此，识别与端正恋爱动机，培养爱的能力，提高爱的素质，是当代大学生成长的重要课题之一。

第四节 大学生爱的艺术

心理学家马斯洛指出，爱与归属是人的基本需要之一。恋爱、婚姻是人生的必由之路，也是人生中的关键一环。作为人类精神花园不谢的玫瑰，爱情成为文学家笔下永恒的主题，也是音乐家心中不朽的乐章。爱本身就是一门艺术。作为憧憬美好未来、开拓幸福人生的当代大学生，理应了解与把握爱的艺术。

一、爱的感知艺术

由心理学原理可知，所有心理活动都从感觉开始，爱的艺术也不例外，它是感知与行为的结合，而爱的艺术的学习首先从爱的感知开始，爱的感知包括：把握爱的感觉与理解爱的完美。

（一）感知爱的特征

1. 爱是一种感觉，由心而生

同性相斥，异性相吸，爱的欲念往往由瞬间的感觉点燃，所谓的一见钟情即便如此。两情相悦时会"来电"，产生"心跳"、感到"心动"，进而"茶饭不思""寝食难安""一日不见，如隔三秋"；而单相思则不然，它是一方"来电"、产生"心跳"与"心动"。爱情产生于两情相悦，单相思则无法发展为爱情，简而言之，没有感觉，就无法恋爱。因此，如何把握爱的感觉，首先要准确地区分和鉴别单相思还是两情相悦。

2. 爱是一种欲求，渴望被爱

爱是一种欲求，恋爱双方都有一种渴望，那就是被爱，即被对方关心与重视，被对方体贴与呵护。这种爱的感觉或需求是如何产生又将如何获得呢？

通过对恋爱现象的观察，我们不难发现，爱的感觉与满足源自双方个性的落差和需求的互补。例如，当一个女孩钟情于一个男孩的"热情洒脱"与"风趣幽默"时，往往是因为她个性腼腆、羞于言谈，二者之间的落差产生了相互间的吸引以及相互爱恋。再比如，当一个热情爽朗、简朴大方的女孩和一个思维缜密、行为稳重的男孩恋爱时，二者之间的个性落差与需求互补是不言而喻的。

由此可见，一个人的优势不一定导致恋爱或婚姻的成功，恰恰是双方个性的劣势与需求的落差形成了彼此之间的相互依赖，从而推动了恋爱及婚姻关系的延续。

3. 爱是一种给予，成就对方

由爱的互补原理可知，是否相爱，可能没有理由，但必须有感觉——落差。个性的落差与需求的互补，不仅使一方产生被爱的渴望，也使另一方产生爱他（她）的需求与动力。如何爱，或许无关理性，但需要方法或

借口。例如,某男生向某女孩请教问题、借书、制造过失、主动帮助、献殷勤等,都是在寻求爱的机会和借口。

因为爱源自双方的需求互补,因此,爱既是一种被爱,更是一种给予,是付出与接纳的互动,通过爱的行为去不断满足对方、成就对方。

(二) 理解爱的完美

通过感知爱的特征,我们获得了这样的理解:原来爱是人的一种需求,即被爱和给予。因为爱产生于个性落差,而个性落差的本质是完美与缺陷的对比。

由此可见,爱本质上是完美与缺陷的互补,因为他的完美,你追求他的爱;因为他的缺陷,他需要你的爱,反之亦然。由于因完美而追求爱,因缺陷而给予爱,因而追求爱无疑也是在追求完美。

一个人的完美,既有外貌形象之美,也包括物质名利的丰满,更包含人格魅力,其中只有人格魅力可以流芳和永恒,因此,当代大学生对一个人应学会全面而准确地理解完美。

感觉完美,犹如昙花一现,稍纵即逝;贪恋完美,却似画饼充饥,空喜一场。那么,如何不仅感觉完美,而且拥有完美并永葆完美呢?

1. 追求自我完美

因为爱表现为对他人完美的追求,所以,一个人若被他人爱,便意味着自身的完美与魅力被他人欣赏与追求。因此,一个人要获得爱,首先需努力追求自身完美与自我完善。反之,只有发现与理解自我的不完美,才能感悟他人的完美,才能产生对他人的依恋。例如,当一个女孩发现并理解自己个性腼腆、羞于言谈时,才会欣赏、钟情和依恋于一个男孩的"热情洒脱"与"风趣幽默"。而一个"热情洒脱"与"风趣幽默"的男生恰恰渴望获得一个腼腆羞怯的女孩的默默温情。

2. 不盲目贪恋完美

由于两情相悦源自完美与缺陷的互补,因此,我们钟情并渴望依恋他人完美的同时,恰恰需要另一种智慧:发现和理解他人的不完美,并且具备接纳、包容他人缺陷的能力以及他人依恋的魅力。而当一个人无原则地贪恋他人外在的完美资源(美貌、名利)时,必将付出内在人格、自尊等精神代价。例如有的女生因贪恋对方的名利而被富人包养,在她获得丰厚的财产和利益时,与之交换的就是女生的性与美貌。当女生的性与美貌随时间推移而丧失价值后,其青春、人格与自尊将失去应有的安全空间,将被无情地践踏。这就是盲目贪恋完美的代价。

3. 创造完美、经营爱情

"长路奉献给远方,玫瑰奉献给爱情,我拿什么奉献给你我的爱人……"著名歌星苏芮演唱的《奉献》,形象、生动地诠释了爱情的心理学内涵:因为依恋你,我的人生之路将归属于你;因为爱着你,我将爱的玫瑰献给你。由此可见,一个人的完美是他爱的资源。一个人追求完美，不一定能获得爱，而一个人学会了爱，同时就创造了完美；一个人奉献了完美，他同时就获得了爱。

毫无疑问，理解完美，才能创造完美。经营爱情，方能持续完美，直至爱的最高境界。

鲁迅先生曾经说："爱情必须时时更新，生长，创造。"初恋时，因为各自的完美而相互依恋。然而，随着时间的推移，美丽与青春逐渐褪色，而人格的魅力却能经岁月的洗礼而日臻完美，丰富的人生体验让有限的生命创造出爱的永恒。

比如男女双方因为发现对方身上有着值得你爱的品德、气质、才干和个性等，而你也清楚对方爱你什么，这种相互爱慕、相互吸引、相互尊崇使彼此间的爱情得以深化，但随着时间的推移，彼此的互动增多、了解加深，无论是男生还是女生，在对方的眼里不再是完美无缺，彼此都有使对方感到遗憾的缺点或不足。此时，双方就需要不断发展、完善自己，以品德、气质、能力、成功的更新来保持双方的吸引和依恋，从而永葆爱的完美延续、爱的和谐。

二、爱的行为艺术

爱的欲求因感觉而怦然心动，爱的智慧与魅力则决定于爱的能力——爱的理解与表达能力、付出与接纳能力。爱的持续和全面成长将成为爱的行为艺术的完整体现。毋庸置疑，爱的成功与否取决于爱的能力——爱的行为艺术。

（一）理性支配爱的行为

1. 爱的准确表达

有一首流行歌曲这样唱道："爱要怎么说出口，我的心里很难受。"它恰好表达了恋爱的初始规律：所有的爱需从"说出口"——准确表达开始。

然而，"爱要怎么说出口？"却成为许多大学生恋爱开始之初纠结在心里的一种思虑。这种思虑一般包含以下内容：

（1）"爱要怎么说出口？"——担心被拒绝，失去自尊。

当一个大学生为此而思虑时，需做以下认知调整，如图6-1所示。

图6-1说明：

当一个大学生经过理性思考，进而做出以上认知调整后，"爱要怎么说出口？"还会是问题吗？毫无疑问：是否爱他（她），由"我"做主，是否被爱，由他（她）决定。机会拒绝沉默，爱情与单恋无缘。只要"说出口"，一切皆有可能。

（2）"爱要怎么说出口？"——选择什么语言和方式？

当一个大学生渴望恋爱，却为"说出口"的语言及方式而思虑时，不妨思考另一个问题：无论你身处何地，当你对自己所处的方位非常清晰和明了，且并不为交通工具担忧时，你会问自己"我怎么才能回家"吗？由此可见，当你对自己所爱慕的人了解到一定程度时，你就能在直接或间接、直率或含蓄中选择自己最擅长又适合对方的爱的表达了。

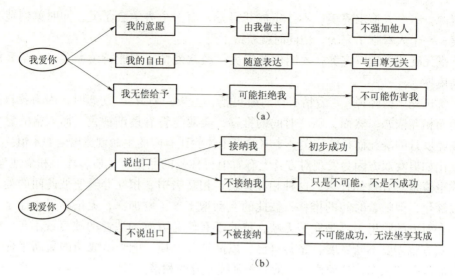

图 6-1 爱的表达认知图示

(3)"爱要怎么说出口?"——如何选择表达的时机与情境?

北宋著名文学家苏东坡说:"至时别作经画,水到渠成,不须预虑。"因为爱是一种感觉,由心而生,因此,当感受到对方的目光"脉脉含情"时,当你也为此"怦然心动"时,"两情相悦"之感便产生,此时便是将爱"说出口"的时机。当然,我们在对方反馈之前无法保证双方感觉完全正确,或许我们所期待的"两情相悦"只是一相情愿,但依然不妨碍我们去表白,因为"说出口"之后,我们或许没有获得,但也并没有失去。

【案例】小海(化名),男,大一男生。和蔼、大方、健谈。某日,满怀焦虑地来到学院心理咨询中心求助:

"老师,我这两天忐忑不安,感觉我喜欢一个女孩,想恋爱了,但不知如何开始,心理焦虑,请老师帮帮我。我和本班一个女孩最近交流感觉不错,自我感觉良好,想跟她做男女朋友,我很想向她表达,但不知如何开口,特别是昨天下午我发现另一个男生在追她,我就更急切、更坐立不安了。"

经了解,小海与该女生近几日交流顺畅、和谐,逐渐产生好感,萌生恋爱意愿,因为怕拒绝而迟迟不敢表达,突然发现还有别的男生追她,于是便手足无措、焦虑难耐、失去方寸了。

【建议】心理老师给出如下指导意见:1. 增加与该女孩的交流,并在交流的内容中尝试加入对女孩的欣赏、褒奖及好感表达,观察对方反馈;2. 若反馈良好,符合预期,则尝试将恋爱意愿进一步透明;3. 若反馈与预期相差甚远,则选择放弃;4. 若反馈依然积极,则初步成功。

【结果与分析】一周以后小海向心理老师反馈："按老师的点拨,经过进一步交流,我感觉她不是我所喜欢的那种类型,原先的感觉已经没有了,我不再为此事烦恼了。"

由此可见,一见钟情不一定可靠,当双方增进了解时,是否值得恋爱心中就能明了。"爱要怎么说出口"的问题也就迎刃而解了。

综上所述,确定合理的心理期待,准确、艺术地表达或传递爱的意愿,争取最好的结果,接受最坏的结局,是恋爱中需建立和保持的正确心态。

2. 爱的有效给予

如果说表达爱是恋爱的序曲,那么给予爱就是恋爱的展开。当爱的表达成功后,如何进一步展开恋爱,发展感情呢?

"人之所欲,施之于人",这是人际经营的"白金法则",它同样也是恋爱中的行为艺术。因此,理解对方的情感期待,有效地付出爱的行为,才能建立爱的互动,使爱情和谐发展。

由爱情的行为特征可知,爱情是给予与接纳互动、奉献与感动结合。例如,一个男生追求一个女生,在某个周末,男生请女生在校外某餐馆共进晚餐,之后该男生则要求女孩下一个周末请他共进午餐,否则就认为不公平,试想一下,这是恋爱还是小孩玩"过家家"?

既然爱需要有效给予,那么一个期待恋爱或正在恋爱的大学生如何才能了解他(她)之所欲呢?

"己所不欲,勿施于人""己之所欲,施之于人",这是人际交往的"黄金规则",它也是逐步实现"人之所欲,施之于人"的有效路径。人际交往中,每个人都希望了解他人心里的想法和意愿,人际交往的有效而成功,其规律就是"交换",友情是付出与回报的互动。爱情则是给予与接纳的互动,因而,"将心比心",愿望交换,先让他人了解我,无疑是有效了解他人的捷径。因此,追求爱情的当代大学生务必学会敞开心扉交流情感,通过"己之所欲,施之于人",逐渐了解他(她)之所欲,进而实现有效给予,推动爱情的发展。

尤其需要理解的是,一个能给予他人幸福的伴侣,他(她)将赋予对方自由与和谐。他(她)不仅愿意了解与包容对方的一切,而且能够为塑造他(她)的个性,成就他(她)的价值而付出一生。

因此,爱的给予能力应是全方位的,相爱的人除了物质的给予之外,更重要的是精神的给予——包容、理解与责任。比如,爱或拯救一个心灵受伤的人,必须有理解伤痛的能力,需要承受羞辱的心胸,并且需要付出受伤的代价。爱的发展有赖于爱的行为的持之以恒。

3. 爱的合理接纳

爱的表达是序曲,给予是展开,而爱的接纳就是互动,没有爱的互动,恋爱就将停滞，爱情就将终止。坠入爱河的人常常意乱情迷，那么恋爱中的大学生应如何提高恋爱情商，学会理性接纳呢？

(1) 把握恋爱动机。

因为不了解所以走近，因为了解所以相爱，这恰是所有恋爱乃至婚姻成功的共性。所以，恋爱的成功不是出自恋爱之初的承诺，而源自对恋爱过程的努力把握和有效驾驭。恋爱过程的把握则体现为对恋爱动机的识别、把握和调整，对情感发展进程的有效驾驭。在此，为渴望追求爱情的大学生正确把握恋爱动机、有效驾驭恋爱过程提出几点思路：

恋爱中的人，都有一个思维惯性——扬长避短，即表现优点、掩饰缺点。然而它常常容易成为恋爱中的陷阱。正确的观念是：不要跟不想了解你的人恋爱。因为只有想了解你的人，才是想爱你的人；也只有了解你的人，才懂得如何爱你。一个"亲近"你的"恋人"，他（她）若不想了解你的过去，就意味着只想索取你的现在，同时也无关你的未来。索取成功，则"亲近"终止。

一个人可以占有无数财富，却只能拥有一份爱情。因此，当一个人美其名曰"我对别人都是逢场作戏，真正爱的人只有你"，此时，他的付出已经手段化了，因为他在同时占有两个或更多人的情感，试想，如此行为与"爱"相关吗？

(2) 学会接纳失恋——放弃。

因为不了解所以走近，因为了解所以分手，这既是对失恋的感叹，也是失恋的规律。

因为相识不代表恋爱，恋爱不排斥分手、婚姻不拒绝离婚，所以，恋爱的成功或者婚姻的长久并非一开始就注定，而是在其过程中"时时更新，生长，创造"，才使爱情历久弥新。当恋爱中"更新，生长，创造"失效且调整失败时，就意味着失恋——情感发展终止。

因为执著恋爱的人，并非吝惜爱的付出，所以失恋的困惑并非来自真情的付出，而是源自被爱的落空。因而承受失恋，其实就是接纳被爱的失落。然而爱的过程可以尽力，爱的结局只能认命。因此，珍惜情感资源，终止无效恋爱，痛定思痛向前看，无疑是智者的选择。

需要进一步理解的是：分手本身并非错误，恰恰是错误的恋爱导致了分手的结局，因此，果断地决定或接纳分手是另一种爱的智慧。

（二）把握爱的安全机制

虽然爱情是给予与接纳的互动，奉献与感动的链接。但给予并非一定会被接纳，奉献也非注定化作感动，因此，就恋爱本身而言，从一开始就存在着风险以及结果的不确定性。因而，恋爱中的另一项重要能力就是学会有效地控制恋爱成本，合理地把握爱的安全。

1. 给予被拒绝，需求当调整

当你对他（她）的付出初次被拒绝时，则需要思考：或者你的给予不符合他（她）的要求，或者你的心愿未被对方理解，或者你不是他（她）心仪的对象。当你经过调整后，对他（她）的付出再三被拒绝时，你不是他（她）心仪的对象（至少现在不是）这个结论就被确定了。不再浪费成本，终止付出就是你唯一正确的抉择。

2. 奉献无感动，迷途当知返

若你的给予虽多次被接纳，但却毫无感动回馈，感情无任何进展，此时，你唯一需要做的就是终止行动，因为你的付出不仅徒劳无功，还可能在满足他人的贪婪。

3. 珍视爱情，重视贞操

虽然当代大学生性观念逐渐开放，对婚前性行为比较宽容，但对女生而言，婚前性的付出依然是缺乏安全感的，这是因为：

对于男人，他索取性时，可能会承诺爱，但并非能付出爱；对于女人，她付出性时，可能在期待爱，但并非能得到爱，往往一相情愿。

许多大学生的恋爱经历与事实表明，女生婚前性的付出之日，既是男生对性的占有之时，也是女生安全感丧失、因爱而焦虑的开始。因为，当一个男生的恋爱是以占有为动机时，目的一经达到，行为随即终止。只有当一个人为爱去奉献时，其行为才能延续，爱才可能长久伴随，且终生无悔。

畸形的恋爱往往是无条件、无原则地消耗和占有恋爱资源（精神与物质）；而常态恋爱的特征则是有效地保护对方，无偿而有限地付出。

4. 失恋时，需要学习爱

失恋时，恰恰是人的情感最脆弱、最需要抚慰的时候，因此，一个情感受伤的人，需要一个能为你疗伤的人，此时尤为值得警惕的是趁虚而入的人。提防此类情形发生的最安全的办法就是，暂时告别恋爱。因为，此时的你最需要的不是立刻再度寻觅爱，而是重新学习爱。

5. 防止性堕落

当代大学生需要理解的是，人类的性具有社会功能，因为性除了与爱结合，还可以和人的许多欲望相结合，比如：

性 + 财富 = 物欲；性 + 政治 = 权欲，性 + 安全感 = 求全；

性 + 本能 = 色欲；性 + 怨恨 = 滥交、报复当一个人的性被功能化时,他(她)就学会了堕落;征服了她(他)的性,并非能俘虏她(他)的心;和他(她)相处,是没有安全的承诺和保障的。

在当代大学生中,因恋爱所导致的各种性堕落现象并非少见,比如,同时与多角恋爱对象发生性关系、甘愿当二奶、不断更换性伙伴等。因此,渴望恋爱或处在恋爱中的大学生需要学会一种能力:女生要珍视自己的性,男生要保护女生的性。

对当代大学生而言,在恋爱过程中尤为需要认识到的是:爱的挫折,往往因为未识真情轻言爱;意乱情迷,常常因为幼年缺乏爱。因此,从把握爱的安全出发,大学生在表达爱、追求爱时,必须充分了解自我,理解自己的个性特征、情感需求。端正自己的恋爱动机,及时识别他人的不良动机,避免走进恋爱误区、遭遇爱的挫折。

三、爱情和谐(成功)发展模式

男女双方恋爱关系的确立以及情感的发展既依赖于个性与需求的落差,同时也与各自的价值观紧密相关,个性、需求与价值观三者的有机结合构成了爱情发展的互动模式。这三者之间是如何相互结合又相互影响的呢?在三因素的相互作用下,恋爱路在何方?以下将通过两个图示予以说明。

(一)恋爱发展、成功三因素(图6-2)

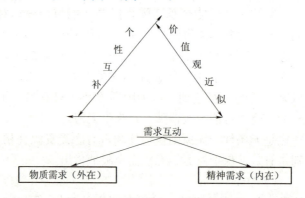

图6-2 恋爱发展、成功的三因素

爱情和谐发展三要素相互制约关系说明:

个性的互补、需求(资源)的互动、价值观近似三者相辅相成,若有一个条件不满足,将导致情感互动失效,感情破裂,发展终止。即个性不合、需求冲突、价值观相悖,任意一种情况发生时,情感发展必然停滞。

1. 个性特征影响价值取向

男女双方若个性差异较大,其对人、对事的看法也同样会截然不同。

2. 个性特征决定需求倾向

毫无疑问，不同个性的人就会有不同的需求，因此两个人若个性差异较大，需求就会相差甚远，自然难以相处。

3. 价值取向导致需求差异

例如两个性格都内向的异性相处，双方都期待对方的主动关心，却都不会或不善于表达，使得双方的交流与沟通常常处于或者沉默无语、或者尴尬别扭的状态，从而丧失了恋爱的应有情趣与情感发展的生机；又比如，两个需求差异较大的异性恋爱时双方都难以甚至无法实现有效给予，于是需求的不满必然导致冲突，常常使双方的相处变成乘兴而来，却败兴而归，如此恋爱必然好景不长。再比如，一个有宗教心态的女生常常不计代价，乐施善为，而她的男友却坚持在人际交往中以利益交换为原则，对无偿给予和乐施善为极力排斥，如此二人必将无法长期相处，最终必然会分道扬镳。

（二）恋爱成功有效路径（图 6-3）

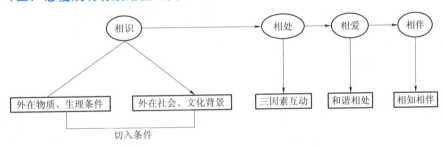

图 6-3 恋爱成功的有效路径

恋爱成功图示说明：

1. 恋爱需求、择偶条件由外在物质需求和内在精神需求共同构成

由于人的生存离不开物质需求，而人的精神需要也常常通过物质的给予来表达，因此，在恋爱中不排斥物质需求，也没有完全单纯的精神需要。

2. 恋爱启动的规律是由表及里，即一般由外在条件切入

由于在恋爱之初男女双方直接感受到的往往是对方的外在形象、经济条件、社会背景等外在因素，内在精神条件则须在相处阶段逐步识别和确认。因此，外在条件优越者比较容易使对方先入为主，确定为可能的恋爱对象。这也是异性相处或恋爱之初，大家都比较注重第一印象、注重光环效应的原因所在。

3. 恋爱的启动源自外在条件的匹配

几乎每个大学生心中都有自己的择偶标准或梦中情人。虽然择偶标准中包含了外在条件与精神属性两部分，但首先能够确立并进行比对的依然是外在条件。因而当外在条件无法满足择偶标准时，恋爱将难以或无法启动。因此，当外在条件处于相对弱势时，通过外显的行为来展示或呈现个人能力与个性魅力将是摆脱焦虑、实现恋爱突围的一条重要途径。

4. 优势互补、优劣并存是情感发展的要求

由于爱本质上是完美与缺陷的互补，局部的完美必然与局部的缺陷并存。因为他的完美，你追求他的爱；因为他的缺陷，他需要你的爱。这一原理给我们的启示就是：恋爱时既要理解你的追求（完美）是什么，同时也要理解他（她）对你的依赖（缺陷）是什么，如果一味地欣赏他（她）的优势和完美，而看不到或不理解他（她）因为什么弱势而依赖你，那么可能的结局就是，既糊里糊涂地恋爱，又不明不白地失恋。可见恋爱成功的奥秘在于：确立自我的核心需求，接纳与把握对方的非本质缺陷，以此为基础，构建和驾驭爱的和谐与幸福。

第五节 大学生常见的恋爱心理困惑

一、情感期待不对等

当代大学生绝大部分是独生子女，在过度保护、过度满足中成长；习惯了他人的呵护与关爱，当他们来到大学，独立面对生活时，便开始寻求新的情感慰藉，希望父母亲情的失落在恋爱对象身上获得代偿。显然，这种"情感寄托型"恋爱，从一开始就被注定了失败的结局。

【案例】小芳（化名），大二女生，独生女。父母均为公务员，家境殷实，父母及祖父母均把小芳视如掌上明珠，百般呵护。

大一入学时小芳与接待新生的大三男生小明（化名）相识，小明对小芳的热情大方与细致入微的照顾令小芳感动，这一年寒假结束前，小芳和小明确立了恋爱关系，并且感情也逐渐升温。大一的第二个学期，小芳和小明如约返校，两个月后，在小明的多次要求下，小芳和小明开始在校外租房同居。大约半年后，小明应征入伍了。当兵一个月后，小明告知小芳，终止恋爱关系，据悉，此时的小明已和所在部队某团长的女儿恋爱了。

痴心的小芳带上小明最近给她的手机短信，找到学院心理老师，希望从老师这里找到小明依然爱她的一线希望。经过老师的分析，小芳幡然醒悟：原来这个曾经对她比父母还体贴周到的小明已经厌倦了小芳的撒娇和依赖，曾经通过小芳父母获得理想职业的愿望已经被军人的前景所取代了。

【案例解析】小芳和小明在恋爱中的期待各不相同：对小芳而言，小明的体贴入微满足了小芳亲情的代偿，而对小明来说，小芳是小明实现未来职业成功的路径,他们的恋爱一开始就貌合神离。当小明找到一条新的职业成功之路时,放弃小芳就成为必然了。

二、恋爱动机倾斜

两个大学生恋爱若不是两情相悦,因爱而恋,此时的恋爱动机在一定程度上就是倾斜的。在生理欲望的驱动、功利需求的诱导、情感的畸形代偿下所发生的恋爱,其动机都是倾斜的。毫无疑问,由倾斜动机主导的恋爱是痛苦和失败的。

【案例】"老师,我很困惑。我有一个问题让我内心非常纠结,我不知道该如何处理我和女朋友的关系:我想和她继续发展,可又觉得有很多条件不现实,不如早点分手免得以后更痛苦。要分手吧,我又下了不决心。虽然我们也有矛盾,但毕竟是我追她的。我们相处也将近一年了,而且她对我也确实非常体贴、照顾。还有一点我不瞒老师,我们已经有了关系,作为男人,我觉得我对她有责任,所以让我和她说分手,很难开口,她已经是我第4位女朋友了。"

"从开学第2周就开始烦恼,现在感觉越来越麻烦,吃饭、睡觉、上课都在想这些事,越想越乱。眼看半个学期都过去了,我真怕自己会成精神病。请老师帮我分析分析吧,您说我该怎么做,有什么办法摆脱烦恼?"

【相关信息】进入大学后,从大一下学期开始到现在交往了4个女孩子,最短的时间是两个月,有一个交往了半年,现在这个女朋友相处了近一年了。

另外,高二那年也交过一个女友,高三时分手了,这件事对他心灵伤害很大。

【案例解析】这位男生的恋爱动机一开始就倾斜了,因为他不是在爱女孩,而是在挫败女孩。

1. 爱的渴望驱使他主动追求女孩,对曾经女友的怨恨又驱使他抛弃、报复现在的女友。

2. 本能自我想抛弃女友,而道德自我又在谴责他,于是内心纠结、烦恼与冲突。

三、恋爱需求冲突

当两情相悦时,爱与被爱互动,行动与心动相融;当爱缺乏感觉与动力时,爱情将无法产生,强求与贪恋,必然冲突。虽然亲情、友情、爱情在一定条件下有可能相互转化,但它们的需求内涵却有本质的差异,因此,若无视它们的差异,强制逾越底线,必然导致冲突。

【案例】艾佳(化名),大二女生,性格温顺,端庄聪慧,学习成绩优良。

"老师,我最近遇到一个男孩,他追求我,对我非常好,平时爱说爱笑,人品也好。我愿意跟他做最好的'哥们',但不想跟他做男女朋友,他不是我喜欢的那种类型。我想跟他说清楚，可我又担心，如果拒绝他，会不会伤害他，最终连好朋友也做不成了。老师你说我该怎么办，我好纠结，男女之间不当恋人，就不能做好朋友吗？"

【案例分析】通过图6-4的解析可知：

1. 拒绝了爱情，意味着需求受挫，情感破裂，又怎能依然贪恋他人的给予？
2. 拒绝了爱情，仍做好朋友，等于纵容他人的情感无效付出，需求继续受挫。
3. 因此，假如"他"想跟艾佳继续做好朋友，那么，艾佳唯一理性的抉择是：拒绝"他"的给予，抑制需求冲突。

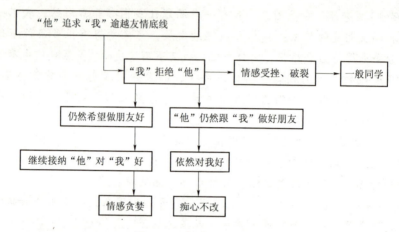

图6-4 恋爱需求冲突

【案例】"老师，我很困惑。我的情感问题让我心烦：一个多星期以来，我失眠，焦躁，上课、做作业都没心思，通宵上网玩游戏。我快扛不住了，请老师帮帮我。"

"我认识了一个女友，她在武汉一家医院当护士。她对我很好，我很小心地和她交往，很怕伤害她，可我所做的事总让她生气，我不知该如何与她相处，请老师给我指导。"

【相关事件】（1）父母从小教育他要善待、帮助他人，不要随意占别人便宜，宁愿别人欠你，你不能欠别人。（2）要别人看得起，就要学会自信与独立。（3）高中时曾与一个女生要好，因拒绝女孩为他请美术老师进行专业辅导，和女孩分手了。（4）他向现女友表达了他的当前经济困难，女友提出寄钱给他，但他毫不犹豫地拒绝了女友的给予，女友因此而生气不理他了。

【案例解析】一个成熟的大学生需要的是：思想的独立与情感的自立，凡事都拒绝帮助恰恰是思维幼稚的表现，恋人需要互爱，情感才能发展。拒绝被爱，是情感需求扭曲的表现。

对这个大学生，该如何帮助他呢？请同学们讨论和思考后提出自己的见解。

本章练习

一、思考题

1. 亲情、友情和爱情的区别是什么？
2. 爱的内涵是什么？包含哪些内容？
3. 当代大学生应如何端正恋爱动机？
4. 爱的能力包含哪些内容？结合个人经历理解为何爱需要学习？
5. 当代大学生应如何培养爱的能力、驾驭爱的艺术？

二、案例讨论

【案例】小琴（化名），20岁。学习成绩优良、性格爽朗、办事干练，社交能力强。

与小琴相处半年的男友最近提出分手，小琴挽留，但男孩分手意决，并表示无继续发展的可能。小琴因此恼怒，对她的老乡说："凭什么他把我甩了？除了他是个男人，还有哪一点比我强？我处处迁就他，事事替他着想，替他管事，这么真心待他，他却狠心跟我分手，他算什么？我咽不下这口气，不修理他我就不信这个邪。"

1. 小琴的心理（认知）逻辑——理应如此，必须如此：

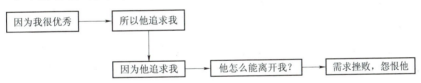

2. 男友的需求选择讨论——原来如此：

(1)

(2) 需求2是什么？ → 理由：因为小琴优秀

本章附录

心 理 测 验

一、爱情与友情区别测验

（一）测验题

1. 当我和他（她）在一起时，我们几乎在同样的心境中。
2. 如果他（她）觉得不开心，我的第一个责任就是使他（她）高兴起来。
3. 我认为我和他（她）通常是合得来的。
4. 我觉得事实上我能向他（她）吐露任何秘密。
5. 我会极力推荐他（她）去担任要职。
6. 我发现很容易忽略他（她）的过错。
7. 在我看来，他（她）是一个不多见的成熟的人。
8. 为了他（她），我几乎可以做任何事情。
9. 我对他（她）极好的判断力非常钦佩。
10. 对他（她），我有占有欲。
11. 经过短暂的交往，大多数人都会对他（她）产生好印象。
12. 如果再也不能跟他（她）在一起，我会觉得非常伤心。
13. 我认为我和他（她）彼此十分相像。
14. 如果我非常孤独，我的第一个想法就是去找到他（她）。
15. 在班级或小组选举时，我会投他（她）的票。
16. 我对他（她）最关心的一点就是他（她）的幸福。
17. 我认为他（她）是那种能迅速赢得尊重的人之一。
18. 实际上我可以宽恕他（她）的一切。
19. 我觉得他（她）是一个极聪明的人。
20. 我觉得对他（她）的健康负有责任。
21. 他是我认识的最喜欢的人之一。
22. 当我跟他（她）在一起时，大部分时间只是盯着他（她）看。
23. 他（她）是我自己也想成为的那种人。
24. 能被他（她）信任，我觉得十分快乐。
25. 在我看来，他（她）似乎很容易引起别人的钦佩。
26. 对我来说，没有他（她）就难以生活下去。

（二）答题说明

1. "是"打"√"，"否"打"×"。
2. 奇数题"√"记 –1 分，偶数题"√"记 +1 分。
3. 将所得分加起来：

得分为"+"者，情感倾向——爱情；

得分为"–"者，情感倾向——友情。

二、爱情关系适合度测验

根据现实情况，回答"是""否"或"也许"。

（一）测验题目

1. 我真的爱这个人吗？
2. 我与他（她）在一起时是否快乐？
3. 我们一起做事（学习，工作，娱乐）时是否有乐趣？
4. 他（她）让我感到可靠吗？
5. 假如我病了，累了或感到忧虑时，他（她）能关心抚慰我吗？
6. 我从心里信任他（她）吗？
7. 他（她）是否有什么性格上的东西让我感到惶惶不安或令我不舒服？
8. 他（她）是否有我不喜欢的某些东西？
9. 他（她）是否向我隐藏了什么？
10. 我是否感到他（她）在爱我，但希望我有些地方要改一改？
11. 我之所以要选这个人是因为我觉得应如此选择？
12. 我觉得双方信仰一致是很重要的？
13. 我们父母双方的文化水平很一致？
14. 我们父母双方结婚结构（平等，父做主，母做主）一样？
15. 我们对赚钱和消费的看法是否一致？
16. 我们的娱乐方式是否一致？
17. 我们对读书、学习的看法是否一致？
18. 我们的工作态度和计划是否相似？
19. 我们在抚养、教育孩子方面看法是否接近？
20. 我们对性的态度是否相似？
21. 如果我与他（她）的信仰和价值观不一样，是否能共同生活？
22. 与其他人相比，我是否更愿意和他（她）在一起？
23. 他（她）是否最喜欢和我在一起？
24. 如果他（她）病了，我能照料他（她）吗？
25. 如果他（她）疲倦了，我能帮助他（她）吗？

26. 如果他（她）情绪不好，我能安慰他（她）吗？
27. 如果他（她）依赖性强，我能接受吗？
28. 如果他（她）行为专横，我能接纳或控制吗？
29. 父母赞同我们的结合吗？
30. 他（她）是个负责任的人吗？
31. 大多数时候我们是否和谐相处？
32. 我们能否一起相互促进？
33. 我们能否妥善处理彼此间的分歧？
34. 他（她）能否遵守协议或信守诺言？
35. 我们能否很好的交流思想和感情？
36. 我们能否都愿意为爱情承担义务？
37. 我是否感到对方接受了我？
38. 我是否接受了对方真实的自我？
39. 我是否很了解对方？
40. 对方是否很了解我？

（二）爱情关系合适度评定量表计分方法

爱情关系合适度评定量表是北京师范大学心理系于 1993 年 5 月编制的一个问卷量表，用于恋爱双方或夫妻双方评定爱情关系的适合程度，从而决定是否继续保持恋爱或夫妻关系。

适应范围：正在恋爱的双方或已婚夫妻。年龄不受限制。

施测方法及时限：

施测方法：可团体施测（多对恋人或夫妻），也可个体施测（一对恋人或夫妻）。

施测时限：一般约在 20 分钟以内，不做具体时间限制。

1. 计分方法

	测验指标	题号	计分标准			分数
			是	也许	否	
1	感觉	1～11	3	2	1	
2	价值观	12～29	2	1	0	
3	理性基础	30～40	3	2	1	
	分数合计					

2. 结果解释

指标		总分	分数解释
1	感觉	26~33 分	感觉良好
		17~25 分	感觉一般
		16 分以下	感觉不良
2	价值观	27 分以上	价值观相近
		18~26 分	价值观存在一定差异
		17 分以下	价值观相距甚远
3	理性基础	26 分以上	理性基础可靠
		18~25 分	理性基础比较犹豫
		17 分以下	理性上拒绝这一结合
4	总评	80~100 分	成功的爱情，应努力赢得它
		65~79 分	有可能成功，需加以调整，调整内容视三个因子得分决定，最低分因子为重点调整内容
		50~64 分	不合适的爱情，前途不佳，不宜勉强结合
		49 分以下	早日结束，快刀斩乱麻；当断不断，必留后患

三、性成熟程度测试

性的成熟不只是年龄问题。有些成年人性方面比较成熟，对异性了如指掌，因而与异性交往时比较得心应手；还有一些人在性方面却长期处于幼稚和朦胧之中，在求偶或其他与异性交往的活动中往往不能称心如意或屡告失败。

请按实际情况回答下列问题，结果将使你认识到自己在性方面成熟的程度，它有助于你扩大眼界，提高社交技巧。

（一）性成熟程度测试——女性回答部分

题号	题　目	答案 A	B	C
1	你认为男人最理想的优点是什么？ A. 宽裕的银行存款。 B. 健壮的体魄。 C. 发挥其最大潜力的雄心。			
2	如果你感觉你有性方面的问题，你将什么办？ A. 写信向你喜欢的妇女杂志求救。 B. 向最好的朋友倾诉。 C. 直接告诉你的伴侣。			
3	你认为给男人印象最深的是什么？ A. 容貌、身材、性感，如高耸的乳房等。 B. 持家有道。 C. 聪明，富幽默感。			
4	最能使男人迷恋你的是什么？ A. 能做美味可口的饭菜。 B. 穿三点式。 C. 懂得如何表现自己的特点。			
5	假如有男人向你献殷勤，你会如何反应？ A. 打发他离开，说自己会照顾好自己。 B. 不知所措地笑笑。 C. 享受作为女人的自豪。			
6	如果你的伴侣与别人的女人勾搭，你会如何反应？ A. 给他难堪。 B. 当面斥责他，然后回家。 C. 放心由他去，毕竟他爱的还是你。			
7	你是否赞赏你伴侣的外貌？ A. 从来不，他已够自赏了。 B. 仅仅作为回报，只有当他赞赏了你时。 C. 常以赞赏的态度对待他打扮自己的方式。			

续表

题号	题目	答案 A	B	C
8	当你的伴侣性冷漠时，你怎么办？			
	A. 告诉他，认为他真没用。			
	B. 夸耀一个男电视明星，使他嫉妒。			
	C. 使用你的技巧，使他在精神上和肉体上感到松弛，直到不能抗拒。			
9	你喜欢年龄大的男人吗？			
	A. 喜欢，尤其是特别有钱的。			
	B. 如果没有年轻的话。			
	C. 重要的不是年龄，而是人本身。			
10	在什么情况下你最有可能对爱人说谎？			
	A. 如果他对你说谎的话。			
	B. 如果肯定他发现不了的话。			
	C. 如果你刚与一个你极向往的男人在一起的话。			
11	如果你皮肤不美，怎么办？			
	A. 你不在乎，既然他爱你，他就得接受上帝造就的你。			
	B. 夏季防护皮肤。			
	C. 小心地保护皮肤的光洁与健美。			
12	你所爱的男人想与你过一段试验性的婚姻生活，你怎么办？			
	A. 明确地拒绝。			
	B. 同意，但感到委屈。			
	C. 做好分手的准备，你也不能肯定与他是否长期合得来。			
13	如果你不慎与你所爱的男人怀孕，你会：			
	A. 要求他立即与你结婚。			
	B. 继续怀孕，并对此感到自豪与幸福。			
	C. 做人工流产，直至恰当时再结婚。			
14	在何种情况下你为丈夫做他最喜欢的菜？			
	A. 你对他有所求时。			
	B. 你要向他坦白某件事时。			
	C. 你想特别使他高兴时。			

续表

题号	题　目	答案 A	B	C
15	你认为爱情与性关系是直接相连的吗？ A. 我宁愿只有单纯的爱情。 B. 只有爱情发展到一定程度时，才有性关系。 C. 如果你爱他，你觉得这两者难以区分。			
16	如果你已过了几年的婚姻生活，对性生活你会采取何种态度？ A. 再也不在性生活上费脑筋。 B. 如果他要的话，由他决定方式。 C. 你将尽量保持生活的愉快与丰富。			
17	如果一个陌生人在公共汽车上调戏侮辱你，你会： A. 叫警察。 B. 假装没注意。 C. 指责他的行为是不道德的，如果他不能自制，告诉他应找有关部门咨询。			
18	如果你爱人很快达到高潮，而你没有满足，你怎么办？ A. 下次不再理睬他。 B. 寻求治疗，学习技巧。 C. 使他很快又冲动起来，使你满足。			
	分　数　合　计			

（二）性成熟程度测试——男性回答部分

题号	题　目	答案 A	B	C
1	你认为女人最理想的优点是什么？ A. 贞操。 B. 性欲强。 C. 大方。			
2	如果你有性方面的问题，你将首先与谁谈论此事？ A. 好朋友。 B. 询问医生。 C. 你的爱人。			

续表

题号	题　目	答案 A	答案 B	答案 C
3	你认为能给女人最深印象的是什么？			
	A. 英勇。			
	B. 性方面的技巧。			
	C. 体贴入微。			
4	最能使女人迷上你的是什么？			
	A. 关上灯后抚摸她。			
	B. 亲吻她，动情地轻声呼唤她的名字。			
	C. 放弃嬉戏，注意她的情感。			
5	你认为当代女人的特点是什么？			
	A. 女人还是喜欢男人在性方面粗俗地对待她。			
	B. 今天的女人在所有方面都要求平等。			
	C. 女人仍喜欢男人把自己作为贵妇人对待。			
6	如果你的伴侣花很多时间与别的男人在一起，你会如何反应？			
	A. 禁止她再与他们接触。			
	B. 尽可能地跟着她。			
	C. 因她普遍受人喜欢，但最爱的是你而感到高兴和受宠。			
7	你常赞赏爱人的外貌吗？			
	A. 极少正眼看她。			
	B. 当你特别喜欢或不喜欢她某一点时。			
	C. 你常找到她的优点并加以赞赏。			
8	当你有性欲而她表示冷漠时，你怎样做？			
	A. 发脾气，指责她的冷漠。			
	B. 走开去看色情书刊。			
	C. 耐心而温柔地爱抚她。			
9	你对年龄较大的女人持何态度？			
	A. 在性方面不与她们发生任何关系。			
	B. 她们在性方面仅次于年轻姑娘。			
	C. 她们由于有丰富的生活经验，因而有许多可取之处。			

续表

题号	题　目	答案 A	B	C
10	如果你瞒着妻子的事被发现，你将怎么做？			
	A. 找出她的一个过错，为你的过错开脱。			
	B. 避免提及此事，以防伤害感情。			
	C. 使她相信你对那件事根本没在意。			
11	你对个人卫生有何特别的注意？			
	A. 你认为女人喜欢自然的、男子的气味。			
	B. 在约会前你都洗脸并喷上香水。			
	C. 在约会或做爱前都洗澡。			
12	你爱的女人认为婚姻是过时的东西，你会怎样？			
	A. 认为她缺乏道德并不能容忍她的这种观点。			
	B. 不结婚但与她共度时光。			
	C. 高兴地与她自由同居。			
13	你对避孕持何态度？			
	A. 男人不会怀孕，这是女人的事。			
	B. 你为保护自己每次都戴避孕套。			
	C. 在谈好双方的共同责任以前，不与她同居。			
14	你何时送花给伴侣？			
	A. 在你觉得有事对不起她并想和好时。			
	B. 在生日或节假日。			
	C. 当你想特别使她高兴时。			
15	你愿带一个成熟的女人看以下哪一种电影？			
	A. 喜剧片。			
	B. 惊险片。			
	C. 爱情片。			
16	如果你的爱人因病或其他原因丧失了正常的性生活的能力，你怎么办？			
	A. 对她表示同情，但尽早离开她。			
	B. 感觉受了骗并为自己感到不幸。			
	C. 寻找相互满足的新的方式。			

续表

题号	题目	答案 A	B	C
17	如果一个未成年的女孩对你提出性要求，你怎么办？ A. 答应她，但完事后迅速离开她。 B. 告诉她父母，并建议多加教育。 C. 友善地告诉她你为什么不答应她。			
18	刚做完爱后你会做什么？ A. 抽支烟。 B. 很快入睡。 C. 继续抚爱你的伴侣。			
分数合计				

说明：男性和女性部分的计分均为

A—0分，B—1分，C—2分，将每题分数相加，所得的总分按以下评价。

1. 30~38分：

你是一个对性了如指掌、非常成熟的人，你在爱情生活方面不需要什么指教，只要你愿意，你周围不会缺乏爱你的异性。

2. 20~29分：

你在爱情生活中及对异性的把握上有相当的能力，但如果你想在这方面继续取得进展，你的情感方式的某些方面还需改进，通过回答本测验中的问题，你能够找到自己的弱点。

3. 10~19分：

你在与异性交往方面不是太年轻就是太天真，大多数人会把你看做爱情方面尚未成熟，不能令人满意的情人。虽然也有少数会喜欢你那幼稚的恋爱方式。

4. 0~9分：

你的态度明显表明你在性方面还处在朦胧的萌芽期，没有一个头脑清醒的人会与你再次约会，更不会考虑与你共度终生。如果你做这个测验时是诚实的，你应该向有关方面寻求指导和帮助。

第七章

大学生的职业心态与生涯规划

在信息高度发达、科技日新月异、竞争日趋激烈的 21 世纪,当代大学生需具备的心理素质应是多方面的,不仅需要塑造个性、学习创新、人际交往和追求爱情,还要面对一个重大挑战,那就是选择自己的职业,创造未来的成功。因此,如何规划自己的职业生涯,进而实现自我价值是当代大学生不容忽视的重要素质。

第一节 大学生职业心态的构建

大学是大学生描绘理想蓝图的时空,是未来事业成功的摇篮。对于 21 世纪的当代大学生来说,如果说他成才的机遇在大学,那么他的成功的舞台就在社会。事业的成功是人生完美的重要体现。一个人事业的成功,或者起步于就业时的艰辛,或者源自于择业后的历练,或者来自于创业中的执著,而所有的成功必然以良好的心理素质与心态为基础。

一、大学生的职业取向

经历了几年的大学教育,大学生们已初步掌握了未来职业所需要的专业理论知识和一定的职业技能。与此同时,随着自我意识的逐步健全、个性特征的逐步稳定,未来职业选择的需求取向也基本形成,它直接影响和决定了大学生未来职业发展、事业成功的方向。

(一)职业选择的需求取向

1. 功利型职业取向

相当一部分大学生择业时以薪酬高低和升职空间为考量。拥有理想的职位和优裕的物质生活,在企业、机关或社会享有满意的地位和名望,大学生持有这些职业取向与追求本身无可非议。然而,在身处就业形势严峻,竞争特别激烈的时代,一味追求高薪与职业地位的择业方式往往会一相情愿,容易错过有利和恰当的择业和就业机遇,择业时的屡战屡败将导致择业焦虑、沮丧和自卑,

个人的职业期待和成功梦想因此而成为泡影。

比如,有些名牌高校的毕业生自视清高,带着一种择业自负去寻找自己的职业梦想,结果处处碰壁。而纵观许多一般院校的毕业生,他们放下身段,谦和低调,不计较眼前得失,放眼未来,敢于为自己的发展迈出坚实的第一步,此时,他们往往夺得先机,险中求胜。在未来的职业历练中见缝插针,不断展示自己的能力,最终会迎来个人职业发展与事业成功的曙光。

由此可见,在择业机遇不佳,暂时难以实现个人职业期待和成功梦想的前提下,不要空耗时间,而是先尝试就业,积累资源,等待或创造时机。这不仅是一种智慧的选择,更是一种高级的职业情商。

2. 专业型职业取向

有些大学生酷爱自己的专业,期待未来在专业领域中能独树一帜,建功立业,实现自我价值。这种对专业、对成功的追求精神无疑是值得钦佩和鼓励的。然而,就业形势严峻的事实表明,渴望专业对口的职业并非能立即如愿。许多成熟的企业,其专业岗位大都由专业历练时间长、工作经验丰富的人担任,初出校门的大学生短期内往往难以获得专业工作的机会,要经历一段较长时间的非专业或基层一线工作的实践才有可能实现从非专业工作到专业工作的过渡,而这种非专业或基层一线的工作经历恰恰被许多期待立即从事专业工作的大学毕业生们所排斥,这部分学子在择业过程中遭遇屡战屡败也是不难想象的。

随着社会生产力的不断发展,现代社会不仅需要高级专业人才,同时更欢迎通用型人才。它要求大学生不仅有专业工作的能力,同时还要具备综合能力,即从事与专业相关的其他工作的能力。因此,对于当代大学生,需要用更开放的胸襟去理解具有现代意义的专业工作,而不是抱持传统、陈旧和狭隘的见解不放。

当一个大学生在择业时,一方面努力寻找符合自身专业能力的工作,同时不画地为牢、非此不可,那么他就能够在激烈的就业竞争中把握机会,并在未来的职业发展中立于不败之地。

"成功的花,人们只惊慕它现时的明艳,然而,当初它是芽儿,却洒遍了牺牲的血雨,浸透了奋斗的泪泉。"重温作家冰心的经典诗句,依然给我们以深刻的启迪,因为它道出了人生成功的真谛:"宝刀锋自磨砺出,梅花香自苦寒来。"钢铁炼成不是一朝一夕,专业建树也非一蹴而就。一个准备从事专业工作或正在从事专业工作的现代青年,若立志在专业领域取得应有的成功,需要树立不屈不挠、"十年磨一剑"的执著精神和坚强意志,并且卧薪尝胆,历尽艰难和甘愿贫寒,才有可能在未来专业领域独树一帜,一鸣惊人。

3. 自尊型职业取向

通过职业劳动服务于他人,并赢得他人的高度尊重或敬佩,也成为许多大学生的职业取向,比如当一名为人们传道、授业与解惑的、令人尊敬的人民教师,或者从事救死扶伤、解除人们身体疾苦的现代医生,或者是解除人们精神忧患的心理咨询师，或者从事律师、社区民政工作等。一个具有奉献精神的大学生，希望在受人尊敬、服务社会大众的职业劳动中取得成功，其职业取向无疑值得鼓励与肯定。

就职业特征而言，一名立志从事教师、医生、律师或心理专家职业的大学生，尤为需要理解的是，从事这类职业所获得的合法高薪恰恰是社会与大众对他们职业能力和职业情操的高度认同。他们非凡的职业技能的获得往往需要超越普通人的惊人意志以及对其所钟爱的事业的执著追求和不畏艰难的牺牲精神。

然而，有少数期待从事此类工作的大学生的职业动机并非如此单纯。他们所关注的其实并非这项职业的受尊重程度和严格的职业要求，而是与该职业相关的职业报酬。比如，他们认为一个外科医生一个手术能获得价值不菲的红包，一个高级心理咨询师是现代社会的高薪阶层等。

不难理解，那些缺乏职业良知，投机取巧，依赖灰色收入或不法收入致富的从业人员是无法与一个受人尊敬的劳动者相提并论的，他们任何时候都无法赢得他人的尊重和认同。值得当代大学生警醒的是，持有这类职业动机的人，长此以往，非但不能获得人们的尊重，其职业的终极生涯或许就是被社会所否定、被大众所唾弃。

4. 挑战型职业取向

一个富有挑战精神的大学生，常常是喜欢冒险、思维活跃、不拘一格、不怕困难、在自我超越中寻求快乐的人。他们信奉的名言是："无限风光在险峰。"具有这种职业倾向的青年人常常获得一种感觉和体验：社会正需要他们，成功在召唤他们。他们的职业经历相对于其他人来说显得更富有传奇，因而他们也常常使成功倍增，让人生精彩。

机会不属于沉默，成功却信任挑战。挑战型职业取向的大学生常常有以下特征：既学习本专业，又选修其他专业，在他们眼里几乎没有排斥和讨厌的学问；他们精力充沛，是学习之余各种课外活动与社会实践的活跃分子，他们乐于参与大学的各种竞争并为自己争得应有的个性表现及能力施展的平台；择业时，他们逆向思维，跳出自己的专业框架，另辟蹊径，出人意料地选择一个全新或陌生的领域去探索、去打拼，他们过人的自信和胆识往往赢得用人单位的首肯与器重，最终在挑战中获得应有的成功。

敢于面对风险固然是成功的契机，但盲目冒险常常是失败的先兆。盲目自信，行为草率，往往成为一部分非理性模仿与追逐挑战者的行为误区。之所以如此，是因为他们接纳了一个错误认知，即：风险＋勇气＝成功；事实是：风险＋勇气＋智谋＋受挫能力＝成功。

冒险与勇气是容易被观察的行为表现，智谋与受挫能力则是一个成功者不易被识别的内功。

由此可见，渴望挑战与成功的当代大学生必须理解：尽管挑战者备受推崇和鼓励，但真正成功的挑战者不仅需要具备应有的胆识和谋略，更需要具备勇于承担风险与接受挫败的心理素质。

常言说"万事俱备，只欠东风"，当你具备了挑战自我所应有的条件时，当你准备好了承受挫折时，就去行动吧，未来的成功正在召唤你。

（二）职业行为的时间取向

"性格决定命运"是心理学的规律。其实性格决定命运是通过行为完成的，于是又得到了另一个命运规律：选择决定命运，即选择决定行为，行为决定命运。可见当一个人学会驾驭需求，学会选择行为时，他也就掌握了自己的命运，将创造自己的成功。毫无疑问，一个憧憬未来，与时俱进的大学生，其健康的心理状态和良好的心理素质将体现为：理性地选择行为，成功地把握命运。行为的驾驭能力则主要体现为把握行为的时间定位和确定行为的空间取向。

一个人的行为从时间定位而论，可分为三种：复制昨天、固守今天和创造明天。行为的时间定位将关联时间的空间取向，最终有关人生的成败。

1. 复制昨天

当一个人的行为只是在重复过去时，其行为动机是倾斜的，他或者在刻舟求剑，弥补昨天的失落；或者在复制昨天，期待一劳永逸。因而，其行为特征则是固化的，并与个人成长相矛盾、与时代发展相背离。

2. 固守今天

当一个人的行为状态表现为固守今天时，其行为动机则表现为：唯利是图，为所欲为，只顾现实利益，忽略长远发展。他们所固守的观念就是：今朝有酒今朝醉，有权不用枉做官。因而，现实化与功利化成为他们典型的行为特征，既干扰了他人的进步，也阻断了个人成长的空间。

3. 创造明天

当一个人为理想而追求，为明天而奋斗时，其行为动机则表现为：卧薪尝胆，执著努力，挑战自我，创造成功。因而，其行为特征则是：将理想与现实结合，今天的努力为明天奠基，与时俱进，追求可持续发展。

【案例1】有三个人在砌墙，走过一个人来，问道："你们在干什么？"

第一个人皱着眉头苦笑着说："没看见正在砌墙。"

第二个人微笑着回答："我们正在盖一座大厦。"

第三个人眉飞色舞地说："我们正忙着美化我们的城市呢！"

10年之后，第二个人成了一位建筑设计师，坐在办公室里进行建筑设计；第三个人则成了城市规划局的局长，他在对整个城市的美丽进行规划；而第一个人依然在建筑工地砌墙。

【案例2】某中学招聘教师，有一个只有5年教龄的年轻教师和一个有15年教龄的老教师同时去应聘。应聘时的考评依据是，每人递交一份个人教案和教学经验报告。老教师按要求递交一份教案和一份厚厚的总结报告；有趣的是年轻教师递交了五份不同的教案和 1 份不长的教学经验总结。

最终招聘的结果是：年轻老师上任了，而那位老教师却落选了。校方给老教师的解释是："你有 15 年的教龄，却只有 3 年的经验，你把 3 年的经验重复了 4 次；而那位年轻人只有 5 年的教龄，但他同时也有 5 年的教学经验，所以他比你强。"

【案例解析】

案例 1 中的三个人 10 年后的命运之所以如此迥异，是因为第一个人的行为是在不断地复制昨天，而且十年如一日；第二个人则是认真地把握每一个现实的今天，因此，当十年后的今天需要一个建筑设计师时，他就当上了建筑设计师；而第三个人的梦想则是让未来的城市更美丽，并为此不懈地追求和努力奋斗，10 年后他终于梦想成真。

案例 2 中的年轻老师既把握今天，又超越昨天，而且在创造明天，所以当他有 15 年教龄时，将积累 15 年的教学经验，他始终是时代的宠儿；而那位有 15 年的老教师则是十五年如一日，一劳永逸地重复过去，最终的结果，不是学校否定了他，而是时代抛弃了他。

由此可见，当代大学生需要不断地与时俱进，需要不断地总结每一个昨天，切实把握每一个今天，进而不断地规划和创造每一个明天，这才是一个国家富强和一个民族复兴的希望。

二、大学生职业价值观——成功理念

充满朝气、憧憬未来的当代大学生无不梦想着创造未来的成功，实现自我价值。然而，在历尽岁月的蹉跎、经历风雨的洗礼之后，我们会发现，一部分人历尽艰辛，超越了自我，创造了卓越与非凡，实现了心中的梦想；而另一部分人则为自己的失败注解：并非吾辈无能，皆因上帝不公、命运不济、现实残酷和社会龌龊。其实人生之所以出现如此的命运反差，是因为观念决定行为，行为决定命运。因此，大学生未来成功与否首先取决于个人的价值观及其成功理念，只有构建科学的成功理念、确立正确的职业价值观才能为未来的成功导航。

（一）成功的价值内涵

从心理学角度出发，成功的价值内涵意味着个性的自由发展、能力的充分发挥以及个人价值与社会需求的统一。一个渴望成功的当代大学生，要避免陷入失败的泥沼与困境，首先必须正确理解成功的价值内涵。

1. 个性自由发展——心想事成（并非他人的标准）

在以人为本、价值多元的现代社会，每个人对成功都有自己的理解与观念。从现代心理学出发，成功首先意味着个性的自由发展，职业劳动成为快乐生活与个人自由意志的一部分。换言之，个性自由的体现就是：心想事成——我的愿望我做主，我的行为我负责。当一个人在其职业劳动中能获得或者达到如此的身心自由与和谐的状态，不是一种成功佳境吗？试想，若一个人终日活在他人的职业观念中，在他人评价的困扰中工作，他能在工作中找到自己的愉快和成功吗？

比如2003年在举国上下抗击"非典"时，有一位年轻的护士为拯救"非典"病人不幸殉职。在她的日记中人们找到了这位年轻的普通护士对成功的注解："我喜欢护士这个职业，当一个个患者在我的精心护理下，增强抵抗疾病的信心，当一个年轻女孩和蔼的言谈和真诚的微笑能够驱散患者心中的阴霾，重新点燃他们生活的信念时，我体验到了我的职业的价值。我对生活没有更多的奢求，我愿意当好我的护士。"

当我们读到这段肺腑心声时，不难理解一个平凡的女护士对社会的价值。我们还有什么理由怀疑和否定她的成功呢？因此，当代大学生只要学会尊重个人意愿，不人云亦云，敢于力排众议，选择和从事自己喜欢的职业，就能在他的职业劳动中找到属于自己的和谐、快乐与成功。

2. 能力充分发挥——力所能及

古人云"天生我材必有用"。当代大学生每个人都有自己的独特个性，也有自己的职业能力，当一个人在其职业劳动中能够人尽其才，创造力得以发挥，那么他就在实现自己的价值，创造属于自己的成功。

然而现实社会中，有些人受功利动机的驱使，不是在尽职尽责、力所能及的劳动中实现自己的价值，而是试图投机取巧，工于心计，期待在贪婪与不当得利中找到一中畸形的满足和快感。当一个人因此而从未体验过什么是专业成就时，不恰恰是一种失败的写照吗？

还有一些人或者受个人虚荣心的主导，无视自己的专业能力，在职业劳动中盲目攀比，整日活在他人的比较与评价中；或者缺乏自我意识及专业自信，在非力所能及的工作中懈怠和压抑自己，陷入厌倦、痛苦与焦虑中难以自拔。

由此可见，在职业劳动中能够人尽其才，做力所能及的事，体验"英雄有用武之地"，创造属于自己的职业成就，这些才是人生快乐与成功之所在。

当代大学生只有保持自己的睿智和良好心态，在未来的职业生涯中充分发挥自己的能力，才能描绘自己的精彩人生。

3. 符合社会期待——社会认同

一个人个性的自由发展和能力的充分发挥必须通过职业劳动的平台得以实现。因此，一个人个性的发展、能力的发挥必须与社会需求相吻合，其行为表现才会被社会接纳和认同，他才会在其职业平台上创造自我价值，同时创造出更大的社会价值，这无疑也是人生价值成功的体现。

因为一个人的成功体现为其行为满足社会需求、符合社会期待，所以，一个人的热情大度、风趣健谈可以在合法的职业劳动中（演讲、授课、与客户交流、宣传企业文化等）尽情释放，但如果反其道而行之，在策划犯罪、鼓动违法、欺诈他人、危害社会中尽情表现，其行为就背离了大众需求和社会期待，必将受到整个社会的否定和法律的惩罚。

可见，将个人职业发展与社会需求结合，对未来职业的发展做出可行性目标定位，使个人价值与社会需求趋于一致，是一个人成功之路的必然选择。

（二）成功的行为特质

一个人的成功既需要正确观念的引导，同时也需要通过行为来实现。成功的行为特质体现为超越自我、挑战命运和征服失败。如何理解成功的行为特质对追求成功的当代大学生，无疑具有十分重要的意义。

1. 挑战机遇，超越自我

人的一生，就其过程而言，机遇常常是成功的分水岭。换言之，一个人的成功往往源自抓住机遇，在机遇中成就自我；反之，一个人的失败也因为与机遇擦肩而过，因机遇的丧失而远离了成功。由此可见，成功的行为特质首先体现为把握机遇。那么，如何才能把握机遇呢？

（1）勇于挑战。把握机遇首先需具备挑战机遇的勇气。由于机遇和挑战同在，且机遇不钟情沉默，所以，一个人尽管他具备完成某项任务并承担其责任的能力，当他恐惧挑战时，机遇就将在瞬间流失。因为机遇旋转在竞争的漩涡中，所以当一个人逃避竞争时，他虽规避了风险，但同时也丧失了机遇。

（2）敢于超越。机遇既不钟情于沉默，也不和安逸结缘。因此，抓住机遇并非一定能守住机遇。只有驾驭机遇、勇于创造、勇于超越者，才能最终将机遇转化为成功。如果在机遇来临时，勇于竞争、夺得先机，但抓住机遇后，却希望一劳永逸、缺乏驾驭机遇、超越自我的能力，那么机遇仍旧能轻易地从竞争的漩涡中流失，最终将成功的可能变成失败的结局。

2. 证服困难，战胜失败

从心理学角度理解，成功当以失败为参照。成功是征服失败之后的获得和体验，因此，未经失败过程的获得只能叫做得到，不能称为成功，经历失败是前一段行为过程，而战胜失败则是后一段行为过程，两段行为过程结束之后，目标达成，成功诞生。

因此，成功源自征服。战胜了自卑，就拥有了自信；点燃了光明，就征服了黑暗；历尽了苦寒、梅花才盛开。

爱迪生是被称为"发明大王"的伟大发明家。他的人生中有许多成功的喜悦，但面对更多的是失败。然而，在经历过一万多次失败之后，爱迪生终于征服了挫折，发明了白炽灯。

可见，当一个人在失败之后又重新站起来时，他就将学会成长，迈向成熟。

因为承受了失败，所以学会了坚强；因为体验了失败，所以汲取了教训；因为总结了失败，所以学会了思考；因为经历了失败，所以懂得了执著，赢得了成功。

所谓授人以渔，其心理学意义就在于：不仅要授人以捕鱼的方法，更需授人以捕鱼时的挫败体验以及征服困难直至成功的执著精神。

因此，当代大学生需要理解征服困难、战胜失败对成功的意义所在。

3. 追求需执著，成功无止境

有人问爱迪生："你知道你失败了多少次吗？"爱迪生回答说："失败？不，不，我只是发现了那么多种方法行不通。""成功的必然之路就是不断地重来一次。""天才就是那1%的灵感加上99%的汗水。"爱迪生的名言给成功的注解是：勇于面对挫折、合理挑战能力；有效积累经验和总结规律、锲而不舍、执著前行，是走向成功的必由之路。

尤其需要深刻理解的是：社会需要发展，成功需要复制。例如：当第一台黑白电视机诞生时，其成功毋庸置疑。然而，成功却不会就此止步：之后的彩色电视机、遥控电视机又令人赏心悦目，而今天的液晶平板电视又为人们带来新的视觉体验。

由此可见，追求需要执著，成功需要超越，而且永无止境。任何一劳永逸、坐享其成都将被社会所抛弃，被成功所嘲笑。

(三) 观念误区

对于当代大学生，正确的成功理念将引导我们追求成功，而错误的价值观也将使我们走进误区，导致失败。因此，只有矫正错误认知，建立健康心态，才能有效地战胜失败、迈向成功。

1. 心有多大，舞台就有多大（图7-1）

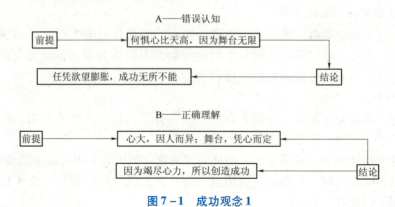

图7-1　成功观念1

由以上观念辨析可知：

（1）一个人的成长环境与成长经历塑造了其性格、观念、能力和欲求，因而决定了命运格局，同时也制约了个人价值的实现空间。因此，心有多大，因人而异，人生舞台也并非无限。

（2）当人的贪婪本能恶性膨胀时，就会画地为牢，步入观念误区——因为"心有多大，舞台就有多大"，因而导致只要欲望膨胀，成功无所不能；进而盲目自信、任意攀比、为所欲为。当欲望挫败时，又陷入自甘颓废、怨天尤人的泥沼，在失败的复制中抱憾终生。

（3）所谓有效把握命运，其意义在于：根据个人的能力特征、人格类型、专业特点做出未来职业的可行性定位，确立个人职业发展的方向；同时结合社会需求界定个人价值的实现空间，使个人能力得以充分发挥，最终创造属于自己的人生价值和成功。

2. 精诚所至，金石为开（图7-2）

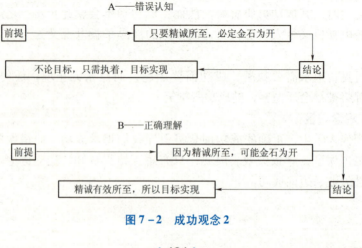

图7-2　成功观念2

由以上观念辨析可知：

（1）迷信"精诚所至"，无视客观条件，观念的偏执将使行为违背理性，必然导致失败。

（2）尊重规律，学会为可能去行动，将无效目标放弃，有效追求成功，不为困难气馁，努力进取，定能成功。

三、大学生择业心理调适

毕业前夕，大多数学生都会因择业而表现出一种"黎明前的黑暗"的最后冲刺，"找一份满意的工作"成了内心的一种渴望与祈祷，此时，所有的快乐、理想与期望都不得不直面现实。紧接着，许多大学生在择业时遭遇碰壁与挫败，在择业后陷入失望与颓废。因此，如何有效地调整心态，应对就业竞争和承受择业压力，也是当代大学生应具备的一项重要心理素质。

（一）择业前：消除焦虑

毕业时，面对父母的关心、面对学校为了完成高就业率的签约，"工作"简直成了毕业大学生们既痛苦而又不得不接受的魔咒。为了工作，大学生普遍充满了焦虑与恐惧。

1. 工作能否找到？情侣能否留守？

"工作能否找到？"对一般大学生而言，并非一个真实的假设，因为当一个大学生确定"必须就业"时，如何找工作和找什么样的工作都将迎刃而解。而当一个大学生将"工作能否找到"与"情侣能否留守"相提并论时，其焦虑假设才得以成立：预期的工作找不到，情侣将难以留守。

由此可见，找到预期的工作和留住情侣既是因果联系，又是鱼和熊掌的关系。值得思考的是，第一，预期的工作并不代表现实的职业，暂时的失落也不代表将来的失败；第二，功利与爱情孰轻孰重？若宁求现实功利而舍弃未来爱情，如此情侣是否值得留守？

2. 工作是否适合？薪金是否满意？

当"工作是否适合"与"薪金是否满意"之间发生相关时，对于以功利需求为取向的大学生而言，往往是因为"薪金不满意"所以"工作不适合"。

站在企业或用人单位的角度去看，"工作是否胜任"以是否产生预期的工作效益为依据，从个人角度出发，"工作是否适合"则以是否符合个人职业期待、是否有利于个人发展为考量，二者的统一常常需要通过从业者与用人单位的磨合与互动逐步实现。

常言说"预先取之，必先予之"。因此，初出校门的毕业生在择业时，要将预期的功利需求与社会需求相结合，适度调整择业期待。先满足用人单位的需求，再谋求个人意愿的实现。

3. 工作找得差将如何面对父母？工作后又将怎样适应？

对于将要毕业的大学生，在走出校园、踏入职场之前，可能心生焦虑，忐忑不安，特别是那些独立能力相对较弱的大学生，"工作找得差将如何面对父母？""工作后又将怎样适应？"将成为他们就业前的焦虑。因为他们感到没有足够的能力和自信去面对一个世俗、复杂而喧嚣的社会。

何为自信？自信等于相信自己，相信源自成功的事实，而成功则来自实践体验。

由于择业焦虑产生于择业前的预期和想象，而焦虑的消除却无法依赖想象，它需要的是行为，是实践。因此，因"工作找得差将如何面对父母""工作后又将怎样适应"而焦虑的大学生需要理解的是：第一，父母是无偿接纳、保护、理解你的人，不是焦虑来源；第二，你真正需要适应的是社会，需要面对的是自己；第三，因为天不会塌，大胆豁出去；工作不好，了不得再找；顺其自然、面对社会，在实践中练就自己，才是消除焦虑、建立自信的必由之路。

4. 我的毕业文凭是否受欢迎？专业技术与能力是否过关？

面对许多用人单位偏爱名校学历，看重学历层次的现实，"我的普通大学或高职大专文凭是否受到欢迎？自己的专业技术和能力是否过关？"成为该类大学生的普遍焦虑。

面对择业的大学生，用人单位可能产生一种心理预期和想象：名校生可能素质好，学历高，也许能力更强。毫无疑问，这种现象会使普通大学或高职院校的学生择业时处于相对弱势。然而，名校不代表强者；学历也不代表能力；起步好，不代表结局好；对素质与能力质疑，不代表对素质与能力的否定。因此，对于普通大学尤其是高职院校的大学生而言，需要的是：抛弃自卑的阴影，择机而行，相信自己，"用事实说话"，用能力证明，用行动改变一切。

5. 如何避免女性就业的艰难和歧视？

"如何避免女性就业的艰难和歧视？"这是许多女大学生在择业前常常因性别而自卑所产生的预期焦虑。在价值多元、以人为本、共建和谐的时代，妇女的人格、平等和权益已获得合法的保障。需要理解的是，在不同的职业劳动中男女各具优势，分工不同，职业的性别差异不代表性别歧视。比如，秘书这个职务在从业人员中男女都有，但女性占绝大多数，试想，这是性别歧视还是性别优势？如果是性别歧视，那男性是否该为此抗争呢？有趣的是，与男性相比，女性在许多职场均有性别优势，让许多男士自叹不如，且一笑而过。

不可否认，出于某些原因，客观上存在一些用人单位在用人时的性别歧视现象，但不代表职场用人之道，更不代表职场主流。若一个女大学生择业时遭遇性别歧视（非性别差异）时，不妨做三个认知或行为选择：

（1）我必须矫正他的性别歧视，维护女子的权益。

（2）这个社会女人就是悲惨，到哪里都被歧视，与其努力找工作，不如嫁个好男人。

（3）这家单位缺乏眼光，与其跟他生气、较劲，不如另辟蹊径，去别的单位，因为"此处不留爷，自有留爷处"。

智慧的女大学生，该如何做出选择呢？相信此时的你已了然于心。

（二）择业中：摆脱无奈

大学生择业中，经常出现一种现象：名牌大学与热门专业毕业生毕业前都"订购"一空。数以万计的普通本科、普通专科以及高职专科毕业生因此而感受着社会的残酷和自己的无奈。

1. 苛求工作经验

在择业中，许多大学生感叹：明明是应届大学生招聘会，招聘单位却偏偏苛求工作经验，无工作经验则拒之门外。不可否认，苛求工作经验的现象的确客观存在。若深入探析，则不难找到理解空间：

（1）从政府扩大就业、降低失业的工作角度出发，应届大学生招聘会客观上并不排斥往届有一定工作经验的大学毕业生跳槽，重新寻找自己满意的工作。

（2）在品学兼优的应届大学生中，并不缺乏在大学期间勤工俭学、积极实践，已积累了一定工作经验的人，用人单位期待引进这样的人才。

（3）大学生在抱怨招聘单位的苛求时，其内心的渴求恰恰可能是招聘单位足以让人垂涎的薪金，而此时的他，或者已经忽略了更适合他的工作，或者忽略和掩盖了在大学期间因恋爱、懒惰等原因而失去了自身素质的提高、能力与经验的积累的机会这一重要事实。

当我们理解了以上几点后，还需要陷入对招聘单位苛求工作经验的抱怨而无法自拔吗？

2. 非男生不要

招聘单位非男生不要，女生们只能无奈地叹息："便纵有千种风情，更与何人说？"的确，这是不少女大学生的真实遭遇和体验。此时最容易、最可能产生的认知误区是：

（1）把招聘单位的用人习惯或思维定式解释为性别歧视，从而心生抱怨。

（2）因为薪金诱人而忽略女性自身优势，强求与男性一较高低，焦虑因此被加工和放大。

（3）因情侣难留之忧虑而苛求与男友共事。

当女大学生尊重招聘单位的用人习惯后，内心的抱怨将不复存在；当我们择业不以功利为先导，则无须与男性强与争锋；当女性拥有属于自己的魅力与风采时，渴望通过择业来依附男性，维系爱情将被视为对自卑女性的嘲讽。

3. "90 后"大学生被"妖魔化"

"90后"大学生似乎已被"妖魔化"地描述为"懒惰的一代""垮掉的一代""骄横的一代""自大的一代""依赖的一代"，甚至是"自私的一代""没责任、没理想的一代"。于是,在求职时更加被用人单位挑剔、质疑、蔑视,甚至侮辱。

一次次的择业"无奈"后,他们陷入了自卑与无奈:或者怀疑自己真的无能,"独生子女"的脆弱让他们更加封闭;或者回家哭泣,央求父母动用各种社会关系帮助择业。

由于"90后"大学生独特的成长环境,不可否认,有一部分"90后"的大学生在一定程度上的确与所谓的"妖魔化"描述相吻合。作为一个"90后"大学生,需要思索的是:

(1) 究竟是一代"90后"垮掉了,还是一个"90后"的你失败了?

(2) 面对用人单位的挑剔、质疑、蔑视甚至侮辱时,"90后"的你被击垮了,而"90后"的他却挺住了,说明了什么?

(3) 你的无能是缺乏职业技能还是缺乏受挫能力?你是为追求理想而活,还是为面子而活?

在机遇与挑战并存的21世纪,在科学发展、民族复兴的当代中国,"90后"无疑是新生的一代,希望的一代。"90后"大学生择业时的挫败经历是挫折教育的必修课。

有人说你不会打扮,你就不穿衣服不出门吗?有人说你不懂美食,你就选择"画饼充饥"吗?显然,挫折教育的意义在于:承受之后汲取经验,纠错之后再创成功。因为"天生我才必有用","天行健,君子以自强不息"。

(三) 择业后:防止颓废

1. 不满临时"饭碗"

大学生择业的最后结果是:大多数人都能找到一个临时"饭碗",而"金饭碗"和"铁饭碗"只属于极少数人。于是,一段时间之后,开始不满:"这工作竞争太强,压力太大,太不稳定。"接着开始抱怨:"社会太不公平,凭什么他们捧着'铁饭碗',我们却要每天面对竞争?"最终茫然:"如此命运何时结束?出人头地,路在何方?"

当一个人在竞争中力克艰难、超越自我、创造精彩时,他是否愿意放弃成功,而选择安逸但却平庸、没有风险且无所作为呢?

当一个人因为期待一劳永逸而渴求"金饭碗"时,他有能力在所谓"金饭碗"的职场中立于不败之地吗?

当一个不满临时"饭碗"、妒忌"铁饭碗"的大学生如此思考时,是否领悟了自己的问题:是竞争无情还是你自卑懦弱?是社会不公还是你懒惰颓废?"出人头地"源自上帝的赐予还是个人的拼搏与奋斗?

2. 择业失败,依然"啃老"

有些大学生因为择业暂时没有成功,于是厚着面皮回家,成为"啃老"一族。因为"啃老",所以自卑,于是闭门不出,与现世隔绝;或者躲进网络,逃避现实。因为"啃老",所以饮食无忧,自甘堕落。经年累月之后,精神面临崩溃。

作为"啃老"一族,你愿意接受如此命运的归宿吗?若想改变,先自食其力,再勇于突围,有道是"苦海无边,回头是岸",当你勇于面对现实时,成功之路就在眼前。

3. 择业失败,怨世颓废

因种种原因,一些未就业的大学生内心开始滋生对社会的不满和怨恨,把失败归因于生不逢时、社会不公与就业歧视。于是,放弃择业,开始颓废,游戏人生甚至玩世不恭。

社会不会因抱怨而改变格局,一个人因为颓废将葬送一生。失败不是气馁的理由,抱怨不是改变的出路,若要焕发生机,改变命运,唯一的良策是:承受失败,面对现实,痛定思痛,执著前行,成功就在远方,理想依旧美好。

第二节 大学生职业生涯规划

一、人格类型与职业适配——霍兰德的职业倾向理论

有位名人曾夸张地说过:"如果人能从事自己感兴趣的工作,那么,人生就是天堂。"兴趣给人的活动过程带来的乐趣由此可见一斑。了解自己的兴趣,并根据自己的兴趣特点与不同职业的匹配性去规划自己的职业,对未来职业的发展及个人事业的成功无疑是重要的。因此,当代大学生要科学、有效地规划自己的职业生涯,了解现代心理学界流行的职业倾向理论是非常必要的。

1. 霍兰德职业倾向理论简介

由于我们无法在数以千计的职业中找寻自己所感兴趣的职业,因而要求人们需将庞杂的职业归为数量有限、适合操作的职业群(这种归类与国家公布的职业分类不同),然后再去寻找自己感兴趣的职业群。

对于职业归类的研究,由来已久,所划分的类别当然也是众说纷纭的。但最有代表性、影响比较大且有配套的兴趣量表的,当属美国心理学家、职业指导专家霍兰德(John L. Holland)的职业倾向理论。

霍兰德的职业倾向理论的核心假设是:人可以分为六大类,即现实型、研究型、社会型、传统型、企业型、艺术型,职业环境也可以同样名称分成相应的六大类,人格与职业环境的匹配是形成职业满意度、成就感的基础。

根据霍兰德的研究成果和后人的分析论证,这六种类型的人具有不同的典型特征。每种类型的人对相应职业类型感兴趣,人格特征应和相应的职业需求进行合理搭配。

基于上述理论观点,霍兰德进行了一系列的假设研究,不同类型的人需要不同类型的工作环境,人与职业配合得当,适配性就高,反之亦然。根据他的假设,由适配性的高低可以预测个人的职业满意程度、职业稳定性及职业成就。

2. 霍兰德职业倾向测验检验

根据霍兰德的职业倾向理论，人们在择业时主要受三个因素的影响：兴趣——你想做什么，能力——你能做什么，个人经历和人格——你适合做什么。

以此为依据，职业倾向测验检验内容包括三部分：兴趣倾向、个人经历和人格倾向。通过对参与者的兴趣、能力和人格特点进行测评进行综合分析，可以帮助他们发现和确定自己的职业兴趣和能力特长，使其对与自身性格匹配的职业类别、岗位特质有更为明晰的认识，从而在就业、升学、进修或职业转向时，做出最佳的选择。

二、职业锚与大学生职业规划

（一）职业锚的概念

职业锚是指当一个人不得不做出选择的时候，他无论如何都不会放弃的职业中的那种至关重要的东西或价值观。正如"职业锚"这一名词中"锚"的含义一样，职业锚实际上就是人们选择和发展自己职业时的一种模式，或者说是选择和发展的中心，它近似于职业的价值取向。

职业锚的概念是由美国埃德加·施恩教授提出的，他认为职业规划实际上是一个持续不断的探索过程。在这一过程中，每个人都在根据自己的天资、能力、动机、需要、态度和价值观等慢慢地形成较为明晰的、与职业有关的自我概念，即逐渐地形成一个占主要地位的职业锚。

（二）职业锚的种类

有些人也许一直都不知道自己的职业锚是什么，直到他们必须做出某种重大选择的时候，他们过去的所有工作经历、资质、兴趣倾向等才会集合成一个富有意义的模式（或职业锚），这个模式（或职业锚）会告诉他，对他个人来说，到底什么东西是最重要的。施恩根据自己多年的研究，提出了以下五种职业锚。

1. 技术或功能型职业锚

具有较强的技术或功能型职业锚的人往往不愿意选择那些带有一般管理性质的职业。相反，他们总是倾向于选择那些能够保证自己在既定的技术或功能领域中不断发展的职业。

2. 管理型职业锚

有些人则表现出成为管理人员的强烈动机，承担较高责任的管理职位是他们的最终目标。当追问他们为什么相信自己具备获得这些职位所必需的技能的时候，他们会认为自己具备以下三个方面的能力：

（1）分析能力（能够在信息不完全以及不确定的情况下发现问题、分析问题和解决问题）；

（2）人际沟通能力（能够在各种层次上影响、监督、领导以及支配他人）；

（3）情感能力（在情感和人际危机面前只会受到激励而不会受其困扰和削弱，在较高的责任压力下不会变得无所作为）。

3. 创造型职业锚

有些大学生有这样一种需要：建立或创设某种完全属于自己的东西，比如，一件署了他们名字的产品或工艺、一家属于自己的公司或一批反映他们成就的个人财富等。

4. 自主与独立型职业锚

有些毕业生在选择职业时似乎被一种自主决定命运的需要驱使着，他们希望摆脱那种因在大企业中工作而依赖别人的境况。因为，当一个人在某家大企业中工作的时候，他的提升、工作调动、薪金等诸多方面都难免要受别人的制约。这些毕业生中有许多人还有着强烈的技术或功能导向。然而，他们并非愿意在某一个企业中追求这种职业导向，而是决定成为一位咨询专家，或者是自己独立工作，或者是作为一个相对较小的企业的合伙人来工作。

5. 安全型职业锚

还有一部分毕业生极为重视长期的职业稳定和工作的保障，他们比较愿意去从事这样一类职业：工作有保障，收入体面，有良好的、优越的退休待遇来保障未来生活。对于那些重视地理安全性的人而言，在更为优越的职业和更为稳定的职业之间，在一个熟悉的环境中维持一种稳定的、有保障的职业对他们来说将更为重要。对于另外一些追求安全型职业锚的人来说，他们可能优先选择到政府机关工作，因为政府公务员看来还是一种终身性的职业。这些人显然更愿意让政府或上级领导来决定他们去从事何种职业。

（三）职业锚理论对大学毕业生职业生涯规划的启示

1. 职业生涯规划要进行自我定位

自我分析、自我定位是职业生涯规划的首要环节，它决定着个人职业生涯的方向，也决定着职业生涯规划的成败。求职之前先要进行职业生涯规划，进行职业生涯规划之前先要进行准确的自我定位。先要弄清自己想要干什么、能干什么，自己的兴趣、才能、学识适合干什么。可通过自我分析与量表工具的测量，评估自己的职业倾向、能力倾向和职业价值观，这是职业生涯规划的基础。

2. 职业生涯规划是一个动态变化过程

当今社会处于激烈的变化中，大学毕业生的就业观念也要相应地改变，打破传统的"一业定终身"的理念，就业、再就业是大趋势，职业生涯规划也需根据各种变化来调整。所以环境的变化导致自我观念的变化，反映到职业生涯规划上来，就是不能一次把终生的职业生涯的每一个具体细节都确定下来。

3. 大学毕业生职业生涯规划的重点内容是职业准备、职业选择与职业适应

从职业生涯发展过程来看,职业生涯的阶段主要可分为:

(1)职业准备期。职业准备期是形成了较为明确的职业意向后,从事职业的心理、知识、技能的准备以及等待就业机会。每个择业者都有选择一份理想职业的愿望与要求,准备充分的就能够很快地找到自己理想的职业,顺利地进入职业角色。

(2)职业选择期。这是实际选择职业的时期,也是由潜在的劳动者变为现实劳动者的关键时期。职业选择不仅是个人挑选职业的过程,也是社会挑选劳动者的过程,只有个人与社会成功结合、相互认可,职业选择才会成功。

(3)职业适应期。择业者刚刚踏上工作岗位,存在着一个适应过程,要完成从一个择业者到一个职业工作者的角色转换。要尽快适应新的角色、新的工作环境、工作方式、人际关系等。

(4)职业稳定期。这一时期,个人的职业活动能力处于最旺盛时期,是创造业绩、成就事业的黄金时期。当然职业稳定是相对的,在科学技术发展迅速、人才流动加快的今天,就业单位与职业岗位发生变化是很正常的。

(5)职业结束期。由于年龄或身体状况等原因,逐渐减弱职业活动能力与职业兴趣,从而结束职业生涯。

显然,大学毕业生职业生涯规划的侧重点在职业准备、职业选择、职业适应三个阶段。大学生要对职业从物质、心理、知识、技能等各方面进行充分的准备,还要根据各方面的分析与自己的职业锚合理、客观地对职业做出选择。对即将进行的职业活动要有一定的合理的心理预期,包括工作的性质、劳动强度、工作时间、工作方式、同事以及上下级关系都要快速适应,迅速成为一个成功的职业者。

三、职业生涯规划的设计

随着大学生职业价值观的确立以及职业需求取向的形成,认真做好职业生涯规划,将是当代大学生的一项十分重要的任务,并且职业生涯规划也是大学生综合素质的重要组成部分,职业生涯规划的有无及好坏将直接影响大学生的求职就业甚至未来职业生涯的成败。因此,职业生涯规划对大学生未来事业的成功及个人理想的实现具有十分重要的意义。职业生涯规划是大学生整个生涯规划的基础,大学生应首先学会进行职业生涯的规划。

(一)职业生涯规划的定义

职业生涯规划,又叫职业生涯设计,是指个人与组织相结合,在对一个人职业生涯的主客观条件进行测定、分析、总结的基础上,对自己的兴趣、爱好、能力、特点进行综合分析与权衡,结合时代特点,根据自己的职业倾向,确定其最佳的职业奋斗目标,并为实现这一目标做出行之有效的安排。大学生职业生涯规划是指学生在大学期间进行系统的职业生涯规划的过程。

职业生涯规划有广义和狭义之分。

1. 广义的职业生涯规划

从广义而言，生涯规划也称作职业生涯规划，它包括大学期间的学习规划、职业规划、爱情规划和生活规划等。

2. 狭义的职业生涯规划

从狭义角度出发，职业生涯规划主要是指职业的准备期。此阶段的主要目的在于为未来的就业和事业发展作好准备。它是生涯规划的重要组成部分，对于职业乐观主义者来说，职业生涯规划是未来事业成功最基本的保障。从本节开始，主要讨论的是狭义的职业生涯规划。

（二）职业生涯规划的意义

生涯设计的目的绝不仅是帮助个人按照自己的资历条件找到一份合适的工作，达到与实现个人目标，更重要的是帮助个人真正地了解自己，为自己定下事业大计，筹划未来，拟定一生的发展方向，根据主、客观条件设计出合理且可行的职业生涯发展方向。

职业生涯活动将伴随我们的大半生，拥有成功的职业生涯规划才能实现完美人生。因此，职业生涯规划对当代大学生的价值是毋庸置疑的。

1. 职业生涯规划可以发掘自我潜能，增强个人实力

一份行之有效的职业生涯规划将会：

（1）引导你正确认识自身的个性特质、现有与潜在的资源优势，帮助你重新对自己的价值进行定位并使其持续增值。

（2）引导你对自己的综合优势与劣势进行对比分析。

（3）使你明确职业发展目标，树立正确的职业理想。

（4）引导你评估个人目标与现实之间的差距。

（5）引导你前瞻与实际相结合进行职业定位，搜索或发现新的或有潜力的职业机会。

（6）使你学会如何运用科学的方法采取可行的步骤与措施，不断增强你的职业竞争力，实现自己的职业目标与理想。

2. 职业生涯规划可以增强发展的目的性与计划性，提升成功的机会

生涯发展要有计划、有目的，不可盲目地"撞大运"，很多大学生的职业生涯受挫就是由于生涯规划没有做好。好的计划是成功的开始，古语中的凡事"预则立，不预则废"就是这个道理。

3. 职业生涯规划可以提升应对竞争的能力

当今社会，快速变革，竞争加剧，物竞天择，适者生存。对于当代大学生而言，要想在激烈的职业竞争中脱颖而出并立于不败之地，必须设计好自己的职业生涯。然而，不少应届大学毕业生却不是首先做好自己的职业生涯规划，而是拿着简历与求职书到处乱跑，以撞运气的方式找工作。其结果是：浪费了大量的时间、精力与资金,最终感叹他人"有眼无珠",不能"慧眼识英雄",叹息自己"英雄无用武之地"。这部分毕业生没有充分地认识到职业生涯规划的意义和重要性,认为找工作靠的是学识、经验、耐心、关系、口才等,职业生涯规划纯属纸上谈兵,简直是耽误时间。这种观念无疑是错误的。俗话说"磨刀不误砍柴工",只有当我们未雨绸缪,先做好职业生涯规划,在清晰的认识与明确的目标指导下求职时,才能更经济、更科学、更有效地获得成功。

(三) 职业生涯规划的流程与主要内容

要做好职业生涯规划,就必须按照职业生涯设计的流程,认真地做好每个环节。职业生涯设计的具体步骤概括起来主要有以下几个方面。

1. 全面了解自己

一个有效的职业生涯设计必须在正确与充分认识自身条件与相关环境的基础上进行。要正确做好自我评估,客观地审视、认识和了解自己:

(1) 自己的性格、气质类型、兴趣、特长、学识、技能、智商、情商以及思维方式。

(2) 我想做什么?我能做什么?我适合做什么?在众多的职业面前我会选择什么?

2. 确立目标

确立目标是制定职业生涯规划的关键,目标通常分为短期目标、中期目标、长远目标。

(1) 长远目标。它是指需要个人经过长期艰苦努力、不懈奋斗才有可能实现的目标。确立长远目标时要立足现实、慎重选择、全面考虑,使之既有现实性又有前瞻性。

(2) 短期目标。它更具体,对人的影响也更直接,也是长远目标的组成部分,在确立目标时应充分说明各目标的内容,显示职业规划的具体性和可操作性。

(3) 中期目标。它介于长期目标与短期目标之间,具有承前启后、先易后难的桥梁和杠杆作用。它使短期目标得以推进,使长期目标得以缓冲。因而在整个职业规划中不可忽视。

3. 环境评价

职业生涯规划还要充分认识与了解相关的环境,评估环境因素对自己职业生涯的影响,分析环境条件的特点、发展变化,把握环境因素的优势与限制,了解本专业、本行业的地位、当前形势以及发展趋势。

4. 职业定位

职业定位是指为职业目标与自己的潜能以及主客观条件谋求最佳匹配。

良好的职业定位以自己的最佳才能、最优性格、最大兴趣、最有利的环境等信息为依据。

职业定位过程中要考虑的是:性格与职业的匹配、兴趣与职业的匹配、特长与职业的匹配、专业与职业的匹配等。

职业定位时应注意：

（1）界定关系——依据客观现实，衡量个人与社会、用人单位的关系。

（2）比较鉴别——比较职业的条件、要求、性质与自身条件的匹配情况，选择条件更合适、更符合自己特长、更感兴趣、经过努力能很快胜任、有发展前途的职业。

（3）条件评估——正确认识自己的优缺点、个人性格，寻求合适的职业。

（4）审时度势——根据情况的变化及时调整择业目标，不能固执己见，一成不变。

（5）实施策略——制订实现职业生涯目标的行动方案，用具体的行为、措施来保证。没有行动，职业目标只能是一种梦想，因此，行动方案要周详，更要注意逐项落实。

（6）评估与反馈——整个职业生涯规划要在实施中去检验，根据实施效果，及时发现生涯规划各环节中所出现的问题，找出相应对策，对规划进行调整与完善。

由此可以看出，整个规划流程中正确的自我评价是最为基础、最为核心的环节，这一环节的失误与偏差，将会导致整个职业生涯规划各个环节出现问题。

5. 自我评价的格式——问题归零思考：五大问题

（1）我是谁？

面对自己，真实地写出每一个想到的答案；写完了再思考有无遗漏，认为确实没有了，再按重要性进行排序。

（2）我想做什么？

将思绪回溯到孩童时代，从初次萌生想干什么的念头开始，逐步回忆自己真心想干的事，并一一地记录下来，写完后再想想有无遗漏，确实没有了，再进行认真的排序。

（3）我会做什么？

把已经证明、被确认的能力和自认为还可以开发出来的潜能都逐一列出来，认为没有遗漏了，再认真地进行排序。

（4）环境支持或允许我做什么？

环境包括：本单位、本市、本省、本国和其他国家。从小到大只要认为自己有可能借助的环境，都应列入考虑范畴。在这些环境中，认真想想自己可能获得的允许和支持是什么，弄明白后逐一写下来，再根据重要性进行排序。

（5）我的职业与生活规划是什么？

大学生职业与生活规划是否必要？因人而异。但规划至少会给人带来以下好处。

（1）减少许多焦虑与情绪波动（高涨与低落）。

（2）使生活与工作的效率更高，更易获得成就。

（3）不易受到他人干扰，但可能给别人以有益的影响。

第三节　大学生择业原则和求职技巧

大学生的生涯发展直接面临择业和求职问题，因而大学生生涯规划的实现离不开对择业原则的掌握，同时也有赖于学习和驾驭一些基本的择业求职技巧。

一、择业原则

择业原则就是在选择职业岗位时应当遵循的原则，是一个人在认识和处理职业岗位选择问题的准绳。择业原则不仅关系到个人择业的成败，而且还影响到个人的成长、成才和职业理想的实现。大学毕业生在选择职业时应注意遵从以下原则。

（一）社会需要的原则

这是指一个人在选择职业岗位时，把社会需要作为出发点和归宿，以社会对自己的要求为准绳，去观察、认识问题，进而决定自己的职业岗位。

社会需要本质上就是人类的需要。在现实生活中，个人需要的结构和内容总是受现实社会的要求制约。人们正是通过不同的职业活动，满足着社会的需要，也满足着个体的需要。

没有社会的需要，就没有职业和职业分工，也就没有职业岗位的选择。因此，在选择职业时，首先要把社会需要作为选择职业的出发点，把个人意愿和社会需要结合起来、统一起来，始终坚持职业岗位符合社会需要的原则。

（二）发挥个人素质优势的原则

这是指一个人在选择职业岗位时，综合自己的素质情况，根据自身的特长和优势选择职业岗位，以利于今后在职业岗位上顺利地、出色地完成本职工作。

个人素质是指青年学生在选择职业岗位时应具备的基本条件。主要包括思想品德素质、科学文化素质、身体素质、个性心理品质素质等。

如果一个人所在的职业岗位正是其素质所长和优势所在，那么，此人就会比其他人更容易完成本职工作，也更容易取得应有的职业成就，建立自信，并创造出更大的成功。

（三）主动选择的原则

这是指大学毕业生在职业选择中不能消极等待，而应主动出击，积极参与。

首先应该主动参与职业岗位的竞争，竞争使人们增加了紧迫感和危机感，也增加了责任感。从某种意义上说，职业岗位的选择也是一种竞争。机会不相信沉默，因此，对正在选择单位的大学生，更应为自己能赢得机会而不断完善自己。

（四）分清主次的原则

这是指在择业过程中怎样权衡利弊，分清主次。作为新时代的大学生，应从是否有利于自己才智的发挥，是否符合社会的需要出发，分清主次，做出抉择，切不可因一味求全、急功近利、好高骛远而失去良机。

（五）着眼长远面向未来的原则

即应根据自己的生涯决策和规划并结合社会发展趋势和单位发展前景来考虑择业问题。

二、求职技巧

一般来说，大学生的求职大致要经过这样一个过程，即收集信息——准备自荐材料——参加应聘或面试——签订协议。在这一过程中应掌握以下技巧。

（一）收集信息

现代社会，求职与应聘均遵守"双向选择"的原则，因此在求职过程中必须先做好信息收集工作，这样才能有的放矢，节省择业成本。从这几年的经验来看，主要应收集以下几个方面的信息：

（1）当年大学毕业生就业的供需情况。比如毕业生总的供求情况，各行各业需要毕业生的情况，自己所学专业的社会需求情况等。

（2）意向中的工作地区的情况。比如该地区对于引进人才的政策要求，是否急需人才，生活习惯、风俗、语言等社会环境和气候、天气等自然环境自己能否适应等。

（3）意向中的行业的基本情况。比如该行业在国家经济生活中的地位，发展前途，人员结构，对此类的人才是否急需等。

（4）意向中的单位的情况。比如是企业单位还是事业单位，是行政单位还是群众团体，是国有还是集体，是合资还是民营性质，工资收入是计件还是计时，是浮动工资还是入股分红，发展前景如何，交通是否便利，福利待遇、生活条件如何等。

这些信息的来源渠道很多，主要有：学校主管毕业生工作的部门，各种类型的供需信息交流会，各地人才市场，各类招聘广告以及网络信息等。对于所收集的信息需要进行分类、整理，从而去粗取精，令这些职业信息更有针对性地发挥功用。这也是求职成功的第一步。

（二）准备自荐材料

一般的用人单位在招聘员工时，总是先通过阅读应聘者的自荐材料进行初步筛选。因此自荐材料能否给用人单位留下深刻印象对于求职的成功率有很大的影响。自荐材料主要由三个部分组成：求职信（自荐信）、履历（简历）和附件。

1. 求职信（自荐信）

求职信（自荐信）没有固定的格式，一般要求篇幅不宜太长，也无需过多的华丽辞藻，内容主要包括：个人的基本情况和用人消息的来源；本人胜任工作的条件；简述本人的潜力；表明面谈的愿望。行文要求语言流利，文字通顺，用词贴切，具有感染力。

2. 履历（简历）

履历（简历）所包含的信息比求职信大，一般使用表格形式，内容包括个人基本情况（姓名、性别、年龄、籍贯、民族、学历、专业、政治面貌等），学习工作经历和经验，兴趣爱好以及特长，曾获何种奖励和处分等。行文要求言简意赅，一目了然。

3. 附件

附件包括学历、学位证书，各种资格证书，获奖证书，科研成果证书，发表论文以及社会名流和导师的推荐信。附件是自身成绩的佐证，用人单位通过这些附件来了解你所取得的成就。

自荐材料是重要的求职文件，书写一定要严肃认真，如果可能，可以使用电脑排版打印，这样可以让用人单位负责人看起来清晰明了。

自荐材料要注意多校稿，避免错别字，污损或格式不统一的现象，另外，自荐材料切忌编造、虚假和夸大成绩，这样容易使人产生反感。如果你是向少数民族地区求职，或者向外企求职，那么最好还另加一份该少数民族文字或英文的自荐材料，既表示对对方的尊重，又体现自己的语言功底，一举两得。

（三）面试

面试首先要有信心，不要总想着是考官在考自己，而要认为自己是在与考官交流，诚恳、直率、谦而不卑的态度能够给对方一个良好的印象。面试的目的是互相了解，因此你应该尽可能地让对方知道你所具备的经验、能力等，把你的想法让对方清楚地知道，让对方在面试中感觉到你的为人和处世的态度。

面试时应注意一些小技巧。比如事先仔细了解一下应聘单位的背景和企业文化，应聘职位对于职员的专业要求，薪金待遇等，这样就足以应付一些基本的提问了。另外，有些单位会问一些"两难"的问题，比如事业和家庭的冲突等，遇到这类问题，注意运用辩证法，从两方面来论述，最后再作出自己的判断。

（四）签约

面试通过之后，一般就进入签约阶段。签订就业协议是一种法律行为，受到法律的保护，因此在签约之前大学生务必看清楚协议的条款是否符合先前商议的结果，另外，看清楚协议的书写及格式是否标准，是否具有法律效力，避免一些企业蒙骗大学生的事件发生。这就要求大学生在择业前需要学习必要的劳动法、合同法等法律文件，用以保护自身的法律权益。

本章练习

一、思考题

1. 大学生的择业需求趋向有哪几种？你属于哪一种？
2. 如何理解当代大学生的成功理念？
3. 如何理解气质类型与职业适合度的关系？
4. 大学生的择业心理困惑有哪些？根据你的个人经历谈谈如何调适大学生的择业心理。
5. 如何理解大学生生涯规划对人生发展的意义？
6. 职业生涯规划包括哪些内容？
7. 按照测验要求完成霍兰德职业倾向测验，并根据测验结果，按照职业规划要求，尝试为自己做一个职业生涯规划。

二、课堂辩论

不以英雄论成败　　要以英雄论成败

本章附录

附一　生涯价值观探索

价值观的理清是自我探索的重要课题之一，下面所列的价值观哪些在主导你的行为和想法？符合自己情况的在括号中打勾。

1. 审美性。具此价值观者，很重视美感。希望自己做出来的东西都能带有一些美感和艺术气息，追求美感的呈现，不喜欢丑陋、平板的事物。（　　）

2. 工作环境。具此价值观者，选择工作时，会特别注意该工作所提供的工作环境。喜欢在安静舒适的环境下工作，会避免去从事室外与嘈杂的工作，也会尽量去经营自己的工作环境，使其更舒适而适合工作。（　　）

3. 威望。具此价值观者，较看重自己的尊严与威望。希望所从事的工作能给他带来较好的名声，也希望能因此获得别人的尊重和肯定，希望从事相对社会地位较高的职业，如大学教授、人民代表、政治人物等。（　　）

4. 利他主义。具此价值观者，有较明显的理想性格，工作的目的是造福人群，喜欢从事能够帮助别人的工作，希望因自己的付出让社会更加美好。（　　）

5. 自主性。具此价值观者，能安排自己该做的工作。很有主见。别人的意见通常仅供参考，坚持己见是常有的事。（　　）

6. 挑战性。具此价值观者，喜欢面对不同的挑战，宁愿失败也不愿意守成，喜欢向自己的极限挑战，不断超越自己的成就。（　　）

7. 工作中的人际关系。具此价值观者，重视与同事和上司的关系。喜欢在工作中认识很多朋友，更希望自己在工作中的人际关系能够和谐，除了工作时间，平时也喜欢和同事来往交流。好的同事关系能带来较大的满足，而不佳的同事关系则会影响工作效率，甚至影响生活。（　　）

8. 经济报酬。具此价值观者，工作的目的在于获取报酬，重视财富的积累，收入的高低常会有意无意地影响他对工作的选择。（　　）

9. 成就。具此价值观者，较看重工作中的成就感，希望能有成绩突出的表现，也会因为一项工作完成而获得满足。喜欢从事能够看到具体成效的工作。（　　）

10. 遵德守法。具此价值观者，重视工作的正当性。不会做不正当的、不符合法律和道德的事情，更不希望自己的工作会造成对他人的直接或间接的伤害。（　　）

11. 心灵成长。具此价值观者，希望能在工作中促进自我成长，并通过工作认识各种不同个性、不同生活背景的人。（　　）

12. 变异性。具此价值观者，希望他的工作是多姿多彩、富有变化的，不喜欢每天做同样的事，更讨厌呆板、单调，会期待工作中每天都能遇到新鲜事。（　　）

13. 稳定性。具此价值观者，较重视工作的稳定性而不是冒险性。不希望经常调换工作，希望捧着"铁饭碗"，不会被解聘，也很少想要换工作。（　　）

14. 实现性。具此价值观者，其工作的目的在于能够表达自己的想法和看法，喜欢能表现自我风格的工作，更希望能将个人理念透过工作而付诸实现。（　　）

15. 对组织及工作的影响力。具此价值观者，希望能对所在的机构有所影响，喜欢领导别人一起工作时的能力感，若自己无力改变组织中不合理的现状，会有比其他人更深的挫折感。因此，常是组织中最有影响力的领导者。（　　）

16. 升迁及个人发展。具此价值观者，较重视工作的长期发展，在考虑选择工作时，会以升迁、进修、在职训练机会较多，或长期发展趋势看好的工作优先考虑。（　　）

17. 专业发挥。具此价值观者，希望在工作中发挥所学，因此，一份适合自己个性、兴趣的工作是很重要的；而在工作中能够展现个人能力，发挥专业特长就能带来满足。（　　）

18. 自我充实。具此价值观者，对于工作的附带效益较重视。希望工作能使自己获得更多的知识、扩大眼界，喜欢动脑筋想新的点子。（　　）

19. 生活安逸。具此价值观者，最重视能过安逸的生活，不希望从事太辛苦的工作，也不喜欢因工作而让生活过得太紧张，认为工作要轻松、愉快、过得去就好。（　　）

20. 休闲时间。具此价值观者，较重视假期，希望有较多较长的假期，无法接受忙得几乎没有休假的工作，也不希望工作会妨碍自己自由自在的生活。（　　）

说明：你所选择的项目，就是你平时很看重的个人生涯价值观。

附二　职业倾向测验

一、测验题

【指导语】以下是测试量表，请你根据对每一题的第一印象作答，不必仔细推敲，答案没有对错之分，根据与实际情况的符合程度来判断，对于有些你没有机会从事的工作，你可以在假设的情形下做出判断。在做完从现实型到常规型共108道题后，再分类统计各自总分，填入后面的成绩登记表，并依次完成类型确定。

测验分数统计标准：与实际情况相符合，2分；不符合，0分；难以回答，1分。

现实型问题

1. 你曾将钢笔全部拆散加以清洗并独立地将它装起来过吗？
2. 你会用积木搭出许多造型吗？或小时候常拼七巧板吗？
3. 你在中学里喜欢做实验吗？
4. 你对一些动手较多的技术工作（如电工、修钟表、印照片、织毛线、绣花、剪纸等）很感兴趣吗？
5. 当你家里有些东西需要小修小补时，常常是由你来做吗？
6. 你常常偷偷地去摸弄不让你摸弄的机器或机械（如打字机、摩托车、电梯、机床等）吗？

7. 你是否深深体会到身边有一把镊指钳或老虎钳等工具，会给你提供许多便利吗？

8. 看到老师傅在做活，你能很快地、准确地模仿吗？

9. 你喜欢把一件事做完后再做另一件事吗？

10. 做事情前，你会因害怕出错，而对工作安排反复检查吗？

11. 你喜欢亲自动手制作一些东西，从中得到乐趣吗？

12. 你喜欢使用锤子、斧头一类的工具吗？

13. 如果掌握一门手艺，并能以此为生，你会感到非常满意吗？

14. 你曾经渴望当一名汽车司机吗？

15. 小时候，你经常把玩具拆开，把里面看个究竟吗？

16. 你喜欢修理自行车、电器一类的工作吗？

17. 你喜欢跟各类机械打交道吗？

18. 你亲手制作或修理的东西经常令你的朋友满意吗？

研究型问题

1. 你对电视或单位里的智力竞赛很有兴趣吗？

2. 你经常到新华书店或图书馆翻阅图书（文艺小说除外）吗？

3. 学生时代你常常会主动地去做一些有趣的习题吗？

4. 你对一件新产品或新事物的构造或工作原理感兴趣吗？

5. 当有人向你请教某事物如何做时，你总喜欢讲清内部原理，而不仅仅是操作步骤吗？

6. 你常常会对一件想知道但又无法详细知道的事物想象出它将是什么或将怎么变化吗？

7. 看到别人在为一个有趣的难题争论不休时，你会加入进去或者独自一人思考，直到解决为止吗？

8. 看推理小说或电影时，你常常会分析推理谁是罪犯，并且这种分析经常与最后结果相吻合吗？

9. 你喜欢一些需要运用智力的游戏吗？

10. 相比而言，你更喜欢独自一人思考问题吗？

11. 你的理想是当一名科学家吗？

12. 你经常不停地思考某一问题，直到想出正确的答案吗？

13. 你喜欢抽象思维的工作吗？

14. 你喜欢解答较难的问题吗？

15. 你喜欢阅读自然科学方面的书籍和杂志吗？

16. 你能够做那种需要持续集中注意力的工作吗？

17. 你喜欢学数学吗？

18. 如果独自在实验室里做长时间的实验，你能坚持吗？

艺术型问题

1. 你对戏剧、电影、文艺小说、音乐、美术等其中的一两个方面较感兴趣吗？
2. 你常常喜欢对文艺界的明星品头论足吗？
3. 你参加过文艺演出、绘画训练或经常写诗歌、短文吗？
4. 你的朋友经常赞扬你把自己的房间布置得比较优雅并有品位吗？
5. 你对别人的服装、外貌以及家具摆设等能做出比较准确的评价吗？
6. 你认为一个人的仪表主要是为了表现一个人对美的追求，而不是为了得到别人的赞扬或羡慕吗？
7. 你觉得工作之余坐下来听音乐、看画册或欣赏戏剧等，是你最大的乐趣吗？
8. 遇到有美术展览会、歌星演唱会等活动，你常常去观赏吗？
9. 音乐能使你陶醉吗？
10. 你喜欢成为人们注意到的焦点吗？
11. 你喜欢不时地夸耀一下自己取得的成就吗？
12. 你喜欢做戏剧、音乐、歌舞、摄影等方面的工作吗？
13. 你能较为准确地分析美术作品吗？
14. 你爱幻想吗？
15. 看情感影片或小说时，你常禁不住眼圈红润吗？
16. 当接受一项新任务后，你喜欢以自己独特的方法去完成它吗？
17. 你有文艺方面的天赋吗？
18. 与推理小说相比，你更喜欢言情小说吗？

社会型问题

1. 你常常主动给朋友写信或打电话吗？
2. 你能列出五个你自认为够朋友的人吗？
3. 你很愿意参加学校、单位或社会团体组织的各种活动吗？
4. 你看到不相识的人遇到困难时，能主动去帮助他，或向他表示你的同情与安慰吗？
5. 你喜欢去新场所活动并结交新朋友吗？
6. 对一些令人讨厌的人，你常常会由于某种理由原谅他、同情他甚至帮助他吗？
7. 对于一些活动，虽然没有报酬，但你觉得这些活动对社会有好处，就积极参加吗？
8. 你很注意你的仪容风度，这主要是为了让人产生良好的印象吗？
9. 大家公认你是一名勤劳踏实、愿为大家服务的人吗？
10. 旅途中你喜欢与人交谈吗？
11. 你喜欢参加各种各样的聚会吗？

12. 你很容易结识同性朋友吗？

13. 你乐于解除别人的痛苦吗？

14. 对于社会问题，你很少持中庸的态度吗？

15. 听别人谈"家中被盗"一类的事，很容易引起你的同情吗？

16. 你通常不喜欢一个人独处吗？

17. 在工作中，你喜欢听取别人的意见吗？

18. 和一群人在一起的时候，你经常能找到恰当的话题吗？

管理型问题

1. 当你有了钱后，你愿意用于投资吗？

2. 你常常能发现别人组织的活动的某些不足，并提出建议让他们改进吗？

3. 你相信如果让你去做一个个体户，一定会成为富裕户吗？

4. 你在上学时曾经担任过某些职务（诸如班干部、课代表等）并且自认为干得不错吗？

5. 你有信心说服别人接受你的观点吗？

6. 你对一大堆的数字感到头疼吗？

7. 做一件事情时，你常常事先仔细考虑它的利弊得失吗？

8. 在别人跟你算账或讲一套理由时，你常常会换一个角度考虑，并发现其中的漏洞吗？

9. 你曾经渴望有机会参加探险吗？

10. 你认为在管理活动中以个人的意志影响别人的行为是很必要的吗？

11. 如果待遇相同，你宁愿当一名商品推销员，而不愿当一名机关办事员吗？

12. 当你开始做一件事后，即使碰到再多的困难，你也执著地干下去吗？

13. 你总是主动地向别人提出自己的建议吗？

14. 你更喜欢自己下了赌注的比赛或游戏吗？

15. 和不熟悉的人交谈对你来说毫不困难吗？

16. 和别人谈判时，你不愿放弃自己的观点，是吗？

17. 在集体讨论中，你不愿保持沉默，是吗？

18. 你不愿意从事虽然工资少，但是比较稳定的职业，是吗？

常规型问题

1. 你能够用一两个小时坐下来抄写一份你不感兴趣的材料吗？

2. 你能按领导或老师的要求尽自己的能力做好每一件事吗？

3. 无论填报什么表格，你都非常认真吗？

4. 在讨论会上，如果有不少人已经讲的观点与你的不同，你仍然发表自己的观点吗？

5. 你常常觉得在你周围有不少人比你更有才能吗？

6. 你喜欢重复别人已经做过的事情而不喜欢做那些要自己动脑筋摸索着干的事吗？

7. 你喜欢做那些已经很习惯了的工作，同时最好这种工作责任心小一些，工作时还能聊聊天、听听歌曲吗？

8. 你经常将非常琐碎的事情整理好吗？

9. 你总留有充裕的时间去赴约会吗？

10. 对别人借你的和你借别人的东西，你都能记得很清楚吗？

11. 你喜欢经常请示上级吗？

12. 你喜欢按部就班地完成要做的工作吗？

13. 对于急躁、爱发脾气的人，你仍能以礼相待吗？

14. 你是一个沉静而不易动感情的人吗？

15. 你喜欢把一切安排得整整齐齐、井井有条吗？

16. 你经常收拾房间，保持房间整洁吗？

17. 你办事常常思前想后吗？

18. 每次写信你都要好好考虑，写完后至少重复看一遍吗？

请你将上述六个部分答题结果的得分填入下表中：

二、测验分数登记表

类　　型	得　　分
现实型 R	
研究型 I	
艺术型 A	
社会型 S	
管理型 E	
常规型 C	

三、职业类型确定方法

如果你在某一部分的得分明显高出其他部分，说明你属于该种典型类型的人。一般来说，综合性的兴趣特征在生活中居多数。那么怎么确定自己的综合特征呢？

首先，列出得分较高的两个兴趣类型的代号（　　）（　　）。

其次，将得分最高的兴趣类型代号的字母填入第一个括号。例如，你是现实型，则（R）（　　）。

最后，将得分较高的兴趣类型代号，从高到低依次填入空格。如果第二个特征是 I，则（R）（I）。

据此可知，这位测试者的兴趣特征是现实研究型。然后，就可以依据这个类型代号在前面所列的职业兴趣类型中进行查阅，从而得知自己的主要职业兴趣。

四、六类职业关系图

霍兰德所划分的六大类型，并非是并列的、有着明晰的边界的。他以六边形标示出六大类型的关系，如下图所示：

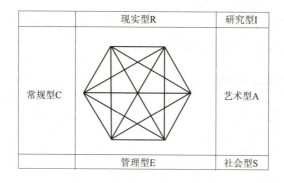

图中可以看出：每一种类型与其他类型之间存在不同程度的关系，大体可描述为三类：

1. 相邻关系：

如 RI、IR、IA、AI、AS、SA、SE、ES、EC、CE、RC 及 CR。属于这种关系的两种类型的个体之间共同点较多，现实型 R、研究型 I 的人就都不太偏好人际交往，在这两种职业环境中也都较少有机会与人接触。

2. 相隔关系：

如 RA、RE、IC、IS、AR、AE、SI、SC、EA、ER、CI 及 CS。属于这种关系的两种类型个体之间共同点较相邻关系少。

3. 相对关系：

在六边形上处于对角位置的类型之间即为相对关系，如 RS、IE、AC、SR、EI 及 CA。

相对关系的人格类型共同点少，因此，同一个人同时对处于相对关系的两种职业环境都感兴趣的情况较为少见。

人们通常倾向选择与自我兴趣类型匹配的职业环境,如具有现实型兴趣的人希望在现实型的职业环境中工作,这样可以最好地发挥个人的潜能。

但职业选择中,个体并非一定要选择与自己兴趣完全对应的职业环境:

一是因为个体本身常是多种兴趣类型的综合体,单一类型显著突出的情况不多,因此评价个体的兴趣类型时也时常以其六大类型中得分居前三位的类型组合而成,组合时根据分数的高低依次排列字母,构成其兴趣组型,如 RCA、AIS 等;

二是因为影响职业选择的因素是多方面的,不应完全依据兴趣类型,还要参照社会的职业需求及获得职业的现实可能性。因此,职业选择时会不断妥协,寻求相邻职业环境、甚至相隔职业环境,在这种环境中,个体需要逐渐适应工作环境。

但如果个体寻找的是相对的职业环境,意味着所进入的是与自我兴趣完全不同的职业环境,则我们工作起来可能难以适应,或者难以做到工作时觉得很快乐,相反,甚至可能会每天工作得很痛苦。

五、职业倾向测验劳动者类型与职业类型匹配对应表

劳动者		职业类别、具体职业	
现实型	① 愿意使用工具从事操作性工作; ② 动手能力强,做事手脚灵活,动作协调; ③ 不善言辞,不善交际	职业类别	工程技术工作、农业工作。通常需要一定体力,需要运用工具或操作机器
		具体职业	工程师、技术员;机械操作、维修、安装工人、矿工、木工、电工、鞋匠等;司机,测绘员、描图员;农民、牧民、渔民等
研究型	① 抽象思维能力强,求知欲强,肯动脑,善思考,不愿动手; ② 喜欢独立的和富有创造性的工作; ③ 知识渊博,有学识才能,不善于领导他人	职业类别	科学研究和科学实验工作
		具体职业	自然科学和社科方面的研究人员、专家;化学、冶金、电子、无线电、电视、飞机等方面的工程师、技术人员;飞机驾驶员、计算机操作员等
艺术型	① 喜欢以各种艺术形式的创作来表现自己的才能,实现自身的价值; ② 具有特殊艺术才能和个性; ③ 乐于创造新颖的、与众不同的艺术成果,渴望表现自己的个性	职业类别	主要是指各类艺术创作工作
		具体职业	音乐、舞蹈、戏剧等方面的演员、戏剧编导、教师;文学、编辑、作者;艺术方面的评论员、广播、影视的主持人、绘画、书法、摄影家;艺术、家具、珠宝、房屋装饰等行业设计师

续表

劳动者		职业类别、具体职业	
社会型	① 喜欢从事为他人服务和教育他人的工作； ② 喜欢参与解决人们共同关心的社会问题，渴望发挥自己的社会作用； ③ 比较看重社会义务和社会道德	职业类别	各种直接为他人服务的工作，如医疗服务、教育服务、生活服务等
		具体职业	教师、保育员、行政人员；医护人员；衣食住行服务行业的经理、管理人员和服务人员；福利人员等
管理型	① 精力充沛、自信、善交际，具有领导才能； ② 喜欢竞争，敢冒风险 ③ 喜爱权力、地位和物质财富	职业类别	组织与影响他人共同完成组织目标的工作
		具体职业	经理企业家、政府官员、商人、行业部门和单位的领导者、管理者等
常规型	① 喜欢按计划办事，习惯接受他人指挥和领导，自己不谋求领导职务； ② 不喜欢冒险和竞争； ③ 工作踏实，忠诚可靠，遵守纪律	职业类别	与文件档案、图书资料、统计报表之类相关的各类科室工作
		具体职业	会计、出纳、统计人员；打字员；办公室文员；秘书和文书；图书管理员；旅游、外贸职员、保管员、邮递员、审计人员、人事职员等

第八章

大学生的压力与情绪管理

在生活节奏快速、竞争加剧的现代社会，学会有效地管理压力和理性地处理情绪是现代人应具备的一项重要素质。因此，压力和情绪的有效管理无疑是当代大学生心理素质教育中的重要一环。当代大学生学会有效地管理压力和情绪，将为我们面向未来、创造成功提供应有的保障。

第一节 心理压力的管理

一、压力的一般概念

（一）压力的物理学定义

压力分精神与物理两个领域的定义。压力的物理定义具有客观属性，它是指垂直作用在物体表面上的力。受力物是物体的支持面，作用点在接触面上，方向垂直于接触面。

（二）心理压力的定义

心理压力属于精神领域的压力，是个体在生活适应过程中的一种身心紧张状态，源自环境要求与自身应对能力不平衡。这种紧张状态倾向于通过非特异的心理和生理反应表现出来。也有人将压力定义为外部压力事件的刺激作用。

个人生活、社会关系、工作和经济状况等变化都会形成压力。因此，当人们去适应由周围环境引起的刺激时，产生生理或者精神上的反应，这就是心理压力的表现，它可能对人们心理和生理健康状况产生积极或者消极的影响。

心理压力也可以视为一种由挫折、失败所造成的反应。这种反应需要一定的时间去缓解。

（三）心理压力的生理和精神反应

1. 心理压力的生理反应

心理压力生理表现不是一种想象出来的疾病，而是当意识到某种情形，或者某个人，或者某种事件具有潜在的威胁性的时候所做出的身体"战备状态"的反应，其主要症状有：心跳开始加快，呼吸开始急促，肌肉紧张并准备行动，视觉变得敏锐起来，胃里打鼓，思维敏锐，开始出汗。多数人常态下身体却保持红色警戒状态，不能放松。

2. 心理压力的精神反应

心理压力在精神方面主要是指压力源对人所造成的心理暗示、紧张、焦虑、恐惧等。

生理与精神反应是交互的。紧张不安和焦虑保持在身体中并随着遇到的每一件能引起紧张情绪的事情不断积累上升，最终导致了不良结果。

二、心理压力探析

（一）心理压力来源及其表现

要有效地管理压力，首先要探寻压力来源，只有明白压力源自何处，才能有的放矢，对其实施管理。就来源分析，压力或者产生于自身，或来自外部。

1. 外部压力

来自他人、环境与社会，非自我能控制的压力称为外部压力。外部压力及其对个体的影响一般有以下几种。

（1）权威与制度。任何来自权威的指令、法定的制度和规则都会在一定程度上限制、约束乃至剥夺个人的自由意志，从而形成精神压力。比如一个过于严厉、苛刻的领导及其工作指令将给其下属带来权威恐惧。一种过于严格的制度、规则可能威慑人的意志而导致焦虑、排斥和抵抗。再比如，当某个企业出现员工集体消极怠工现象时，很大程度上可能是企业面对制度时缺乏人性化，违背了员工的基本利益。

（2）他人与社会的期待。人的社会、群体或亲情的归属需求，迫使人们在一定程度上必须接受和完成他人或社会所赋予的使命与期待。比如朋友的请托、集体所赋予的期待和任务等，当这种任务寄托超出个人能力承受的范围，又难以推脱甚至骑虎难下时，恐惧、焦虑就产生了。

（3）环境束缚与制约。当环境因素制约了个人需求或能力的实现，而个人又难以或无力改变时，将产生压力和焦虑。比如某个人抱负远大，特别渴望上大学，但家境贫困无法支付高额学费，本人又无法找到解决学费的办法，此时个人欲望与环境的强烈冲突将导致焦虑、抑郁的产生，若冲突无法解决，最终可能导致精神崩溃。

2. 内在压力

由个人需求或欲望的驱动所产生的压力，可称为内在压力。内在压力常常是行为主导动力与焦虑的主导因素，由于内在压力非环境或他人所强加，因而属于自我调控范围。内在压力及其主要表现有以下几种。

（1）为德所劳。为德所劳者，他们具有超强的道德与责任意识，表现出一种对他人、对社会的强烈的责任感。他们对自己要求严格甚至苛刻，但对他人却谦让和包容，常常不计个人得失，慷慨助人，服务社会，表现出一种非凡的道德情操。他们的责任感并非他人所直接赋予，而是以个人的人生观为基础所产生的责任与使命。因而，他们的压力常常表现为对他人及社会的自责与负疚，总希望自己能做得更好、更完美。他们把压力转化为动力，激励自己坚定信念，为理想奋斗。为德所劳者的人格与精神催人奋进，使人敬佩，他们大多成为社会及大众行为的模范。

例如，雷锋同志忠于党、忠于人民、热爱祖国，"把有限的生命投入到无限的为人民服务中去"，因而成为全国人民学习的楷模。雷锋精神也因此代代相传。

（2）为业所苦。在我们的日常生活中不难发现这种人：在成就欲的驱动下，他们常常自我施压，为自己的工作、学习设定过高的目标，当结果与目标有距离时，便产生强烈的自责与内疚，进而陷入莫名的焦虑，这就是为业所苦。此类现象在当代大学生中也并非少见，例如有的学生抱负远大，成就欲非常强烈，学习极其认真、刻苦，常常废寝忘食，甚至分秒必争。希望"十年寒窗""一鸣惊人"，由此给自己带来一种无形的压力。所谓学习狂、工作狂以及事业狂等，都是为业所苦者的真实写照。

（3）为名所累。为名所累是指为追逐名望、地位，求全、求完美（完美主义）、求面子，满足他人评价，渴求他人的接纳和包容等，而产生的身心疲惫、精神紧张、失眠和焦虑等。

例如，有位大学生，非常渴望参加学生干部竞聘，当上学生会干部，于是他就报名了。为了参加竞聘演讲，他精心准备了演讲稿，自我感觉也不错，同寝室的同学也积极鼓励他参加竞聘。可是等到演讲的那一天，却突然借故放弃了，为什么？因为他恐惧、害怕，担心演讲时万一紧张说不出话，或万一没选上，那么多没面子啊，还不如弃权自在。可是，等到竞聘结果公布时，才发现榜上有名的同学并不比他优秀，却顺利进入学生会，于是他后悔莫及，但却为时已晚。

这就是面子对人的影响。名望、地位、面子（他人评价）客观上对个体并无任何约束力，之所以成为压力，完全是自我加工的结果，是内心欲望的副产品。所谓"死要面子活受罪"就是对为名所累者的最好描述。

（4）为情所困。"问世间情为何物，直教人生死相许"，大学里，当代学子求爱若渴，以致意乱情迷者不在少数。社会上，因婚姻不美满，渴求婚外情感代偿者大有人在。为此而产生的压力与困惑使当事者深陷其中，难以突围，于是，为情所困便成为煎熬现代人的心理困惑之一。

恋爱在大学校园普遍存在，与此同时，单恋、失恋也成了许多大学生纠结在内心的剪不断，理还乱的情伤。可见，为情所困也是纠缠当代大学生的心理压力之一。

（5）为财所迷。在社会急剧转型，经济高速发展的今天，面对各种金钱与物质的诱惑，包括当代大学生在内的许多人寂寞难耐，因物欲膨胀而工于心计，以致压力缠身、焦躁不安，渴望解脱却又无力自拔。比如有的大学生不计代价地向父母索取，毫无节制地挥霍，甚至于陶醉赌场、沉迷传销，以致学业前途毁于一旦，成为一个十足的浪子。

（二）心理压力的类型

1. 压力适度——常态

心理学研究表明，心理压力可以是一种驱动力。当你有了欲望或出现紧迫感的时候，压力就随之而来，它试图驱动你去实现或者放弃欲望。当人的焦虑为中度时，其行为效率最高。没有压力就没有动力，压力并非无益，相反，它是必要和必需的行为动力。

显然，只要符合负荷适度、压力在中等以下，就在人的心理、能力可承受范围之内，此时压力将被自觉接受，不仅不会被排斥，反而会激发人的潜能，提高行为效率。

因此，从压力的有效管理出发，需要学会努力维持这种压力，实现行为效率的最大化。

2. 压力超限——负累

不论是内在压力还是外部压力，当其超越了人的能力承受范围，或超越了环境条件时，就将产生抵抗和排斥，并且很快转化为焦虑和恐惧。此时，焦虑就是压力过载的警示。比如当学习压力过重时，学生可能情绪焦躁、开始厌学、逃课、上网、游戏等，又比如当工厂劳动强度过大时，员工可能烦躁不安，开始厌倦怠工，消极误工，差错百出。因此，负荷超限是尤为值得重视的心理压力，它能够导致人的生理和心理状态的全面紊乱，甚至使人精神崩溃。

3. 压力为零——空虚

当一个人应有的能力难以发挥或完全闲置、价值创造的欲求被削弱或剥夺时，将产生一种反向压力——空虚。空虚难耐随之转化为高度焦虑，若焦虑无法解除，亦将破坏身心和谐，甚至导致精神崩溃。

作为心理压力，压力超限是人们需要面对和缓解的。但完全没有心理压力是不可能的。空虚一定比有巨大心理压力的情景更可怕，那是一种比死亡更没有生气的状态，一种活着却感觉不到自己在活着的巨大悲哀。无数的文学艺术作品描述过这种空虚感。空虚的感觉主要表现为以下两种类型。

（1）行为低效。行为低效是指或者行为结果未达到预期目标甚至目标落空；或者行为结果不能获得预期的认同，价值被削弱、被剥夺。无论是预期目标落空还是价值被削弱和剥夺，只要行为低效不断地累积和叠加，都将引发严重的心理焦虑。例如，2010年3月至6月，深圳台资企业富士康发生了震惊全国的12起员工连续跳楼自杀事件。6月初，富士康果断决策，调整员工薪资，加薪幅度达60%。之所以如此加薪，其意义就在于增加企业对员工劳动价值的认同，杜绝因价值认同不足而引发员工内心的抗拒、焦虑乃至以自杀。

（2）时间空耗。无所事事、无实现目标的空间，价值完全虚无，可能导致巨大心理焦虑压力和精神压力。

为了消除这种空虚感,一部分人通过工作、生活、友谊或者爱情的投入实现了需求代偿。而另一些人选择了极端的举措来寻找压力或者说刺激,他们在寻找空虚代偿的过程中,因为非理性行为甚至使他们付出了生命的代价。比如有一部分吸毒者,在最开始就是被空虚推上绝路的。

三、心理压力的管理

(一)心理压力管理的理论假设——心态平衡模型

由于一个人的焦虑难耐或者身心和谐的破坏源自压力超限或价值被剥夺,一旦压力超限或价值被剥夺,其结果必然导致心态失衡。据此,我们得到如图 8-1 所示的心态平衡理论模型。

图 8-1 心态平衡图示

根据心态平衡模型,心态失衡应有以下四种情况,如图 8-2 所示。

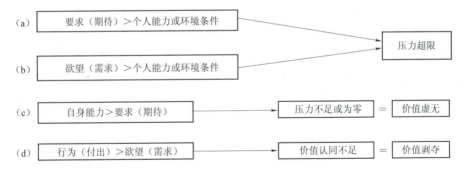

图 8-2 心态失衡的四种情况

(二)心理压力的管理策略

当对心理压力的来源和类型有了清晰的认识,同时也理解了心理压力对人的身心和谐可能造成的破坏,就能够有的放矢,科学而有效地去管理压力,发挥其动力功能,消除它的危害。

心理失衡来源于心理失控,管理压力的有效方法和途径在于:把握自控条件,放下非自控因素。因而,压力的有效管理可以从以下几个方面切入。

【策略一】压力过滤——主导自控欲望，释放无效需求

1. 有效把握命运，合理调控需求，放弃盲目攀比

（1）理解人生的局限性。因为成长经历与环境决定了命运格局与价值空间，所以需学会尽力而有效地把握属于自己的精彩人生。

尤其需要理解的是，并非心有多大、舞台就有多大。盲目理解将导致自大自狂，释放人的贪婪本能，不少"落马"高官都有一个共性：无视自己的风险能力，任贪欲恶性膨胀。因此，为官者务必有自知之明，控制、驾驭风险临界点：允许想入非非，切勿自作多情。

放弃欲望的无效强求与偏执，不盲目自大、不迷信"精诚所至"；但求有效付出，不"心随风动"，去留随意。所谓天下君子，乃自省和豁达，不嫉妒他，不心猿意马。

（2）舍弃面子欲求、克服求全心理，接纳合理缺陷。因为人非圣贤，缺陷各异，所以，身心和谐的奥秘在于：我的愿望我做主，我的自尊由我把握；面子是别人的给予，可有可无，悉听尊便；尊严永远属于餐桌上的主人，餐桌下的狗一生都在摇着尾巴，祈求施舍。所以放下面子，立刻潇洒。

2. 准确理解成功——既理性追求，又学会满足

成功的需求内涵——心想事成（不是他人的标准）、力所能及、社会需求；成功的行为特质——在个人能力范围内挑战和超越。一个人之所以因焦虑恐惧而导致失败，往往是因为：忽视个人意愿，违心追随他人；盲目自大，力所不能及，背离社会需求，付出失去价值。

因此，当面对他人超负荷的要求与期待时，需要敢于表达，"用事实说话"。不做力不从心的事，才不妨碍和影响他人。如果说一个成功者的智慧是善于发挥能力，而一个失败者的愚蠢就是：因为恐惧而不自量力。只有学会善待自我，才能实现可持续发展。

3. 优化各项制度——规范细节管理，使之更温和、更人性化

（1）领导者需提高决策能力，通过制度优化，降低制度冷酷性，吻合心理承受度。

（2）调整个人需求，克服个人中心，提高遵守制度的自律性，降低内心对制度的抗拒、恐惧和排斥。学会需求交换，杜绝盲目功利。学会在制度的适应和驾驭中满足自我的需求。

【策略二】压力分解——提高行为效率，增加目标成功率

当压力超限体现为他人的要求及期待或者欲望、需求的实现受限于环境，或受限于能力时，即时间不够，空间有限时，常常使人心急火燎、焦急难耐、进退失据、行为无措。这就是鱼和熊掌渴求兼得却不可兼得时的一种心理纠结。此时，

我们若跳出思维定式，将鱼和熊掌同时兼得的目标变更为鱼和熊掌先后获得，问题就能迎刃而解了。所谓鱼和熊掌先后获得，就其方法论而言，就是将压力分解而需求不变。

压力或目标分解，按以下三个程序操作即可：

（1）按时间分阶段——由近及远。

（2）按难易程度分解——先易后难。

（3）根据阶段和难易程度，将目标量化——具体、可操作、可检验。

俗话说"人无远虑，必有近忧"，当我们将一个较大的目标阶段化时，压力和焦虑就被分解，并且转化为动力，推动我们循序渐进，逐步实现预期目标，不断地创造自己的成功。

【策略三】压力转换——将时间内容化、内容价值化

空虚无聊，英雄无为，价值被剥夺是一种残酷的心理煎熬。然而，抱怨无聊并不能赶走空虚，反而会使空虚强化。环境首先需要的是适应，是接纳，而不是改变。既然如此，面对空虚和无聊，唯一的出路就是：驾驭空虚，让时间有价。

既然压力可以是一种动力，它能驱动你去实现或者放弃欲望，那么，当人们遭遇空虚，感受价值被剥夺时，唯一且有效的策略就是：接纳空虚，运作时间；将富余的时间内容化，让无聊的压力动力化，使有限的内容价值化。具体操作如下：

1. 目标规划——谋事在人

根据能力、探索兴趣，规划目标；比如理论学习、技能培养、资源积累等，动手总比闲着强。不能见面可以电话，不能上街可以上网，无法习武可以读书，寂寞时去谋划，机会来了就出击。目标规划时，注意评估机会及风险，在力所能及的范围内把握风险，超越自我。

对于付出有余，却回报无价，其调整策略是：

或表达回报要求，或改变付出方式、变换对象。无法改变环境，则谋求改变自我。

2. 行为实践——事在人为

行为开始，尽其所能，循序渐进，把握过程，放弃对结局的思虑，因为过程孕育结果，结果检验过程，因此，最好的结果是把结果置之度外。

3. 接纳结果——成事在天

行为阶段结束，无条件接纳结果。但需总结得失。认真总结，才能汲取经验、扬长避短，才能复制成功。可见，唯有接纳空虚，才能运筹帷幄；只有征服空虚，才能出奇制胜。

总之，适应环境、承受孤独、驾驭时间，是一个人成功的基本素质。时间是成就人生的资源，逆境是锤炼意志的机遇，当一个人学会了有效地适应环境、卧薪尝胆、规划人生，那么成功将向他招手，未来将为他喝彩。

例如，革命烈士方志敏，在他被捕入狱，生命有限时，依然充满了对祖国的满腔热爱和对未来的无限向往。因而在他生命的最后岁月，创作了著名散文——《可爱的中国》，成为爱国主义的千古绝唱。方志敏用有限的生命创造了无限的价值，他的革命乐观主义精神无不令人敬仰。

（三）大学生学习、生活与工作的统筹管理

进入大学后，大学生将面临三大任务：专业学习、独立生活和课外实践。三大任务相互关联且相辅相成。因为它们唯一的共性都是学习，所以也可以将三大任务分别命名为理论学习、生活学习和实践学习。如何将三者有机结合，统筹兼顾，也是大学生必须处理和解决的问题，因为当三者统筹兼顾失败时，它们将相互干扰，相互冲突，成为大学生的压力负荷与焦虑来源。因此，对大学生而言，压力的有效管理取决于如何统筹、兼顾与协调以下几方面的关系。

1. 专业课与选修课的兼顾

进入大学后，许多学生感到学有余力，希望通过选修课的学习，使自己一专多能，以期在未来职业发展中立于不败之地。然而，由于有的学生在选择课程时的盲目性，仅凭一时兴致与好奇，最终所选的课程与自己的兴趣和学习特点相差甚远，很快便对自己的选修课程产生厌恶和排斥，不仅选修课没学好，还对其他专业课程的学习降低了兴趣，成绩下滑，学习逐渐成了一种负担和焦虑。根据压力的管理策略，大学生在选修课的选择时，务必做到如下几点：

（1）先对自己的兴趣有一个清晰地了解，必要时可进行相关兴趣与个性心理测验来帮助了解自己的兴趣倾向。

（2）了解了自己的兴趣倾向后，再了解各类选修课程的特点，寻找与自己的兴趣倾向较为吻合或相关度较高的课程进行学习。

（3）课程选定后，制订阶段性的具体学习计划，并与专业课形成交叉和互补，避免与专业课程冲突。计划制订后，要严格地按照计划要求循序渐进、坚持不懈地完成学习目标。

（4）学习过程中，注意与选修该门课程的同学交流学习心得，以此稳定和提升学习兴趣。与此同时，注意加强课外的实践，不断深化对选修课知识的领悟和消化。

2. 专业学习与学生团体活动的兼顾

大学里丰富多彩的学生社团活动，是大学生参与实践、丰富人生、提高综合素质的第二课堂，因而它是大学生精彩生活的重要组成部分。

但是对于充满朝气、立志成才的大学生而言，是否任意一个学生社团都适合自己呢？答案显然是否定的。既要学好专业知识，又要参与社团活动，无疑会给自己增加心理负担和压力，那么如何正确选择适合自己的学生社团，并且有效地统筹和兼顾专业学习与社团活动呢？以下几点值得参考。

（1）加入学生社团之前，先采集各学生社团简要信息：初步了解它的性质、活动内容以及社团指导老师的背景。

（2）根据社团相关信息的分析，结合自己的能力培养目标以及个性和兴趣特点，综合考虑之后，再有的放矢，选择加入一个最适合自己、最能实现自己愿望的学生社团。

（3）也可以先进入多个社团，然后用一周的时间了解所参加的各社团的上述情况，最后再确定一个最适合自己的社团，同时退出其他社团。

（4）学生加入社团并非多多益善，切忌贪大求洋。比如有的学生凡事求全、求完美，同时加入多个社团，每个社团都不舍得放弃，最终可能的结果就是：因精力分散、分身乏术、社团关系难以协调，从而压力徒增，美好的初衷终告失败。

由此可见，一个学生必须正确地选择适合自己的学生社团，有效地统筹和兼顾专业学习与社团活动，消化二者矛盾，才能将压力变成动力，在专业学习和社团活动中激发自己的创造力，实现个人专业知识和综合素质的全面成长。

3. 学生干部学习与工作的统筹

在大学时光，有幸在竞争中脱颖而出，担任学生干部，这对自己的综合素质的培养，对未来事业的成功无疑都将发挥重要作用。然而，当专业学习与学生工作发生矛盾与冲突，由此而产生内心焦虑时，如何协调学习与工作的关系，化解二者之间的冲突，并将压力转化为动力，激励自己进步和成长，将考验一个高校学生干部的心理素质。根据心理压力的管理原理，对于学生干部学习与工作的统筹，可从以下几方面切入。

（1）根据教学安排和工作目标分别制订专业学习和学生干部工作的一周、一学期乃至一学年的专业学习和学生干部工作的计划。计划要具体、量化和具有可操作。

（2）"鱼和熊掌"不可兼得，所以学习计划和工作计划必须在时间上交叉、在目标上互补，只有这样才能避免二者之间的冲突，实现"鱼和熊掌"的先后获得，即学习与工作的双重成效。

（3）在学生工作中切忌自我中心、求全求完美，应接纳自身的缺陷，不犯原则错误，但允许细节失误，且不为失误耿耿于怀。避免自我中心、学会欣赏他人、构建信任、谋求合作；通过工作分摊，责任共担缓解压力，同创造佳绩。

由此可见，一个学生干部，只要调整心态，艺术地运用压力的管理策略，就能取得专业学习与综合能力的同步成长。

4. 专业学习与社会实践的统筹

在大学期间，许多学生为了拓展知识视野，实现一专多能，提高综合素质，不断地进行勤工俭学，积极参与社会实践活动，这无疑是值得肯定和鼓励的举措。

然而，专业学习与勤工俭学常常在时间、工作内容、理论与实践的联系等诸多方面产生矛盾和冲突，因而使部分学生或者难以取舍、或者无法坚持，从而导致勤工俭学虎头蛇尾，得不偿失，半途而废。不仅实践无成效，学业也被搁浅。

因此，大学生在选择勤工俭学时，务必将学校学习与社会实践统筹兼顾。为了实现这一目标，同学们可参照和借鉴学生干部学习与工作的统筹兼顾方法，科学地规划自己的专业学习和勤工俭学，解决由于专业学习与社会实践无法兼顾的矛盾，从而有效地预防由此而产生的心理焦虑，坚定信心，竭尽全力，取得专业学习与社会实践的双丰收。

5. 专业学习与恋爱关系的协调

大学恋爱的现象普遍存在，大学生的恋爱也是需求使然。因恋爱导致的心理困惑也客观存在，"大学期间是否应以学习为重，不应该恋爱？""大学生谈恋爱利弊何在？"等问题既模糊大学生的视线，也拷问大学生的情商。那么，如何理解专业学习与恋爱的关系，又该如何协调与平衡二者之间的矛盾，从二者的冲突中突围呢？不妨从以下几方面探寻思路：

（1）认识恋爱至婚姻的情感发展过程。从心理学角度而论，恋爱至婚姻的发展过程是：相互了解→相互接纳（个性、观念、需求）→相互依恋→婚姻。

（2）确定情感发展目标。两个以专业学习为主轴，尚无稳定职业和稳定收入的异性大学生，其恋爱的方向当然是以情感发展为主，而不会直接指向婚姻。既然如此，大学生的恋爱过程应止步于相互接纳与相互依恋，其核心目标应确定为相互接纳。确立了核心目标，再确立个性的相融、观念的近似、需求的互补三大子目标。

（3）调整专业学习目标。当恋爱目标确定后，应将专业学习纳入恋爱双方相互了解、共同促进的目标之中，从而使专业学习与恋爱有机结合、相互协调。

(4) 学习与恋爱相互结合、相互促进。恋爱本质上不应与学习对立，因此，恋爱双方应坚持以恋爱服从学习、恋爱促进学习为原则，在此基础上循序渐进地了解双方的性格、观念与需求，当一方出现牺牲学习保恋爱的倾向时，恋爱动机已经偏离，需立即矫正，若调整无效，则需果断地终止恋爱。

当渴望恋爱或正在恋爱的大学生明确了以上思路时，学习与恋爱的矛盾将迎刃而解。

第二节 大学生的情绪管理

人本质上是高级情绪动物，人的感觉、思维、行为乃至命运无不与情绪相关，因而情绪管理攸关人生的成败。情绪智商的实质就是通过有效地识别、管理情绪，理性驾驭行为的智慧与能力。对当代大学生而言，情绪的管理能力是必须具备的重要素质。

一、情绪的一般概念

欲管理情绪，首先要认识情绪，理解情绪的本质属性、情绪的加工机制以及情绪对人的感觉、思维和行为的影响方式。这是实现情绪管理的前提。

（一）情绪的定义

什么是情绪？情绪就是身体对行为成功的可能性乃至必然性在生理反应上的评价和体验，包括喜、怒、忧、思、悲、恐、惊七种。

行为在身体动作上表现得越强就说明其情绪越强。

比如，喜，当一个人愉快或高兴时，会手舞足蹈、喜形于色；怒，当一个人怒不可遏时，会咬牙切齿、怒发冲冠；忧，当一个人忧愁时，会茶饭不思、满脸愁容；悲，当一个人悲伤时，会痛心疾首、痛哭流泪。

可见，一个人不同的情绪会在身体及动作上出现各种对应的反应。

（二）情绪的识别

普通心理学认为，人的情绪是指伴随着认知和意识过程产生的对客观事物的态度的体验，是对客观事物和主体需求之间关系的反应，是以个体的愿望和需要为中介的一种心理活动。普通心理学对情绪的这一描述，为我们有效地识别情绪提供了依据。

1. 情绪的类别

根据内心体验的积极与否，可将情绪分为：

（1）正性情绪——产生积极的内心体验和行为反应的情绪，如喜悦、热情、冷静、平和等。

（2）负性情绪——产生非积极的内心体验，并导致破坏性行为后果的情绪，如愤怒、悲伤、忧虑、恐惧等。

2. 情绪的功能

由于情绪是人的一种态度体验和需求反应，因此，情绪表现为以下功能。

（1）传达态度倾向。情绪的功能首先是向外界传达人对客观事物的接纳、排斥、认同、否定等态度倾向。

（2）干预人际环境。情绪的表达本身是一种外界传递的信息，它会感染环境，影响人际关系和氛围。

（3）投射内心需求。情绪在表达态度的同时也反映了人的需求：它或者释放本能需求，或者排解内心压抑，或者包装现实满足，或者掩饰欲望渴求。比如，悲伤痛苦，就是在排遣内心伤感；酒后吐真言，是在释放内心需求；而"此地无银三百两"，则是在故意掩饰内心欲望。

（三）情绪的正、负效应及管理意义

由于人的情绪的本质是对客观事物的态度的体验，是人的需求的反应，由于情绪的积极与否决定了情绪的方向——正性与负性，因而不同的情绪将导致相应的行为结果。

1. 积极效应

平和的情绪引导理性思维；思维的准确带来行为的成效。比如，当一个人心情平静时，可以思维，可以学习，可以工作，可以把具体的事情考虑周全，进而使付出的行为达到预定的目标。可以认为，情绪的平稳是取得行为成效的前提和保障。

2. 负面后果

失控性情绪诱导逆向性行为，行为的盲动导致结局的溃败。比如，得意忘形时招致他人嫉妒和攻击；考试焦虑时，必然抑制能力发挥；因愤怒而攻击；因悲伤而自虐、自残；因抑郁而自怨、自杀；因焦虑而盲动（病急乱投医）；因恐惧而失措；等等，所有这些，无不是负性情绪所致。

可见，情绪的理性与否影响命运的格局，攸关人生的成败。

（四）情绪的加工机制

根据美国心理学家埃利斯的理性情绪理论：情绪是人的思维的产物，人的情绪并非来自事件本身，而是源自对事情的认知与加工。埃利斯的这一理论恰好揭示了情绪的加工机制，同时也开启了情绪的有效管理之门。情绪的加工机制如图8-3所示。

二、情绪的管理艺术

由情绪的加工原理（图8-3）可以看出，情绪的产生需经过三个过程，即信息输入、认知加工和情绪输出。因此，情绪的有效管理应从输入、加工和输出三个方面分别切入和实施。

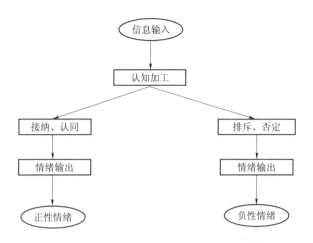

图 8-3 情绪加工机制图示

（一）情绪信息（刺激）的选择性输入

因为病从口入，所以人们会选择健康食品而排斥非健康食品。由于情绪是思维对信息进行加工之后的产物，因此，当我们忽略某种信息时，就意味着不进入思维、无信息加工，因而就没有情绪的产生，"心静自然凉"。可见，最简洁的情绪管理就是对信息的选择性输入。

1. 敏感与忽略

（1）关注原则问题。在现实生活中，每天都有许多事情在发生，我们每天都会接触到大量的信息，是否我们所看到、所听到、所接触到的每一件事情都与我们必然相关、都必须去关注、必须去应对呢？答案显然是否定的。因此，发现信息时，需要鉴别性质，关注原则问题，忽略非原则信息。

我们只需要关注、重视或处理与我们的安全、利益、情感等相关的事件或信息，除此之外，都可以忽略，允许"糊涂"，可以视而不见，听而不闻。

（2）关注有效信息，忽略无关细节。

常言说，眼见为实耳听为虚。虽然老虎会吃人，但关在动物园的老虎，只能被人观赏，画在墙上的老虎也走不下来，因此，在对信息选择性输入时，只需关注或重视有效信息，忽略虚拟信息。细节不一定决定成败，非原则细节可以忽略，因为它无关"成败"。

【案例】"一粒老鼠屎，坏了一锅粥"（图8-4）

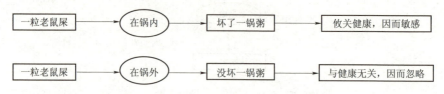

图8-4 "一粒老鼠屎，坏了一锅粥"

【案例解析】如果"一粒老鼠屎，坏了一锅粥"，那么，这一粒老鼠屎必须在锅内。

若因为锅外有一粒老鼠屎而焦虑不安，是你跟老鼠屎过不去，不是老鼠屎有错，因为它没坏你的粥，无关你的健康。

现实生活中有许多事情，只要无关原则都可以忽略。你不把它当回事，它就不是一回事。

2. 接纳与舍弃

（1）重视核心需求，接纳现实满足，忽略面子期待；舍弃求全心理。

我们生活在现实中，我们的言行举止无不被人感知，被人评价。我们会因为他人说"你吃饭的样子难看"而选择不吃饭吗？会因为别人说"你五音不全"就抛弃音乐吗？吃饭是为了活着，"样子难看"是别人说的，唱歌是因为快乐，"五音不全"是他人的感觉。可见，需求是自己的，评价是别人的；自尊是自己的，面子是别人给的，可以期待，无需强求。

（2）追求"个性自我"，放下力所不及的欲求。

负性情绪的产生往往来自需求受挫，每个人的能力是有限的，因而需求的满足也是有限的，所谓扬长避短，其实质意义在于：追求"个性自我"，发挥能力优势，寻求个人需求的最大满足，即"自我满足"，它与他人评价毫无关系。

"宰相肚里能撑船"，它包含了盲目接纳；"宰相肚里不撑船"，才是人生的唯美境界。当我们只重视原则问题与核心需求，只接纳现实满足与有效信息，所有非原则信息、无效信息、面子期待等都将被忽略和舍弃，那么，虚怀豁达，宠辱不惊，淡定自若就非我莫属。

【案例】大学生小丁因家境贫困，课余时间在一家小餐馆做服务生以补贴生活。有一天下午，餐馆老板出去打麻将了，小丁正在打扫卫生，这时，一个打扮阔气的男人走进了餐馆。这个男人说："你们老板打麻将输了钱，他没钱，让我来拿酒抵账。"小丁说："那不行，店里的酒不能随便拿，我要对老板负责，如果是老板的意思，那就请你给老板打个电话，我听老板的，要不就等老板回来再说。"

男人一听就火了："你们老板跟我是哥们，他的酒我可以随便拿。你算啥，也不撒泡尿照照，一个打工的穷叫花子，也不嫌寒碜。"小丁此时按捺不住怒火，与对方吵起来了："你有钱有啥了不起，就可以仗势欺人吗？我最看不起你这种没素质的人……"两人一直吵到了老板回来。之后整整两天小丁都难消怨气，情绪久久难以排泄……

【案例解析】1. 男人本来是来拿酒的，因为小丁的阻挠而引发情绪，其语言直接伤害小丁的自尊。

2. 小丁被激怒了，和男人相互对吵起来。

3. 小丁和男人之间以情绪交流取代了事实对话，进而导致双方心态失衡。

以上案例说明，人际冲突常常源自忽略事实，关注面子，进而导致冲突升级，破坏身心和谐。因此人际交往中的情绪管理，究其实质就是透过情绪看事实，舍弃面子重需求。情绪管理的要领在于：用事实说话，不用情绪交流，注重需求互动，忽略面子感受。

（二）情绪信息（刺激）的理性认知（加工）——中和与消化

既然情绪源自思维，那么负性情绪就来自绝对化思维、来自非理性需求，因此，当绝对化思维被剔除、非理性需求被置换时，负性情绪就将被中和与消化。

1. 剔除绝对化观念——构建情绪事件的理性认知

"应该"来自"道德准责"，"不应该"取决于"公共法规"。除此之外，任何事件的发生都源于"需求与可能"的结合，而不是应该和必须所致。因此，当我们与客观世界发生联系时：就应该接纳"需求"与"可能"，放弃"应该和必须"。

因为存在即合理，任何个人的"理"都应服从于既定事实。所以需要无条件接纳已发生的事实，学会理解"本应如此"和"原来如此"，放弃"理应如此"。

因为结果有规律决定，不以个人意志为转移，所以，当事实出乎意料，背离初衷时，需要理解的就是我们只是"希望如此"，原来事实"并非如此"，因而放弃"必须如此"。

【案例】"我"向张三借1 000元钱，因为此时"我"急需，以下是三种认知选择：

1. 期待如愿——张三有可能借（图8-5）：

图8-5 期待如愿

2. 控制他人——张三应该或必须借（图8-6）：

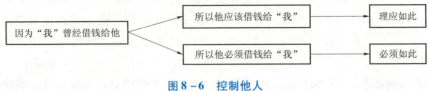

图8-6 控制他人

3. 接纳结果——张三不确定借（图8-7）：

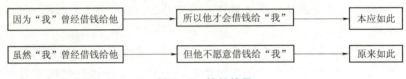

图8-7 接纳结果

很显然，在以上认知选择中，当"我"只是"期待如愿"，希望张三借钱给"我"时，就能够接纳任何可能的结果：当结果如愿时，证明我们的预期正确——本来就是如此，当结果失望时，我们依然能理解，我们的预期失效了——原来是如此结局。

2. 实施有效影响，放弃无效控制，接纳必然结果

人的行为只受"法规"与"道德"的制约，除此之外，他人有绝对的思维模式、行为方式、价值取向的独立与自由。

因此，我们可以通过对他人与环境实施有效的影响，为实现自身意愿创造条件。但需要放弃对他人的无效控制，接纳与个人期待相悖的任何可能的事实与结果。

【案例】"坦白从宽，抗拒从严"是一种司法策略，它试图影响当事人的行为选择，如图8-8所示。

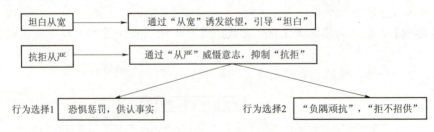

图8-8 "坦白从宽，抗拒从严"的影响结果

由此可见，"坦白从宽，抗拒从严"只是一种影响他人需求与行为选择的策略，而"供认事实"或者"拒不招供"则是策略影响下的个人自主决定的行为选

择。当我们只是影响他人，而放弃了对他人的无条件的控制时，就能够接受任何可能的结果，就能够走出对他人强求和控制的行为及情绪误区。

3. 寻求需求代偿，实现情绪置换

当我们把预期的需求和愿望当成必然结果，而需要和愿望却遭遇挫败时，负性情绪就必然产生，此时我们若改变思维惯性，从需求及愿望的挫败中寻求代偿路径，心情将逐渐开朗，因为我们有了新的可行性行为方向。

因此，当悲痛化为力量，干戈化为玉帛，忧伤变成行动时，我们就将走出情绪的阴霾，点燃生命的信念。

（三）情绪内容的有效释放——路径选择

当我们被负性情绪所困扰，又难以找到破解困惑的理性思维时，情绪的释放就成为了必然的选择，于是，寻找合理的情绪宣泄路径，降低情绪释放的风险就成为思考的重心了。

1. 情绪风险的预期评估

情绪的释放需要管道，所谓情绪管道其实就是一种代价。释放情绪时务必评估情绪释放可能引起的质变和可能付出的代价。

（1）经济代价。"为争一口气，宁丢几亩地"，此类现象并非鲜见，其经济代价令人咋舌。因为气愤而随意购物，因为吵架而砸掉贵重物品等，无疑都是情绪释放的经济代价。

（2）时间代价。因为情绪的宣泄导致工作、学习停止，生活瘫痪，消耗大量的无效精力，无节制地耗费宝贵时间。不难想象，情绪宣泄的时间成本同样是昂贵的。

（3）精神代价。因为情绪的宣泄，无节制、无条件地攻击、伤害身边的亲友，使个人心灵、声誉、自尊、人脉全面受损，一次口角酿成悲剧、一句气话变成事实，类似的情景似乎就发生在身边。这就是情绪释放的精神代价。

由此可见，当我们需要释放情绪时，不得不评估经济、时间和精神代价。

2. 情绪目标的合理选择

评估了情绪释放的代价后，则需要选择可承受的、代价最低的目标（人与事），适度释放负性情绪。

所谓选择情绪目标，其实质就是寻找风险最小的"出气筒"。那么什么性质的目标是首选呢？答案是：至爱亲朋。因为是"至爱"，"我"不接纳谁接纳？因为是"亲朋"，"我"不包容谁包容？虽然"我"的心隐隐作痛，但"我"的爱却依然无悔。因为"至爱"无疆，"亲朋"无价。

3. 情绪内容的有效取舍

因为"覆水难收"，所以情绪宣泄时并非任何内容都适合。尽管焦躁煎熬、痛苦不堪，依然需要选择风险最小、不会引起质变的内容释放，避免掉进无法自拔的心理陷阱，导致无可逆转的、违背个人意愿的结局发生。

"狼来了"的故事,我们并不陌生。一个孩子之所以最终落入狼口,是谎言重复的结果。幼儿是幼稚而非理性的,但如果一个成年人因为情绪释放而毫无顾忌地重复违背个人意愿的谎言,那么,他的思维及行为模式就已幼儿化了,导致不可逆转的后果难以避免。

因此,不想失恋、离婚,就不说"离婚"与"分手";不想失去朋友,就避免说"我不想再跟你这样的人来往了";不想失去工作,就别说"我辞职"或"我不干"。

4. 情绪释放的时空取向

一个人做任何事都需要选择恰当的时空。学生上学需要按时去学校,员工上班需要按时去单位。同样,情绪的释放也需要选择最佳时机与空间,才能最大限度地降低情绪的释放所产生的负面效应。

比如,一个大学生因为班主任老师的误解而受到学校的处分,于是耿耿于怀,进而不择时机地干扰班主任的正常工作,煽动其他学生围攻班主任,最终的结局只有一个:被学校开除。再比如,一个员工因为上级误解导致不合理处罚,于是不择时机地在上级与客户签约时宣泄情绪,导致上级声誉和客户利益受损,最后的结局就是:被单位解雇。

当有人自诩为是"刀子嘴豆腐心"时,其实他正在为自己宣泄情绪时的不择时机而辩解,然而,当他以此自我安慰时,人脉受损和破坏的事实却无法逆转。由此可见,从情绪的有效管理出发,情绪的释放务必选择恰当的时间与空间。防止自己和他人的需求发生质变,这对当代大学生而言,无疑是重要的心理素养。因为它攸关个人未来的发展与成败。

本章练习

1. 心理压力有几种类型?
2. 由内在因素和外部因素所导致的心理压力分别有哪些表现?
3. 心理压力的管理策略有哪些?举例说明你是如何运用这些策略缓解心理压力的。
4. 情绪是如何加工出来的?
5. 情绪管理的有效方法有哪些?
6. 通过本章的学习,结合个人经历谈谈你有哪些体会和收获。

本章附录

附一 情绪质量测验

这是一个情绪测验,通过这个测验,可以了解你的情绪是否健康,是否在你的掌控之中。

题号	题　　目	选择（√）		
		A	B	C
1	看到自己最近一次拍摄的照片，你有何想法？ A. 觉得不称心　　B. 觉得很好　　C. 觉得可以			
2	你是否想到若干年之后会有什么使自己极为不安的事？ A. 经常想到　　B. 从来没有想过　　C. 偶尔想到过			
3	你是否被朋友、同事或同学起过绰号、挖苦过？ A. 这是常有的事　　B. 从来没有　　C. 偶尔有过			
4	你上床以后，是否经常再起来一次，看看门窗是否关好，水龙头是否拧紧等？ A. 经常如此　　B. 从不如此　　C. 偶尔如此			
5	你对与你关系最密切的人是否满意？ A. 不满意　　B. 非常满意　　C. 基本满意			
6	半夜的时候，你是否经常觉得有什么值得害怕的事？ A. 经常　　B. 从来没有　　C. 极少有这种情况			
7	你是否经常因梦见什么可怕的事而惊醒？ A. 经常　　B. 没有　　C. 极少			
8	你是否曾经有多次做同一个梦的情况？ A. 有　　B. 没有　　C. 记不清			
9	有没有一种食物使你吃后呕吐？ A. 有　　B. 没有　　C. 记不清			
10	除去看见的世界外，你心里有没有另外的世界？ A. 有　　B. 没有　　C. 记不清			
11	你心里是否时常觉得你不是现在的父母所生？ A. 时常　　B. 没有　　C. 偶尔有			
12	你是否曾经觉得有一个人爱你或尊重你？ A. 是　　B. 否　　C. 说不清			
13	你是否常常觉得你的家庭对你不好，但是你又的确知道他们实际上对你很好？ A. 是　　B. 否　　C. 偶尔			
14	你是否觉得没有人十分了解你？ A. 是　　B. 否　　C. 说不清楚			
15	你在早晨起来的时候最经常的感觉是什么？ A. 忧郁　　B. 快乐　　C. 讲不清楚			

续表

题号	题目	选择（√）		
		A	B	C
16	每到秋天，你经常的感觉是什么？ A. 秋雨霏霏或枯叶遍地　B. 秋高气爽或艳阳天　C. 不清楚			
17	你在高处的时候，是否觉得站不稳？ A. 是　　　　　　B. 否　　　　　　C. 有时是这样			
18	你平时是否觉得自己很强健？ A. 否　　　　　　B. 是　　　　　　C. 不清楚			
19	你是否一回家就立刻把房门关上？ A. 是　　　　　　B. 否　　　　　　C. 不清楚			
20	你坐在小房间里把门关上后，是否觉得心里不安？ A. 是　　　　　　B. 否　　　　　　C. 偶尔是			
21	当一件事需要你作决定时，你是否觉得很难？ A. 是　　　　　　B. 否　　　　　　C. 偶尔是			
22	你是否常常用抛硬币、翻纸牌、抽签之类的游戏来测凶吉？ A. 是　　　　　　B. 否　　　　　　C. 偶尔			
23	你是否常常因为碰到东西而跌倒？ A. 是　　　　　　B. 否　　　　　　C. 偶尔			
24	你是否需要一个多小时才能入睡，或醒得比你希望的早一个小时？ A. 经常这样　　　　B. 从不这样　　　　C. 偶尔这样			
25	你是否曾看到、听到或感觉到别人觉察不到的东西？ A. 经常这样　　　　B. 从不这样　　　　C. 偶尔这样			
26	你是否觉得自己有超乎常人的能力？ A. 是　　　　　　B. 否　　　　　　C. 不清楚			
27	你是否曾经觉得因有人跟着你走而心里不安？ A. 是　　　　　　B. 否　　　　　　C. 不清楚			
28	你是否觉得有人在注意你的言行？ A. 是　　　　　　B. 否　　　　　　C. 不清楚			
29	当你一个人走夜路时，是否觉得前面暗藏着危险？ A. 是　　　　　　B. 否　　　　　　C. 偶尔			
30	你对别人自杀有什么想法？ A. 可以理解　　　　B. 不可思议　　　　C. 不清楚			

测验答案及解释——选 A 得 2 分，选 B 得 0 分，选 C 得 1 分。最后累计总分。

1. 总分为 0~20 分：

情绪良好、自信心强，具有较强的美感、道德感和理智感。有一定的社会活动能力，能理解周围的人们的心情，顾全大局。是一个性情爽朗、受人欢迎的人。

2. 总分为 21~40 分：

说明你情绪基本稳定，但较为深沉，对事情的考虑过于冷静，处事淡漠消极，不善于发挥自己的个性。你的自信心受到压抑，办事热情忽高忽低，易瞻前顾后、踌躇不前。

3. 总分为 41~50 分：

你情绪不佳，日常烦恼太多，心情已处于紧张和矛盾之中。

4. 51 分以上：

一种危险信号，务必请心理医生作进一步诊断。

附二　个性与压力测验

【指导语】通过本测验确定个性类型是否是造成工作压力的原因。

从不这样—1 分；极少这样—2 分；有时这样—3 分；经常这样—4 分；总这样—5 分。

序号	测 验 题 目	答案与分数				
		从不 1	极少 2	有时 3	经常 4	总是 5
1	认识新的人对我来说很令人紧张。					
2	我的配偶和朋友都认为我要求太高、工作太卖命了。					
3	我的生活际遇是由命运和环境所决定的。					
4	如果能够选择的话，我宁愿自己单独工作。					
5	如果对于工作任务的指示不明确，我就会感到焦虑不安。					
6	对我工作的负面评价会使我几天都闷闷不乐。					
7	我是本部门完成工作量最多且最先完成的人，我感到自豪。					
8	生意上的决策特别让我感到有压力。					
9	我没有什么办法来影响那些掌权的人。					
10	当我不得不和他人打交道时，我的工作不是那么有成效。					
11	我更愿意听从他人的意见而不是依靠自己的。					
12	我更愿意有稳定收入，也不愿做令人振奋却需担责任的工作。					

续表

序号	测验题目	答案与分数				
		从不 1	极少 2	有时 3	经常 4	总是 5
13	我在工作中常常会遇到截至期限和时间的压力。					
14	既然不可能在组织内尝试变革,我就对事情听之任之。					
15	一般来说,有问题时我会逃避而不是跟他人对质。					
16	如果有一种工作方法奏效,我通常不会再作改变。					
17	我需要得到他人的称赞才能感到自己干得不错。					
18	因为我不想失败,所以我避免冒险。					
19	我很少对自己感到满意。					
20	如有什么打乱我的日常安排,我会感到特别心烦意乱。					
21	我不喜欢让人知道我的私事。					
22	在新环境中,我往往会过分地小心和紧张。					
23	我有个倾向:花越少的时间做越多的工作。					
24	由于职业缘故,我没机会做我真正想做的事情。					
25	如果有人批评我,我就会开始怀疑自己。					
26	我以条理、整洁和准时而自豪。					
27	我不喜欢去聚会或其他人多的地方。					
28	成功跟运气有很大的关系。					
29	在和客户打球或共进晚餐时,我做成不少生意。					
30	如果有人反驳我,我会感到特别不愉快。					
	总分:					

分数解释:

1. 136~150 分:

个性倾向在工作中给你造成了巨大压力,而这可能会影响你工作能力的正常发挥。

2. 116~135 分:

通常无法较长时间的应对很大的压力,需要改进。

3. 76~115 分:

你有很好的平衡。要有意识地做出努力,在遇到压力时让自己保持一种积极态度。

4. 46~75 分：

你的性格不太会加重你对于压力的反应。你可能会觉得自己能够处理和控制大多数情况。

5. 30~45 分：

你的性格能够缓解生活、工作中大部分压力，能在压力下出色工作。

请将以下各组得分相加，可发现哪组所占分量较重，从而确定哪些个性因素造成了你的压力。

自尊心理低~高：6，11，17，19，25

古板~灵活：5，16，20，26，30

内向~外向：4，10，15，21，27

外在导向~内在导向：3，9，14，24，28

容易紧张~缓解紧张：2，7，13，23，29

寻求安全~冒险：1，8，12，18，22

大学生的心理保健

在社会变革、经济繁荣、价值多元的现代社会,激烈的竞争不断加剧人的心理压力,适应和发展极大地挑战人的心理素质,复杂多变的社会环境拷问人的智慧与能力。面对机遇和挑战,在各种利益诱惑和欲望的挣扎中,没有一个人的心灵能够一尘不染。只有提升心理保健能力,建立强大的精神防线,才能抵御压力、承受挫折、适应社会,在学习、生活、工作中如鱼得水,立于不败之地。因此,构建心理保健能力是当代大学生的成长、成才的重要保障。

第一节 大学生的适应与防御

大学生的心理保健能力主要有环境适应和精神防御能力、行为选择能力、心理问题的识别与自助能力以及同伴心理互助能力,一个大学生的心理保健能力首先体现为在大学时期各个阶段的心理适应及精神防御能力。

一、大学生心理发展的阶段性

当代大学生从入学到毕业须经历入学适应、稳定发展和准备就业三个阶段,每个阶段都有各自的发展目标,因而大学生的心理保健的功能贯穿于整个大学时期,为各个阶段目标的顺利实现保驾护航。

1. 入学适应阶段

刚入学的大学生首先面临的是环境适应、学习适应与人际适应。从家庭到大学,生活环境、学习氛围、人际氛围都是全新的,因而要求大学生以全新的心理状态去调整、去适应。

2. 稳定发展阶段

完成入学适应,紧接着就需要全身心地投入学习,持续、稳定地发展学业,扩大交往,增进友谊,这依然需要健康的心态保障。在这一阶段心理保健的任务是稳定健康的心态,力保身心和谐,促进综合能力全面提升。

3. 准备就业阶段

当大学生活即将结束,就业任务就迫在眉睫。此时,如何迎接挑战,追求成功梦想?毫无疑问,心态决定一切,用健康的心态去规划职业生涯,构建理想自我与现实自我的桥梁，平衡个人能力与社会需求的矛盾，是迈向成功的保证。

二、大学生的适应与防御能力

大学生的心理保健能力首先体现为心理适应与心理防御能力。适应与防御能力主要包含以下内容。

（一）环境适应能力

大学生的环境适应能力主要是指能动、有效地适应不同时期、不同地域的自然与人文环境，构建人与自然、人与文化、自我与群体的全方位和谐。如图9-1所示。

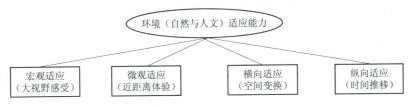

图9-1 环境适应能力

从以上图示可知。大学生的环境适应是全方位的：从宏观到微观，从横向到纵向，从自然环境到人文环境等。这是因为：

1. 宏观接纳

当一个人从自己的家乡来到大学，首先跨越了宏观的地域环境。不同的地域，既有自然条件的差异，也有地域文化的差异，大都市的文化气息、生活方式与农村的乡土民俗迥异，大学里的学术氛围与中、小学有天壤之别，这都需要大学生去逐步体验、逐步感悟、逐步融入。

2. 切身体验

离开了父母温暖的怀抱，与来自不同地域、不同性格的学生在一个寝室朝夕相处，开始了近距离的人际交往。如何了解同学个性、构建新的友谊，如何化解同伴误会，如何有效地帮助同学等，都是刚刚步入大学的学生需要面对、需要思考和逐步适应的。

3. 行为自如

学生来到学校后，开始了个人的独立生活，其行为空间从课堂到课外，从宿舍到教室，从学校到校外不断变换，此时不仅需要学会自立和自律，还要学会自我保护以及同伴互助，逐渐建立一个大学生应有的安全、自律而有效的行为方式。

4. 心随境迁

一个人结束了高中生活，开始大学生活后，其学习、生活、实践等任务和目标也随着不同的时期、不同的季节发生着变化。此时，如何学习、如何生活、如何实践，成为大学生面对的新的课题。大学生需要不断地进行自我探索，以全新的思维与行为去不断地适应、不断地成长。

适应则是个体应对环境变化的一种同步改变。"刻舟求剑"的寓言我们从小就耳熟能详,"刻舟求剑"就是一种行为的迂腐和刻板,而非舟行之后的适应性改变,正确的适应不是"刻舟求剑",复制曾经的需求,而是"刻舟求思,打造新剑",创造新的体验。

一个大学生在步入大学之前,其心中已经刻下了许多中学时期的美好记忆,但是,这一切随着时间之舟的前行、随着环境的变化将逐渐远离了,不会留在"老地方"。虽然我们依然留恋家乡熟悉的环境,眷恋父母的呵护,怀念旧日的伙伴,然而这一切不会因为我们上大学而相伴相随。因此,步入大学的新一代学子需要理解和成长的是:与时俱进,适应新的环境,牢记亲人的嘱托,憧憬新的未来,构建新的友谊,书写青春的新篇章。

(二) 精神防御能力

一个人不仅需要能动地适应环境,还需要具备精神防御能力。精神防御能力主要是指有效地抵抗精神挫伤、抵抗来自外部的精神压力的能力;承受逆境、孤独、失败和挫折的能力;在遭遇精神创伤后心灵的康复的能力,如图9-2所示。

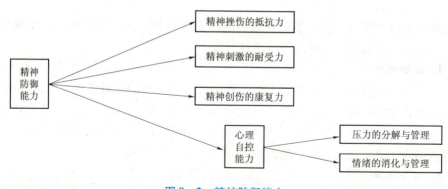

图 9-2 精神防御能力

1. 精神挫伤的抵抗力

一种强烈的精神打击出现在面前,不同的人对同一类精神刺激的反应是不相同的,由此能看出不同人对于精神刺激的抵抗力。抵抗力低的人往往容易遗留下后患,可以因为一次精神刺激而导致反应性精神病或癔症,而抵抗力强的人虽有反应但不会致病。这种抵抗力主要是和人的认识水平有关,一个人对外部事件有充分理性的认识时,就可以相对地减弱刺激的强度。当代大学生需逐步培养精神挫伤的抵抗力,以良好的精神状态完成大学学业。

2. 精神刺激的耐受力

现实生活中还有另外一类精神刺激,它长期、反复地出现在生活中,几乎每日每时都要缠绕着人的心灵。比如处在某种恶劣的生活环境中,或者每天经受着个别人的精神折磨等。有的人在这种慢性精神折磨下出现心理异常,个性改变,精神不振，甚至产生严重的躯体疾病。但是也有人虽然被这些不良情绪刺激、缠绕，但不会在精神上出现严重问题，甚至把不断克服这种精神刺激当做生活斗争的乐趣，当做一种标志自己是一个强者的象征。他们可以在别人无法忍受的逆境中做出光辉成绩。这就是一个人对精神刺激的耐受力。人的一生不可能一帆风顺，必然会经历各种挫折与磨难，因而，对于追求理想和成功的大学生而言，应逐步练就精神的耐受力，学会忍辱负重、在逆境中执著前行的能力。

3. 精神创伤的康复力

在人的一生中，谁也不可避免遭受精神创伤，在精神创伤之后，情绪的极大波动，行为的暂时改变，甚至某些躯体症状都是可能出现的。但是，由于人们各自的认识能力不同，人们各自的经验不同，从一次打击中恢复过来所需要的时间也会有所不同，恢复的程度也有差别。这种从创伤刺激中恢复到往常水平的能力，称为心理康复能力。康复水平高的人恢复得较快，而且不留什么严重痕迹，每当再次回忆起这次创伤时，他们表现得较为平静，原有的情绪色彩也很平淡。

4. 心理自控能力

压力的应对、情绪的强度、情感的表达、思维的方向和过程都是在人的自觉控制下实现的。所谓无形的压力、不随意的情绪、情感和思维，相对而言它们都有随意性，只是水平不高以致难以察觉罢了。一个人应对压力、释放情绪过程的随意程度与自控能力有关。当一个人身心比较健康时，他的心理活动会十分自如，在压力面前，心无惧怕、游刃有余；情感的表达恰如其分，仪态大方。情绪的消化也理性通畅，收放自如。

第二节　大学生一般心理问题的识别

当代大学生不仅需要培养和提升个人心理适应和精神防御能力，同时还需要掌握一定的心理问题的识别能力，才能及时通过各种有效的方法解除可能出现的各种心理困惑，从而保障身心健康。要正确地识别心理问题，就必须掌握一定的心理健康知识。

一、心理健康基本知识

（一）心理健康概述

1. 什么是健康

现代健康的含义并不仅是传统所指的身体没有病。世界卫生组织的解释为：健康不仅指一个人没有疾病或虚弱现象，而且还指一个人在生理上、心理上和社会上的完好状态。

由健康的完整定义可知，心理健康对于现代人是极其重要的。

2. 心理健康的定义

从广义上讲，心理健康是指一种高效而满意的、持续的心理状态。从狭义上讲，心理健康是指人的基本心理活动的过程内容完整、协调一致，即认识、情感、意志、行为、人格完整和协调，能适应社会，与社会保持同步。

根据心理健康的定义，心理健康的内容应包括以下内容：

（1）自我意识健全。心理健康者首先应有健全的自我意识。健全的自我意识是指能够客观、准确地认识与把握客观现实，能够准确地认识与把握现实自我（生理自我、心理自我和社会自我），与此同时，能够构建正确的未来人生的奋斗目标，并且为实现自己的目标而不懈地追求。

（2）人格完整、情绪和谐。一个心理健康的人，应该是身心和谐的。这种和谐应体现为：

第一，人格完整。人格完整是指一个人有健全的性格、理性的认知以及应有的观察力、记忆力、思维力、想象力等心理能力。

第二，情绪和谐。情绪和谐是指一个人的情绪反应乐观、稳定、正常，且符合客观现实。

（3）主客观世界和谐统一。一个心理健康的人，其主、客观世界是统一而和谐的，这种统一及和谐应体现为个人内在精神世界与外部客观世界（自然与人文环境）的和谐、统一、平衡。换言之，个人对客观世界的思维、感觉应该是客观的、准确的，而不是弯曲和颠倒的。比如一个人说他看到或听到了什么，而在客观世界中并不存在引起他这种感觉的事物，那么，这个人的精神活动就不正常，他产生了幻觉。又如，一个人的思维内容脱离现实，或思维逻辑背离客观事物的规定性时便形成妄想。这些都表明个人内在精神世界与外部客观世界（自然与人文环境）的和谐、统一、平衡被破坏了。

（4）行为积极、和谐。心理健康的另一个重要标志就是一个人外在行为的和谐。一个人的行为和谐应体现为：

第一，人际关系和谐，即能够友好地与人相处，发展和谐的人际关系。

第二，个人发展欲望强，有独立自主的生活、学习与劳动能力，且行为积极有效。

二、心理健康程度分级及心理问题发展进程

心理健康程度以及心理问题的发展规律如图9-3所示。

（一）心理健康程度分级

由图9-3可知，心理健康可做程度上的区分：

（1）心理健康程度按照二分法可分为正常心理和异常心理。

（2）心理健康与心理不健康都属于正常心理范围。

（3）异常心理包括心理疾病及精神异常。

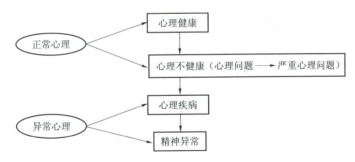

图9-3 心理健康程度以及心理问题发展图示

（二）心理问题发展进程

图9-3清晰明了地描述了心理问题的发展进程：

（1）对个体而言，正常心理处于心理健康与不健康之间，因而没有绝对的心理健康。如果心理保健不当或失效可能由心理健康转化为心理不健康。

（2）由于心理不健康包括了心理问题和严重心理问题，因此，严重心理问题是心理正常与异常的临界点。

（3）如果心理不健康程度逾越了严重心理问题这一临界点，其性质将突破正常心理范围而属于异常心理。

（4）异常心理包括心理疾病和精神异常，当心理疾病发展为精神异常时，则超越了心理治疗的范围。

显而易见，异常心理是由正常心理过渡而来的，从心理健康到不健康直至精神异常，其发展过程是渐进的，由此可见心理保健对于心理健康的意义所在。

三、大学生常见各种心理问题及心理障碍的识别

（一）大学生常见心理问题、心理障碍与精神异常的鉴别

1. 一般心理问题、严重心理问题以及神经症性心理问题的区分（表9-1）

表9-1 心理问题的识别

类别	问题持续时间 （参考原则）	问题严重程度 （参考原则）	内容是否泛化 （主要原则）
一般 心理问题	一个月内	基本不影响 社会功能	尚未泛化
严重 心理问题	二个月内	社会功能轻度受损	已经泛化 （类似、相关的刺激也能引起症状反应）
神经症	三个月以上	社会功能严重受损	完全泛化 （无关、非类似的刺激持续引起症状反应）

关于泛化：

泛化是行为主义心理学的概念。行为主义认为，人的行为发生遵循刺激—反应原理，各种心理和行为反应的对象就是外在的刺激物（环境、生活事件等）或者说这些刺激物引起了这些反应。个体典型的心理和行为反应，如果不再仅仅被最初的刺激事件引起，或者说同最初刺激事件相类似、相关联的事件，甚至同最初刺激事件非类似、无关联的事件，也能引起这些心理和行为反应（症状表现），那么，这种现象就叫泛化。以上各类问题的泛化程度不同，所以问题的性质也不相同。

2. 心理危机、精神分裂症的主要特征（表9-2）

表9-2 心理危机、精神分裂症的主要特征

类别		症 状 表 现
心理危机	抑郁型	长期处于内向、抑郁、无助状态，不间断有活着无意义、想自杀等意图的表达者
	应激型	1. 在人际冲突中，有难以控制的可能发生的暴力事件 2. 有攻击、危害他人及社会倾向者
	理智型	1. 谋划报复——凶器准备、报复条件（时间、地点、方式）规划 2. 筹备自杀——自杀工具（药品、刀具等）准备，人际关系处置
精神分裂症		幻觉（幻听、幻视）、妄想、行为退缩、躁狂、个性改变、情绪异常、无病感

（二）心理问题临床表现的识别（表9-3）

表9-3 心理问题临床表现的识别

识别途径	识别对象	症 状 表 现
观察与交流	认知与思维	1. 幻觉——幻听、幻视、其他幻觉 2. 妄想——思维无视客观事实、违背常规逻辑、无端怀疑，毫无根据地判断他人的行为动机、界定他人行为与自己的关系，而且不可理喻、不接受合理解释、用观念代替事实等 3. 强迫性思维（反复思考、穷思竭虑等） 4. 观念绝对化、以偏概全、糟糕至极 5. 毫无根据夸大其词、或无中生有等
	情绪	1. 抑郁、焦虑、易怒、紧张、恐惧 2. 超乎常规地喜怒无常，情感反应与客观现实不符，比如愉快之事用痛哭描述、悲伤之事用笑语诉说

续表

识别途径	识别对象	症状表现
观察与交流	行为	1. 冲动、躁狂
		2. 胆怯、退缩
		3. 强迫行为——反复重复某种行为或动作
		4. 行为怪异，令人费解
		5. 行为与性格不相符——内向者热情直率、外向者沉默寡言等
心理测验		1. 通过 SCL-90 症状自评（见本章附录），发现个人心理问题——总分为 160 分以上者，重点筛查
		2. 通过艾森克人格测验发现个性与情绪问题——情绪性≥60 分、倔强性≥60 分者，重点筛查、关注

（三）大学生常见心理问题与心理障碍的范围（表 9-4）

表 9-4 常见心理问题与心理障碍的范围

范围	可能的原因
适应	生活自理、环境适应、室友相处等
学习	专业、学科兴趣缺乏；学习方法不当；学习动机倾斜；其他心理问题的干扰等
人际关系	尊重、需求理解、意愿表达、有效给予、理性接纳等问题
情感	动机倾斜；友情、亲情与爱情混淆；恋爱能力（理解、表达、给予、接纳）缺乏等
就业	择业动机倾斜；择业与继续升学的取舍；择业、就业与创业的取舍；职业规划等

第三节 大学生的心理自助

一个大学生在学习、生活中每天都需要接触许多人与事，大量的、各种不同的信息和刺激都将进入其内心世界，其心理也将产生不同的反应：或高兴、或沮丧、或焦虑、或沉思等。可见，我们无法保证自己的内心世界一尘不染，因此，对当代大学生而言，需要学会基本的心理自助方法，及时、有效地消除生活中可能出现的各种烦恼与困惑，从而为大学学业的顺利完成提供有力的保障。

一、强化理论学习

1. 认真研修"当代大学生心理素质导论"课程

加强课堂学习。通过课堂学习掌握当代大学生心理素质的基本概念和基础知识；积极参与课堂训练，不断锻炼和提升自身心理素质。

通过学习《当代大学生心理素质导论》，初步领悟和掌握大学生学习、人际交往、恋爱、压力与情绪管理、职业规划等基本心理学规律，并在实践中加以运用。

2. 阅读适量的伟人、名人传记

利用课余时间阅读适量的伟人、科学家、名人等传记，通过对他们丰富的人生经历的了解去感悟成长的内涵及人生的价值。

3. 阅读相关的心理励志书籍

有选择性地阅读或精读部分心理励志书籍是进一步领悟心理学知识，提高驾驭心理活动的能力，全面提高心理素养的重要途径之一。

戴尔·卡耐基（1888—1955），是美国著名的成人教育家、誉满全球的公关学家、杰出的人际关系学家、哲学家。卡耐基的《成功之道全书》，深受全世界广大读者的喜爱，作为当今成功学丛书的扛鼎之作而成为现代成功人士必读书之一。该书浓缩了卡耐基成功学中的思想精华，帮助读者解决生活中面临的最大问题：如何在日常生活、商务活动与社会交往中与人打交道，并有效地影响他人；如何击败人类的生存之敌——忧虑，以创造一种幸福美好的人生；如何在演讲场合表现突出，准确地表达自己的观点和思想，从而赢得听众的尊重。这些问题的解决必将帮助当代大学生有效地塑造自我，到达成功的巅峰，获得更美好的人生。

《菜根谭》是明代洪应明收集编著的一部论述修养、人生、处世、出世的语录集。作者以"菜根"为本书命名，意为"人的才智和修养只有经过艰苦磨炼才能获得"。

该书糅合了儒家的中庸思想、道家的无为思想和释家的出世思想的人生处世哲学的表白，具有三教真理的结晶和万古不易的教人传世之道，为旷古稀世的奇珍宝训。对于人的正心修身、养性育德，有潜移默化的力量。《菜根谭》文辞优美，对仗工整，含义深邃，耐人寻味。正所谓"咬其文字简练明隽"，兼采雅俗。似语录，而有语录所没有的趣味；似随笔，而有随笔所不易及的整饬；似训诫，而有训诫所缺乏的亲切醒豁；且有雨余山色，夜静钟声，点染其间，其所言清霏有味，风月无边。

细味此书，一则重温人间那种已被淡忘了的真趣，二来清醒一下被金钱烧灼得晕头转向的头脑，寻找修身养性的途径、待人处事的准则，学会高瞻远瞩，学会达观人生。

毫无疑问，阅读经典的心理励志书籍，并应用于实践中，对当代大学生的成长、成才与成功有着极其重要的意义。

二、理论联系实际，深刻认识自我，有效塑造自我

通过理论学习，联系个人的实际生活，有意识地审度内心世界，进行自我探索与反思。反思自我、审视自我是当代大学生的基本能力之一，也是实现自我成长的前提。

通过学习《当代大学生心理素质导论》，学会运用所学的知识深化自我认识，并在实践中学会识别并尝试解决在学习、人际关系、恋爱以及压力与情绪管理中所产生的各种矛盾和冲突。

与此同时，在实践中不断强化心理能力训练，提高心理适应与心理防御能力，这是当代大学生成功的基石。

约翰·维特莫（John Whitmore）是一位作家，也是一位一流的管理教练。他从了解自我的角度对"知识就是力量"这条格言进行了诠释："我所了解的东西能助我进步，而我所不了解的会让我停步。"

由此可见，只有通过不断地自我探索与反思，发觉自身的优势与缺点，才能深化自我认识，有效地打开个人成长、进步的空间。

大学生心理自助的另一有效措施是：勇于实践，训练自我，丰富体验，提升自信。

当代大学生绝大多数来自独生子女家庭，从小在过度保护、过度满足中长大，因而，丰富挫折体验，学会征服困难是当代大学生的实践必修课。大学生要珍惜在大学的黄金时期，积极参加适合自己的丰富多样的实践活动，不断锻炼自己，磨炼自己，塑造自己。当你学会了承受挫折，就将练就你的毅力；勇于挑战自我，就将塑造自我；体验成功，就将拥有自信；学会执著前行，终将赢取成功。

三、乐于帮助他人，提升人格品位

同情、包容、乐于助人既是一个人心态和谐的体现，也是人格魅力的体现。

由人际交往的功能可知，人际交往的成功取决于互惠互助。古人曰"预先取之，必先予之"，它给我们的启示是：乐于助人者，才会被人帮助。

因此，当你在人际交往中学会了同情、包容、关怀时，你将是一个不会被困难打倒的人。因为当你帮助他人克服困难、获得成功时，你不仅使他人练就了能力、取得了进步，同时也收获了宝贵的友谊。当难以克服的困难和压力出现在你面前时，你必将获得战胜困难的信心与能力。因为此时他人正在帮助你，友谊正在激励你，自信正在推动你，成功正在召唤你。

第四节　大学生心理问题的科学求助

大学生的心理保健需要具备适应与防御能力、心理问题的识别和自助能力。然而，一部分大学生在遇到自身难以解除的心理困惑时，常羞于启齿，陷入压抑、封闭和颓废之中。由此可见，当代大学生还需要学会勇于面对自己的心理困惑，求助于心理咨询解决个人心理问题的能力。

一、心理咨询与治疗的定义

（一）心理咨询的概念及服务对象

心理咨询与治疗是指心理咨询师运用心理学的原理和方法，帮助求助者发现自身的问题和根源，并协助求助者解除心理问题或治疗心理疾病的过程。

心理咨询的对象主要是正常人，或者说心理咨询最一般、最主要的对象是健康人群，以及存在各种心理问题的亚健康人群。

心理咨询所提供的全新环境可以帮助人们认识自己与社会，处理各种关系，逐渐改变与外界不合理的思维、情感和反应方式，并学会与外界相适应的方法，提高工作效率，改善生活品质，以便更好地发挥人的内在潜力，实现自我价值。

（二）心理治疗的概念及服务对象

心理治疗又称精神治疗，是指以临床心理学的理论系统为指导，以良好的医患关系为桥梁，运用临床心理学的技术与方法治疗病人的心理疾病的过程。

心理治疗的主要对象是患有各种心理疾病的人，包括严重心理障碍、神经官能症（强迫症、疑病症、抑郁性神经症、焦虑症、恐惧症等）、人格障碍、性心理变态等。

二、心理咨询的一般操作过程（表 9-5）

表 9-5　心理咨询的一般操作过程

	操作步骤	工作内容
1	建立咨询关系	1. 聆听倾诉——真诚温暖，理解感受，承诺保密； 2. 疏导情绪——态度中立，不作道德、是非评判； 3. 重视问题——高度关注，不轻易下结论，延缓决策； 4. 探索问题——界定问题性质，寻找问题症结
2	采集相关资料	1. 问题发生的时间、地点、具体事件、心理感受、情绪状态、影响程度等； 2. 事件的认知解释、价值倾向、人际关系； 3. 成长经历、行为风格、真实意愿、内心矛盾等
3	诊断心理问题	判断严重程度，界定问题性质
4	探索问题根源	根据相关资料，依据相关理论，寻找问题症结
5	提出解决方案	根据诊断结论及理论分析，提出有效地指导意见，鼓励、协助求助者改变

三、心理咨询的功能与助人目标

每个大学生都曾经有过和父母、老师、同学、朋友单独谈心与交流的经历和体会，在日常生活中，许多人因为不理解什么是心理咨询，因而常常将心理咨询与亲友沟通、思想工作等同起来，有的人甚至把心理咨询比作是占卜算命（猜测别人心里在想什么）。

然而，由心理咨询的定义可知，心理咨询是心理咨询师运用心理学的理论和方法协助求助者解决心理问题的过程。因此，心理咨询是一种科学的助人手段，它与一般的思想政治工作、亲友交流等完全不同，无论是理论、方法、工作目标还是助人功能都有本质的差异。见表 9-6。

表 9-6　心理咨询的功能及其同亲友交流、思想工作和占卜算命的区别

	理论依据	方式与手段	功能或目标	局限性或后果
亲友交流	1. 道德观念 2. 是非观念 3. 个人经验	1. 经验交流 2. 常识对话	通过经验借鉴与道德干预缓解短时情绪	1. 不揭示认知曲解、情绪紊乱、行为偏离的内在心理机制，治标不治本； 2. 个人信息不易保密
思想工作	1. 法纪法规 2. 道德观念 3. 政治理论	1. 思想交流 2. 常识对话	通过思想交流、道德干预暂时稳定情绪，缓解当前矛盾和危机	1. 不揭示认知曲解、情绪紊乱、行为偏离的内在心理机制，治标不治本； 2. 个人信息不易保密
占卜与算命	民间八卦学说（未经科学验证）	确定未来行为结果的预期与心理选择	通过心理暗示，获得虚拟心理期待，构建短时心理防御，转移当前情绪	由于心理暗示的干扰，行为被动、滞后，最终促成预期行为后果的发生
心理咨询	心理学理论	1. 规范化谈话 2. 技术性谈话 3. 严格遵循保密原则	认知重建，完善个性，调整情绪，化解冲突，优化行为，点燃生机	1. 无求助愿望者难以起效； 2. 精神病不在咨询范围

通过心理咨询同亲友交流、思想工作和占卜算命的对照可知：

（1）亲友沟通为你提供经验借鉴，思想工作为你提供道德支持与干预，但经验不是规律，它只对绝对重复的事情有效，思想工作则以道德和政治标准审度你的问题，给你对与错、是与非的结论，它们有可能缓解你的短时情绪，但无法根除你的问题。

（2）占卜、算命的核心在于，它给你确定一个行为结果的心理预期以及行为选择的心理暗示，使你的行为被动地朝预期方向发展，最终促成事件预期结果的发生。

（3）心理咨询的科学性在于，从心理学的角度出发，对你当前的问题进行探索与分析。在咨询过程中突破经验找误区，透过现象看本质，揭开表象辨真伪，从而挖掘问题产生的心理机制，进而矫正认知、优化行为，全面促进你的心理成长。

由此可见，心理咨询是一种科学、严谨、规范和高效的助人手段，因此，当一个大学生在遇到通过自身努力难以解除的心理困惑时，求助于心理咨询帮助是

最为明智和科学的选择。

四、心理咨询对于人生发展的意义

（一）心理问题的解决有赖于心理咨询

对于心理问题，人们的行为惯性是：调动一切手段去应对感觉，消灭症状。常常"好了伤疤就忘了疼"，问题表现的即时性让我们最终放弃了对问题本质原因的探索。比如，有的大学生因为失恋正陷入烦恼之中，此时一份新的恋情又趁虚而入，而这段新的恋情，既淹没了失恋的感觉，又掩盖了前面情感挫败的实质原因，于是，新的失恋又将被复制。

由于我们为应对感觉而掩盖了问题，于是，当我们再次行动时，问题又将趁虚而入，制造挫折循环，迫使人们为应对问题及感觉而不断地复制错误，空耗人生。对他人而言失败是成功之母，对自己而言失败却在叠加与倍增。

由此可见，心理问题的危害性不可小视，当个人的努力难于解除自身心理困惑时，应及时求助于专业帮助，尽快解决问题。死要面子就会活受罪。掩饰问题就会叠加自卑，回避问题恰恰是问题的一部分，屡战屡败将耗尽精神资源，最终吞噬人的自尊与自信。

（二）人生的发展与成功需要心理咨询

一个人认知与能力的局限性决定了他的一生所能获得的知识、技能以及所能从事的专业工作的有限性。同时，任何人都无法保证他的需求和行为任何时候都能获得满足，因而也就决定了每个人都有可能在特定情况下产生自身的情绪与困惑，而个性与需求的差异性、个体情感的依恋性则决定了人们对求助于他人、求助于专业辅导的期待与依赖。可见，个人自我成长的局限性决定了通过专业辅导解除心理问题的可行性与必然性。

一个心理问题的存在会制约人生的各个方面，它将使你走进挫折循环之中，使你付出时间、经济、精神等多重代价，比如当一个大学生陷入情感困境时，思维不清，情绪紊乱，生活杂乱，于是，学业被耽搁，择业也失败，这就是所谓的祸不单行、屡战屡败，如此一来整个人生发展就被制约了。

因此，及时、有效地遏制、解除心理问题，将最大限度地降低一个人的成长代价，节省发展成本，实现人生价值。"路遥知马力，日久见人心"作为一种观点是正确的，但作为方法论它是落后的，也是不可取的。

试想：对于一个心理问题，我们20岁不理睬，30岁不矫正，40岁还不

根除，对人生的影响将分别是什么？若等到 50 岁才开始省悟，我们将如何面对几十年都在复制同一个心理错误的事实？面对现实，我们还有多少能够逆转它的成本呢？展望未来，还剩下多大的发展与改变的空间呢？还有逆转婚姻、改变职业的成本吗？

因此，心理问题越早解决越好，一旦摆脱困境，人生的收益和前景将不可估量。在人生的旅途中，心理咨询无疑就是一座灯塔，它能点燃我们的自信，引导我们走向成功。

毫无疑问，在人生发展进程中，当遭遇个人挫折与困惑时，学会适时、有效地求助于心理咨询，应成为当代大学生自我心理保健的重要理念。

第五节 心理咨询的主要理论与方法简介

在心理咨询与治疗行业中有着众多的流派，其中最常见的有"精神分析疗法""心理动力学疗法""来访者中心疗法""现实疗法""行为疗法""交互疗法""格式塔疗法"及"理性情绪疗法"等。据美国心理咨询协会的统计，已在临床实践中应用过的心理咨询与治疗的疗法已有 300 种之多，而且还在不断地增加。对心理咨询的相关理论和方法有基本的了解，有助于拓展大学生的知识面，也是当代大学生综合素质的体现。

一、理性情绪疗法

"理性情绪疗法"也称"合理情绪疗法"，由美国心理咨询专家艾利斯（Albert Ellis）于 20 世纪 50 年代创立，是一种比较容易入门、易于操作的心理咨询与治疗方法。该理论与方法已纳入我国心理咨询师培训教材中，成为心理咨询师必须掌握的咨询方法之一。

（一）基本原理

理性情绪疗法是众多心理治疗理论中比较重要的一个，它又称为 ABC 理论或 RET 理情疗法。艾利斯认为，人的情绪问题是由于人的非理性信念所引致。也就是说，认定情绪是非理性思维的产物，因而提出理性情绪疗法有以下基本观点：

1. 人既是理性的，又是非理性的

人的精神烦恼和情绪困扰大多来自其思维中不合理、不符合逻辑的信念。它使人逃避现实，自怨自艾，不敢面对现实中的挑战。

当人们长期坚持某些不合理的信念时，便会导致不良的情绪体验。而当人们接受更加理性与合理的信念时，其焦虑与其他不良情绪就会得到缓解。

2. 人的不合理信念主要有 3 个特征

（1）绝对化要求，即凡事抱着"理应如此""必须如此"的观念，否则不可以，包括对人或对事都有绝对化的期望与要求。

（2）过分概括，即对一件小事做出夸张、以偏概全、非黑即白的反应，不能理解和接纳介于非黑即白之间的状态。

（3）糟糕透顶，即对一些挫折与困难做出糟糕至极的强烈的反应，并产生严重的不良情绪体验，并对结果不能忍受。

凡此种种，都易使人对挫折与精神困扰做出自暴自弃、自怨自艾的反应。

3. 情绪"ABC"原理

在诱发事件 A（Activating event）、个人对此所形成的信念 B（Belie）和个人对诱发事件所产生的情绪与行为后果 C（Consequence）这三者关系中，A 对 C 只起间接作用，而 B 对 C 则起直接作用。换言之，一个人情绪困扰的后果 C 并非由事件起因 A 造成，而是由人对事件 A 的信念 B 造成的。所以，B 对于个人的思想行为方法起决定性的作用。

4. 矫正不合理信念

"理性情绪疗法"的目的在于帮助求助者认清其思想中的不合理信念，建立合乎逻辑、理性的信念，以减少个人的自我挫败感，对个人和他人都不再苛求，学会在不违背公共的道德、安全、法规的前提下求同存异，容忍自我与他人的各种行为表现。

（二）基本操作步骤

第 1 步：

向求助者指出其思维方式、信念是不合理的；帮他们搞清楚他们为什么会这样，怎么变成目前这样的；讲清楚不合理的信念与他们的情绪困扰之间的关系；可以直接或间接地向来访者介绍 ABC 理论的基本原理。

第 2 步：

向求助者指出，他们的情绪困扰之所以延续至今，不是由于早年生活的影响，而是由现在他们所存在的不合理信念所导致的。对于这一点，他们自己应当负责任。

第 3 步：

通过与不合理信念辩论，帮助求助者认清其信念的不合理性，进而放弃这些不合理的信念，同时帮助来访者产生某种认知层次的改变。这是咨询或治疗中最重要的一环。

第 4 步：

不仅要帮助求助者认清并放弃某些特定的不合理信念，而且要从改变他们常见的不合理信念入手，帮助他们学会以合理的思维方式代替不合理的思维方式，以避免重做不合理信念的牺牲品。

这 4 个步骤一旦完成，不合理信念及由此而引起的情绪困扰乃至障碍将可消除，求助者将会以较为合理的思维方式代替不合理的思维方式，从而较少受到不合理的信念的困扰。

(三) 十二条常见的非理性信念

美国心理学家艾里斯认为,每个人都有理性的一面,又有非理性的一面。一些非理性的信念在日常生活中是很普遍的,然而它们常常会引起人们的情绪困扰和行为上的不适应。以下是12条常见的非理性信念:

(1) 我需要身边重要人物的爱与赞赏,而且我必须避免使任何人不满意。

(2) 任何事情我都必须成功,而且不能出错,只有这样我才是一个有价值的人。

(3) 人们应该在任何时候都把事情做对。当人们行为卑劣、不公正或自私时,他们必须受到谴责和惩罚。

(4) 事情必须是按照我所希望的情况进行,否则生活就无法忍受。

(5) 我的苦恼是因我无法控制的外在事件所引起的,所以,我几乎没有办法让自己感觉好受一些。

(6) 我必须想着那些可能发生的危险、不愉快或可怕的事情,否则,它们可能真的发生。

(7) 如果我能避免生活中那些困难、不愉快的事情和责任的话,我就会更加快乐。

(8) 每个人都需要依赖比自己强大的人。

(9) 过去发生的事情是我的烦恼之源,而且它们现在还一直影响着我的感受和行为。

(10) 当其他人遇到难题时我应该感到不安,当他人悲伤的时候我应该感到难过。

(11) 我不应该感受不适和痛苦,我不能忍受这些,我必须不惜任何代价来避免。

(12) 每一个难题都应该有一个理想的解决办法,如果找不到完美的答案将是难以忍受的事情。

当我们发现自己的负面感受是源自这些不合理信念的时候,要学会自我分析与辩论,通常我们会发现很多其他看问题的角度,心境自然开阔。

二、精神分析疗法

(一) 基本理论

"精神分析"理论由奥地利著名心理学家弗洛伊德所创立。它内容庞杂,包括潜意识理论、人格理论、性欲理论及精神防御理论等方面。其理论要点综述如下:

(1) 人的心理活动分为意识、前意识和潜意识(又称无意识)三个部分。其中意识指人能够知觉的心理活动，前意识指人平时感觉不到，却可以经过努力回忆和集中精力而感觉到的心理活动，潜意识指人感觉不到，却没有被清除而是被压抑了的心理活动。弗洛伊德认为，许多心理障碍的形成，是由于那些被压抑在个人潜意识当中的本能欲望或意念没有得到释放的结果。

（2）人格是由"本我""自我"和"超我"三个部分组成。其中"本我"是个人原始、本能的冲动，如食欲、性欲、攻击欲、自我保护等，它依照"快乐原则"行事。"自我"是个人在与环境接触中由"本我"衍生而来的，它依照"现实原则"行事，并调节"本我"的冲动，采取社会所允许的方式行事。"超我"是道德化的自我，它依照"理想原则"行事，是人格的最高层次，也是良知与负疚感形成的基础。弗洛伊德认为，"本我""自我""超我"之间的矛盾冲突及协调构成了人格的基础。人欲维持心理健康，就必须协调好三者的关系。

（3）人在维护自我的心理平衡和健康时，常对生活中的烦恼和精神痛苦采取某种自圆其说或自欺欺人的认识方法，以求心灵的自慰。弗洛伊德将这些认识方法称作"心理防御机制"，通常包括解脱、补偿、合理化、投射、转移、升华及理想化等方式。弗洛伊德认为，这些心理防卫活动多是无意识的，它们对人体的心理健康可起积极作用，也可起消极作用。

（4）为使人们领悟其心理障碍的根源，人们需要接受精神分析的治疗，通过移情关系的建立来重塑人格。在这当中，心理分析师通常使用解析、自由联想、催眠、释梦等技巧来疏解"本我"与"超我"的冲突，减轻"自我"的压力，更好地面对现实。

（二）精神防御机制简介

精神防御机制，一般来说是在人们遇到困难时，所采取的一种能够回避面临的困难，解除烦恼，保护心理安宁的方法。换句话说，由于运用了精神防御机制，才免除或减轻了心理痛苦。但运用过分，就是病态了。

精神防御机制本身越原始，其效果越差；离意识的逻辑方法越远，则越近似于变态心理。然而这种对付心理上困难的做法，本人大多不能清楚地意识到，需要用心理治疗的方法来揭露。尽管每一个人都在有意无意地运用精神防御机制，但这种运用是继发的，是个人在其生活经历中学会的。因此人们所掌握的精神防御机制的方式又往往作为该人人格的一部分而表现出来。

（三）精神防御机制的种类

精神防御机制的种类很多，下面就较有定论的部分做一介绍。

1. 压抑

把不能被意识所接受的念头、情感和行动在不知不觉中抑制到潜意识里。这是精神防御机制最根本的方式。例如，一位中年妇女的独生女于十八岁时死于车祸，事情发生在十月份。当时她非常痛苦，经过一段时间以后，她把这不堪忍受的情绪抑制、存放到潜意识中去，"遗忘"了。这些潜意识中的情绪不知不觉地影响她的情绪，果然她每年十月份均会出现自发抑郁情绪，自己不知道为什么，药物治疗也无效。

2. 否定

把引起精神痛苦的事实予以否定，以减少心灵上的痛苦。例如，小孩打破东西闯了祸，往往用手把眼睛蒙起来；癌症病人否认自己患了癌症；妻子不相信丈夫突然意外死亡；……

3. 退行

当人们感到严重挫折时，放弃成人方式，而退到困难较少、阻力较弱、较安全的境地—儿童时期，无意中恢复儿童期对别人的依赖，而不积极求治自己的疾病，害怕再负成人的责任。

4. 幻想

指一个人遇到现实困难时，因为无力处理这些问题，就利用幻想的方法，任意想象应如何处理心理上的困难，以达到内心的满足。例如，"灰姑娘"型幻想，即一位在现实社会里备受欺凌的少女，坚信她有一天可以遇到诸如英俊王子式的人物，帮助她脱离困境。

5. 转移

对于指向某一对象的情感，因某种原因（发生危险或不符合社会习惯）无法向其对象直接表现时，而转移到其他较安全或较为大家所接受的对象身上。例如，一个售货员或一个服务员因家中一大堆烦恼问题既无法解决又不能向孩子或老人发泄，只好迁怒于顾客，服务态度极差。

6. 合理化

个人遭受挫折或无法达到所追求的目标以及行为表现不符合社会规范时，给自己找一些有利的理由来解释。虽然这理由常常是不正确的，在第三者看来是不客观或不合逻辑的，但本人却强调这些理由去说服自己，即用一种能为自己所接受的理由来替代真实的理由，以避免精神上的苦恼。例如，吃不到葡萄说葡萄是酸的、鲁迅小说中的人物阿Q等。

7. 投射

一般是指将自己所不喜欢或不能接受的性格、态度、意念，"投射"到别人身上或外部世界去，而断言别人是这样的现象。例如，"以小人之心度君子之腹"就属于这种作用。

8. 摄入

摄入，或称内向投射，与投射作用相反，指广泛地、不加选择地吸收外界的事物，而将它们变为自己内在的东西。如常言所说"近朱者赤，近墨者黑"。由于摄入作用，有时候人们爱和恨的对象被象征地变成了自我的组成部分。例如，当人们失去他们所喜爱的人时，常会模仿他们所失去的人的特点，使这些人的举动或喜好在自己身上出现，以慰藉内心因丧失所爱而产生的痛苦。相反，对外界社会和他人的不满，在极端情况下会变成恨自己因而自杀。

9. 反向

反向，又称"矫枉过正"现象，为处理一些不能被接受的欲望及冲动所采用的方法。这是由于人的许多原始的行动欲望是自己和社会规范所不能容忍的，所以常被压抑而潜伏到潜意识中去，不为自己所察。但它们仍有极大的动力，随时在伺机蠢动。人们为了害怕它们可能会突然冒出来，不得不加以特别防范。例如，有很强烈的吸手指头的动机的小孩，见到妈妈马上把双手背在身后，声明"妈妈我没有吃手"。有的人对伺机报复的对象内心憎恨，而表面却非常温和，过分热情。可见如果人的某些行为过分的话，表明他潜意识中可能有刚好相反的欲望。

10. 补偿

即一个人因生理上或心理上有缺陷，而感到不适时，企图用种种方法来弥补这些缺陷，以减轻不适感。例如，盲人的触觉、听觉敏锐。又如，一个一向淘气的十岁男孩，由于突然同时失去了母亲和妹妹，他的父亲就把全部爱和希望给予了他，使他感到自己应该懂事了，不能再淘气了，于是一下变为好学生。但是过分的补偿则可导致心理变态。

11. 仿同

把一个他所钦佩或崇拜的人的特点当做是自己的特点，用以掩护自己的短处。仿同有两种，一种是近似模仿。例如，在不知不觉中，男孩模仿父亲，女孩模仿母亲。另一种是利用别人的长处，满足自己的愿望、欲望。例如，一个不漂亮的女孩子喜欢和一个漂亮的女孩子做朋友，她可以因为别人夸奖她的女友而感到自豪。

12. 隔离

把部分事实从意识境界中加以隔离，不让自己意识到，以免引起精神的不愉快。最常被隔离的是整个事情中与事实相关的感觉部分。如老人常不说死而说"归天""长眠"等。在心理治疗中，医生注意发现病人使用隔离作用的现象，可帮助找到病人的重大心理问题。因为病人在潜意识中所要掩饰的，正是心理治疗可能针对的问题。

13. 抵消

抵消是指以象征的事情来抵消已经发生了的不愉快的事情，以补救心理上的不适与不安。例如，按我国习惯，过阴历年时不要打破东西。万一小孩打破了碗，老人则赶快说"岁岁平安"。

14. 升华

人原有的行动或欲望，如果直接表现出来，可能会受到处罚或产生不良后果。如果能将这些行动或欲望导向比较崇高的方向，就能使其具有建设性，有利于社会和本人，这便是升华的作用。例如，一位具有强烈嫉妒心的人，理智又不允许他表现出嫉妒别人的成就，于是他发奋学习，成绩超过别人。这对于社会和他本人均有积极意义。

15. 幽默

幽默也是一种积极的精神防御机制的形式,是较高级的适应方法之一。当一个人遇到挫折时,常可以幽默来化解困境,维持自己的心理平稳。例如,大哲学家苏格拉底不幸有位脾气暴躁的夫人。有一次,当他在跟一群学生谈论学术问题时,听到叫骂声,就在这时他夫人担来一桶水,往他身上一泼,弄得他全身都湿

透了,在场的人都很尴尬。可是苏格拉底只是一笑,说:"我早知道,打雷之后,一定会下雨。"本来很难为情的场合,经此幽默,事情也就化解了。

在了解了这些精神防御机制以后,每一个人都可以试着侦察一下自己无意中运用的精神防御机制是哪几种,如果它们本身比较原始,或过分地被适用了,就有意地改变一下,以求身心健康。

三、系统脱敏疗法

(一) 基本原理

系统脱敏疗法是由美国学者沃尔帕创立的,该理论也是最早应用的行为治疗技术之一。

系统脱敏疗法是一种最常用的行为治疗方法,它应用"抗条件作用"原理以解除病人与焦虑有联系的神经症等行为问题。系统脱敏法的基本原则是交互抑制,即在引发焦虑的刺激物出现的同时让病人做出抑制焦虑的反应,这种反应就会削弱、最终切断刺激物同焦虑反应间的联系。

类似系统脱敏疗法的心理治疗方法在中国古代也有运用。据《儒门事亲》记载:王德新的妻子在旅途中,在旅舍的楼上住宿,夜逢盗贼烧房子,因受惊而堕下床来。自此以后,每听到声响,便会受惊昏倒不省人事。家人也只得蹑足而行,不敢贸然弄出声响,逾年不愈。医师戴人诊断后既让二侍女执其两手,按于高椅之上,在面前放一张小桌几。戴人说:"娘子,请看这木头!"便猛击桌,其妇大惊。戴人说:"我用木头击桌,有何可惊呢?"妇人吓后稍显安定,戴人又击桌,惊已显然减缓。又过一会儿,连击三五次,又用木杖击门,又暗中令人敲击背后的窗子。妇人慢慢从惊恐中平定下来。晚上又叫击其卧房的门窗,接连数日,从天黑直到天亮,一两个月后,虽听雷鸣也不惊恐了。

(二) 系统脱敏疗法的操作步骤

采用系统脱敏疗法进行心理治疗应包括三个步骤:

第一,建立恐怖或焦虑的等级层次,这是进行系统脱敏疗法的依据和主攻方向。

第二,进行放松训练。

第三,要求求治者在放松的情况下,按某一恐怖或焦虑的等级层次进行脱敏治疗。

具体操作方法如下。

1. 建立恐怖或焦虑的等级层次

(1) 找出所有使求治者感到恐怖或焦虑的事件,并报告出对每一事件他感到恐怖或焦虑的主观程度,这种主观程度可用主观感觉尺度来度量。这种尺度为 0~100,一般分为 10 个等级,单位为分。

(2) 将求治者报告出的恐怖或焦虑事件按等级程度由小到大的顺序排列。例如,下面是一位害怕考试的学生的主观等级的最后排列示例。见表 9-7。

表 9-7 一个害怕考试的学生害怕的等级层次"序列事件"

序号	刺激事件	焦虑分数
1	考前一周想到考试时	20
2	考试前一个晚上想到考试时	25
3	走在去考场的路上时	30
4	在考场外等候时	50
5	进入考场	60
6	第一遍看考试卷子时	70
7	和其他人一起坐在考场中想着不能不进行的考试时	80

以上两步工作也可作为作业由求治者自己独自去做,但再次治疗时,施治者一定要认真检查,注意等级排列的情况。

2. 放松训练

一般需要 6~10 次练习,每次历时半小时,每天 1~2 次,以达到全身肌肉能够迅速进入松弛状态为合格。

3. 分极脱敏练习

在完成以上两项工作之后,即进入系统脱敏练习。系统脱敏在求治者完全放松的状态下进行,这一过程分为三个步骤进行:

(1) 放松。

(2) 想象脱敏训练。由施治者做口头描述,并要求对方在能清楚地想象此事时伸出一个手指头来表示。然后,让求治者保持这一想象中的场景 30 秒钟左右。想象训练一般在安静的环境中进行,想象要求生动逼真,像演员一样进入角色,不允许有回避停止行为产生，一般忍耐一小时左右视为有效。实在无法忍耐而出现严重恐惧时，采用放松疗法对抗，直到达到最高级的恐怖事件的情景也不出现惊恐反应或反应轻微而能忍耐为止。一次想象训练不超过4个等级，如果在某一级训练中仍出现较强的情绪反应，则应降级重新训练，直至完全适度。

四、厌恶疗法

（一）厌恶疗法的一般原理

厌恶疗法不是现在的新创造。例如，在我国农村，古来就有采用延长哺乳期避孕的情况。又如儿童等到要断奶时，想用说服的办法禁断行为很困难。民间采用的断奶方法通常有两种：一是在乳头上涂些黄连一类的苦味剂，儿童在吸吮一两次后，就不敢再提吮乳要求；另一种办法是在乳房上涂难看的颜色，使儿童望而生畏，此后连吮奶的尝试都不敢再有。这两种断奶方法就是利用了厌恶疗法。当然，那时还是素朴的，并没有揭示其理论依据。

厌恶疗法，或称厌恶性条件法，是一种具体的行为治疗技术。其内容为：将欲戒除的目标行为（或症状）与某种不愉快的或惩罚性的刺激结合起来，通过厌恶性条件作用，而达到戒除或至少是减少目标行为的目的。

可见，厌恶疗法的原理是经典条件反射。利用回避学习的原理，把令人厌恶的刺激，如电击、催吐、语言责备、想象等，与求治者的不良行为相结合，形成一种新的条件反射，以对抗原有的不良行为，进而消除这种不良行为。

1. 确定靶症状

厌恶疗法具有极强的针对性，因而必须首先确定打算弃除的是什么行为，即确定靶症状。求助者或许有不止一种不良行为或习惯，但是只能选择一个最主要的或是求助者迫切要求弃除的不良行为作为靶症状。

2. 选用厌恶刺激

厌恶刺激必须是强烈的。因为不适行为常常可以给求助者带来某种满足和快意，如窥阴后的快感、饮酒后的惬意、吸毒后飘飘欲仙的体验。这些满足和快意不断地强化着这些不适行为。厌恶刺激必须强烈到一定的程度，使其产生的不快要远远压倒原有的种种快感，才有可能取而代之，从而削弱和消除不良行为。常用的厌恶刺激有：电刺激、药物刺激以及他刺激。

3. 把握时机施加厌恶刺激

要想尽快地形成条件反射，必须将厌恶体验与不适行为紧密联系起来。在实施不适行为或欲施不适行为冲动产生之前，即使求助者出现厌恶体验，肯定无益于两者的条件联系。同样，在不适行为停止以后才出现厌恶体验，也达不到建立条件反射的目的，充其量只能算一个小小的惩罚。厌恶体验与不良行为应该是同步的。但不是每种刺激都能立即产生厌恶体验的，时间要控制准确。

(二) 厌恶疗法的适应症

厌恶疗法常用于治疗酒癖、性行为变态、强迫观念等。通过对患者的条件训练，使其形成一种新的条件行为，以此消除患者的不良行为。在治疗时，厌恶性刺激应该达到足够的强度。通过刺激能使患者产生痛苦或厌恶性反应，治疗持续的时间应为直到不良行为消失为止。如强迫观念的患者，用拉弹橡皮圈法治疗。头几天，当强迫观念出现时要接连拉弹 30～50 次，才能使症状消失。另外，要求患者要有信心，主动配合治疗。当治疗有进步时医生要及时鼓励患者，必要时最好取得患者家人的配合，效果会更好。

五、认识领悟疗法

认识领悟疗法是我国著名心理学家、精神医学专家钟友彬先生根据精神分析原理结合中国社会的具体情况和中国人的生活习惯而设计和创立的，也可以叫做具有中国特色的心理分析，国内同行也将该疗法称为"钟氏领悟疗法"。

认识领悟疗法创立者承认这一疗法是从精神分析和心理动力学疗法派生的。它保留了有关潜意识和心理防御机制的理论，"承认幼年期的生活经历尤其是创伤体验对个性形成的影响，并可成为成年后心理疾病的根源""不同意把各种心理疾病的根据都归之于幼年'性'心理的症结"，而认为性变态是成年人用他本人所未意识到的，即"用幼年的性取乐方式解决他的性欲或解除他苦闷的表现"。因此治疗时要用符合病人"生活经验的解释使病人理解、认识并相信他的症状和病态行为的幼稚性、荒谬性和不符合成年人逻辑的特点"，这样可使病人达到真正的领悟，从而使症状消失。

认识领悟疗法的适应症是强迫症、恐惧症和某些的性变态。具体的做法是：

（1）采取直接会面的交谈方式，如病人同意，可有 1 位家属参加。每次会谈时间为 60～90 分钟，疗程和间隔时间皆不固定。由病人或由病人与医生协商决定。凡有书写能力的病人都要求他在每次会谈后写出对医生解释的意见和结合自己病情的体会，并提出问题。

（2）初次会见时，要病人及家属叙述症状产生、发展的历史和具体内容，尽可能在 1 小时内叙述完。经躯体和精神检查诊断属于上述适应症的病人后，即可进行初步解释，告诉他病是可以治好的，但需主动与医生合作。对医生的提示、解释要联系自己的经历认识和思考。疗效的好坏取决于自己的努力程度。如时间许可，即可告诉病人，他们的病态是由于幼年的恐惧体验在成人身上的再现，或用幼年的方式来对付成年人的心理困难或解决成年人的性欲。解释内容因疾病不同而略有出入。

（3）在以后的会见中，继续询问病人的生活史和容易回忆的有关经验。不要求深入回忆，对于梦也不作过多的分析。主要通过会谈建立病人与医生间的相互信任的良好关系，并使病人真诚地相信医生的解释。

(4) 随后与病人一起分析症状的性质，引导他相信这些症状大都是幼稚的、不符合成人思维逻辑规律的感情或行动，有些想法近似儿童的幻想，在健康成年人看来是完全没有意义的，不值得恐惧，甚至是可笑的。只有几岁的儿童才那么认真地对待、相信和恐惧，不自觉地用一些幼稚的手段来"消除"这些幼稚的恐惧，或用幼年取乐的方式来解决成年人的问题等。这些解释要结合病人的具体病情来谈[1]。

(5) 当病人对上述解释和分析有了初步认识和体会后，即向病人进一步解释病的根源在于过去，甚至幼年期。对强迫症和恐惧症病人指出其根源在于幼年期的精神创伤。这些创伤引起恐惧情绪在脑子里留下痕迹，在成年期遇到挫折时会再现出来影响病人的心理，以致用儿童的态度对待在成年人看来不值得恐惧的事物。现在已是成年人不应当像孩子那样认识、相信并恐惧了。对于性变态病人，结合他可以记忆起的儿童性游戏行为，讲明他的表现是用幼年方式来对待成年人的性欲或心理困难，因而是幼稚和愚蠢可笑的。

六、森田疗法

森田心理疗法，简称森田疗法，由日本慈惠医科大学森田正马教授于1920年创立的适用于神经质症的特殊疗法，是一种顺其自然、为所当为的心理治疗方法。几十年来，经森田的后继者的不断发展和完善，已成为一种带有明显的东方色彩并被国际公认的、一种有效实用的心理疗法。它具有与精神分析疗法、行为疗法可相提并论的地位。

（森田正马）

（一）基本理论

森田认为，具有神经质倾向的人求生欲望强烈，内省力强，将专注力指向自己的生命安全。当其过分集中在某种内感不适上，这些不适就会越演越烈，形成恶性循环。森田疗法就是要打破这种精神交互作用，同时协调欲望和压抑之间的相互拮抗关系。

何为精神拮抗作用呢？比如，恐惧时常出现的不要怕心理；受表扬时反而涌

---

[1] 摘自易学网，www.studyez.com。

现内疚的感情；出现对某人不敬的念头的同时又会想到这个念头是错误的而加以否定，这个想法说出来会招来不幸而不再想它。与自己理性不符合的观念任何正常人都会有，只是一闪即逝不留痕迹。而疑病素质过强的人，这些观念一旦出现，便固执地重复，同时又反复控制，形成拮抗对立。

另外，森田认为，有疑病素质的人是"完善主义者"，他们往往在欲求与现实之间，在"理应如此"和"事已如此"之间形成"思想矛盾"，并力图解决现实无法解决的矛盾，对客观现实采取主观强求的态度，促使症状越来越严重。

(二) 治疗原理和方法

根据上述理论，森田提出了针对性的治疗原理与方法，疗法的着眼点在于陶冶疑病素质，打破精神交互作用，消除思想矛盾。其治疗原理可概括为两点：

1. 顺应自然

（1）让患者认识并体验到自己在自然界的位置，体验到对超越自己能力控制范围的事，不去压抑和排斥它，让其自生自灭，并通过自己的不断努力，培养积极健康的情感体验。

（2）人非圣贤，每个人都有可能存在邪念、嫉妒、狭隘之心，它无法靠理智和意志去改变和决定。因此，应从心理上放弃跟对立观念的对抗，而需注意自己所采取的行动。

（3）神经质症患者因为他的疑病素质，将某种原本正常的感觉看成是异常的，老想排斥和控制它。比如，对人恐怖患者见人脸红，越怕脸红，越注意越紧张；相反，当他带着"脸红就脸红吧"的态度去与人交往，反而会使自己不再注意这种感觉，从而使脸红的反应慢慢消退。

（4）"人究竟如何破除思想矛盾呢？"森田指出："一言以蔽之，应该放弃徒劳的人为拙策，服从自然。"据此，森田提出了"事实唯真"的观点，意即"事实即是真理，"并以此作为座右铭。因为当人的主观思想符合客观事物的规律时，就能跳出思想矛盾的怪圈。

2. 为所当为

森田疗法认为，改变患者的症状，一方面要对症状采取顺应自然的态度，另一方面还要随着本来就有的欲望，去做应该做的事情。在症状仍存在的情况下，接受痛苦，任凭症状起伏，努力做应做之事，把注意力及能量投向自己生活中有确定意义，且能见成效的事情上；将能够打破精神交互作用，逐步建立起从症状中解脱出来。例如，对人恐怖的人，不敢见人，见人就感到极度恐惧。如果带着恐惧与人交往，该见的人还是要见，最终就会发现，原来想方设法要消除症状，想等症状不存在了再与人接触，其实是不必要的。所谓为所当为，就是打破过去那种精神束缚行动的模式，该做什么马上就去做什么，尽管痛苦也要坚持。

本章练习

一、思考题

1. 大学生的心理适应与精神防御能力有哪些？
2. 如何理解心理问题大发展进程？
3. 一般心理问题和严重心理问题有哪些主要区别？识别心理问题的主要方法有哪些？
4. 大学生心理保健、自助的方法有哪些？
5. 心理咨询对当代大学生的现实意义是什么？
6. 联系个人成长经历谈谈学习《当代大学生心理素质导论》的重要意义。

二、课堂练习——案例讨论（人际关系问题）

【问题自诉】

"老师，我好郁闷，不知道该怎么办。不久前，寝室的同学丢了钱包，里面可能有几百元钱和身份证，因为我在课间休息时回了寝室一次，他就怀疑我拿了他的钱包，现在连宿管老师和班主任都觉得是我偷了钱包，我有口难辩。"

"最糟糕的是我承认了这件事，还把200元钱还给了这位同学……这件事就像一个阴影，每天缠着我，我坐立不安，好难受，上课没心思，睡觉不踏实，我特别担心我的父母知道……"

【相关资料】

1. 他来美院上学，父母极力反对，他借了亲友的钱交了学费；父母默认了他的做法。
2. 他平时生活不奢侈，也无不良嗜好，尊敬老师、为人亲和。

请就以上个案做下列讨论并提出你的咨询建议：

1. 问题范围：该个案属于哪一类问题。
2. 问题严重程度：是一般心理问题还是严重心理问题。
3. 临床表现：案例中的学生有哪些临床表现，请列举出来。
4. 分析和建议：请根据你对心理咨询理论的理解提出对该案例的分析，并向该学生提出你的咨询建议。

本章附录

大学生心理健康测验常用量表

一、大学生心理健康问卷调查（SCL—90自评量表）

填表说明：

（1）以下表格中列出了有些人可能会有的问题，请仔细地阅读每一条。然后根据最近一个星期内下述情况影响您的实际感觉或使您感到苦恼的程度，在右边的空格内填上1~5的数字。

其中：1—没有；2—很轻；3—中等；4—偏重；5—严重。

（2）症状的轻重程度请根据您个人的主观感觉（第一反应）自我评定。

1	头痛		21	同异性相处时感到害羞不自在
2	神经过敏，心中不踏实		22	感到受骗、中了圈套或有人想抓住您
3	头痛时有不必要的想法或字句盘旋		23	无缘无故地突然感到害怕
4	头昏或昏倒		24	自己不能控制地大发脾气
5	对异性的兴趣减退		25	怕单独出门
6	对旁人求全责备		26	经常责怪自己
7	感到别人能控制您的思想		27	腰痛
8	责怪别人制造麻烦		28	感到难以完成任务
9	健忘		29	感到孤独
10	担心自己的衣饰整齐及仪态不够端庄		30	感到苦闷
11	容易烦恼和激动		31	过分担忧
12	胸痛		32	对事物不感兴趣
13	害怕空旷的场所或街道		33	感到害怕
14	感到自己的精力下降，活动减慢		34	您的感情容易受到伤害
15	想结束自己的生命		35	旁人能知道您的私下想法
16	听到旁人听不到的声音		36	感到别人不理解您、不同情您
17	发抖		37	觉得人们对您不友好、不喜欢您
18	感到大多数人都不可信任		38	做事必须做得很慢以保证做得正确
19	胃口不好		39	心跳得很厉害
20	容易哭泣		40	恶心或胃部不舒服

续表

41	感到比不上他人		66	睡得不稳不深	
42	肌肉酸痛		67	有想摔坏或破坏东西的冲动	
43	感到有人在监视您、谈论您		68	有一些别人没有的想法或念头	
44	难以入睡		69	感到对别人神经过敏	
45	做事必须反复检查		70	在商店或电影院等人多的地方感到不自在	
46	难以做出决定		71	感到任何事情都很困难	
47	怕乘电车、公共汽车、地铁或火车		72	一阵阵恐惧或惊恐	
48	呼吸有困难		73	感到在公共场合吃东西很不舒服	
49	一阵阵发冷或发热		74	经常与人争论	
50	因为感到害怕而避开某些东西、场合或活动		75	单独一人时神经很紧张	
51	脑子变空了		76	别人对您的成绩没有做出恰当的评价	
52	身体发麻或刺痛		77	即使和别人在一起也感到孤独	
53	喉咙有梗塞感		78	感到坐立不安、心神不定	
54	感到前途没有希望		79	感到自己没有什么价值	
55	不能集中注意力		80	感到熟悉的东西变成陌生或不像似的	
56	感到身体的某一部分软弱无力		81	大叫或摔东西	
57	感到紧张或容易紧张		82	害怕会在公共场合昏倒	
58	感到手或脚发重		83	感到别人想占您的便宜	
59	想到死亡的事		84	为一些有关"性"的想法而很苦恼	
60	吃得太多		85	您认为应该因为自己的过错而受到惩罚	
61	当别人看着您或谈论您时感到不自在		86	感到要赶快把事情做完	
62	有一些不属于您自己的想法		87	感到自己的身体有严重问题	
63	有想打人或伤害他人的冲动		88	从未感到和其他人很接近	
64	醒得太早		89	感到自己有罪	
65	必须反复洗手、点数目或触摸某些东西		90	感到自己的脑子有病	

测验结果处理：

F1		F2		F3		F4		F5		F6	
项目	评分	项目	评分	项目	评分	项目	评分	项目	评分	项目	评分
1		3		6		5		2		11	
4		9		21		14		17		24	
12		10		34		15		23		63	
27		28		36		20		33		67	
40		38		37		22		39		74	
42		45		41		26		57		81	
48		46		61		29		72		—	—
49		51		69		30		78		合计	
52		55		73		31		80			
53		65		—	—	32		86			
56		—	—	合计		54		—	—		
58		合计				71		合计			
—	—					79					
合计						—	—				
						合计					

续表

F7		F8		F9		F10		结果处理		
项目	评分	项目	评分	项目	评分	项目	评分	因素项	粗分/项目数	T分
13		8		7		19		F1：躯体化	/12	
25		18		16		44		F2：强迫	/10	
47		43		35		59		F3：人际敏感	/9	
50		68		62		60		F4：抑郁	/13	
70		76		77		64		F5：焦虑	/10	
75		83		84		66		F6：敌意	/6	
82		—	—	85		89		F7：恐怖	/7	
—	—	合计		87		—	—	F8：妄想	/6	
合计				88		合计		F9：精神性病	/10	
				90				F10：附加量表	/7	
				—	—					
				合计						

心理健康程度简便的判别方法：

1. 总分≥160 分，或阳性项目数超过 43 项，或因子分≥2，可考虑筛选阳性，进一步检查。

2. 当 T≥3 时，便被认为被试的该因子症状已达中等以上的严重程度。

二、抑郁自评量表（SDS）

SDS 抑郁自评量表，美国教育卫生部推荐用于精神药理学研究的量表之一，由 Psychology Express 重新编辑和制作。

填表注意事项：下面有 20 条题目，请仔细阅读每一条，把意思弄明白，每一条文字后有四个格，分别表示

A：没有或很少时间（过去一周内，出现这类情况的日子不超过一天）；

B：小部分时间（过去一周内，有 1~2 天有过这类情况）；

C：相当多时间（过去一周内，3~4 天有过这类情况）；

D：绝大部分或全部时间（过去一周内，有 5~7 天有过这类情况）。

根据你最近一个星期的实际情况在适当的方格里面进行选择。

问　　题	A：没有或很少时间	B：小部分时间	C：相当多时间	D：绝大部分或全部时间
1. 我觉得闷闷不乐，情绪低沉				
*2. 我觉得一天之中早晨最好				
3. 我一阵阵地哭出来或是想哭				
4. 我晚上睡眠不好				
*5. 我吃的和平时一样多				
*6. 我与异性接触时和以往一样感到愉快				
7. 我发觉我的体重在下降				
8. 我有便秘的苦恼				
9. 我心跳比平时快				
10. 我无缘无故感到疲乏				
*11. 我的头脑和平时一样清楚				
*12. 我觉得经常做的事情并没有困难				
13. 我觉得不安而平静不下来				
*14. 我对将来抱有希望				
15. 我比平常容易激动				
*16. 我觉得做出决定是容易的				
*17. 我觉得自己是个有用的人，有人需要我				
*18. 我的生活过得很有意思				
19. 我认为如果我死了别人会生活的更好些				
*20. 平常感兴趣的事我仍然照样感兴趣				

测验统计说明：

1. 正向评分题，依次得分：1、2、3、4分。

2. 反向评分题（*号题），依次得分：4、3、2、1分。

3. 把20题的得分相加为粗分，粗分乘以1.25，四舍五入取整数，即得到标准分。

抑郁评定（分界值——53分）：

（1）53～62分为轻度抑郁；（2）63～72分为中度抑郁；（3）73分以上为重度抑郁。

三、焦虑自评量表（SAS）

SAS焦虑自评量表，由华裔教授Zung编制，美国教育卫生部推荐用于精神药理学研究的量表之一，由Psychology Express重新编辑和制作。从量表构造的形式到具体评定的方法,都与抑郁自评量表(SDS)十分相似。

填表注意事项:下面有20条题目,请仔细阅读每一条,把意思弄明白,每一条文字后有四个格,分别表示

A:没有或很少时间(过去一周内,出现这类情况的日子不超过一天);

B:小部分时间(过去一周内,有1~2天有过这类情况);

C:相当多时间(过去一周内,3~4天有过这类情况);

D:绝大部分或全部时间(过去一周内,有5~7天有过这类情况)。

根据你最近一个星期的实际情况在适当的方格里面进行选择。

问　　题	A:没有或很少时间	B:小部分时间	C:相当多时间	D:绝大部分或全部时间
1. 我觉得比平时容易紧张或着急。				
2. 我无缘无故的感到害怕。				
3. 我容易心理烦乱或觉得惊恐。				
4. 我觉得我可能将要发疯。				
*5. 我觉得一切都很好,也不会发生什么不幸。				
6. 我手脚发抖打颤。				
7. 我因为头痛、颈痛和背痛而苦恼。				
8. 我感觉容易衰弱和疲乏。				
*9. 我心平气和,并且容易坐着。				
10. 我觉得心跳得很快。				
11. 我因为一阵阵头晕而苦恼。				
12. 我有时晕倒发作或觉得要晕倒似的。				
*13. 我吸气呼气都感到很容易。				
14. 我的手脚麻木和刺痛。				
15. 我因为胃痛和消化不良而苦恼。				
16. 我常常要小便。				
*17. 我的手脚常常是干燥温暖的。				
18. 我脸红发热。				
*19. 我容易入睡,并且一夜睡的很好。				
20. 我做噩梦。				

说明：测验统计：

1. 正向评分题，依次得分：1、2、3、4分。
2. 反向评分题（＊号题），依次得分：4、3、2、1分。
3. 把20题的得分相加为粗分，粗分乘以1.25，四舍五入取整数，即得到标准分。

焦虑评定（分界值——53分）：

（1）53～62分为轻度焦虑；（2）63～72分为中度焦虑；（3）73分以上为重度焦虑。

四、考试焦虑测验

考试焦虑自评量表（1）

指导语：下面是一组人们用来形容自己考试时心情的句子。请细读每一句话，并依你的情况作答。答案无正、误之分，也不必在任何一句话上花太多时间，只要答出你感到形容你平常感觉的答案即可。

项　　目	从未有	有时有	经常有	绝大部分时间有
1. 我在考试中充满信心并感觉轻松。				
2. 我在考试中感到焦虑不安。				
3. 在考试中一想到成绩就影响我答卷。				
4. 我一参加重大考试就感到浑身发僵。				
5. 我在考试中想着自己能否毕业。				
6. 我越努力答卷，就越觉得头脑混乱。				
7. 在考试中担心成绩不好影响我集中精力答卷。				
8. 我一参加重大考试就坐立不安。				
9. 尽管做了充分的准备，我仍感到考试很紧张。				
10. 我在取回试卷之前感到很紧张。				
11. 我在考试中感到非常紧张。				
12. 我希望考试不要这么烦人。				
13. 我一参加重大考试就紧张得肚子疼。				
14. 我一参加重大考试就感到自己要失败。				
15. 我在参加重大考试前感到很惶恐。				
16. 我在参加重大考试前感到很忧虑。				
17. 在考试中我担心考得不好会有什么结果。				
18. 我在参加重大考试时感到心跳加速。				
19. 考试之后，我竭力控制自己不去担心，但做不到。				
20. 我在考试中紧张得连本来知道的东西都忘了。				

计分方法：

从未有—1分，有时有—2分，经常有—3分，绝大部分时间有—4分。

最低得分为20分，最高得分为80分。

得分为低于35分，考试镇定自若，考试焦虑偏低。

36~50分，中度焦虑考试。

高于50分，考试焦虑度偏高，重度焦虑。

考试焦虑自评量表（2）

指导语： 为了帮助你准确地把握自己在考试焦虑方面存在的问题，我们准备了考试焦虑自评量表。请你仔细阅读每一道题目，看看它是否反映出你在应试时的经验。如果是，就在该题目左边的格子里打（√）；如果不是，则无需做任何标记。

请在看完题目后，根据你的第一印象如实作答，不要花太长时间思考。假如有些题目实在难以确定，请你在格子里画一个○，因为它可能表明了某种潜在的问题。

题　目	是√	否
1. 我希望不用参加考试便能取得成功。		
2. 在某一考试中取得的好分数，似乎不能增加我在其他考试中的自信心。		
3. 人们（家里人、朋友等）都期待我在考试中取得成功。		
4. 考试期间，有时我会产生许多对答题毫无帮助的莫名其妙的想法。		
5. 重大考试前后，我不想吃东西。		
6. 对喜欢向学生搞突然袭击的教师，我总感到害怕。		
7. 在我看来，考试过程似乎不应搞得太正规，因为那样容易使人紧张。		
8. 一般来说，考试成绩好的人将来必定会在社会上取得更好的地位。		
9. 大考之前或考试期间，我常常会想到其他人比自己强得多。		
10. 如果我考糟了，即使自己不会老是记挂着它，也会担心别人对自己的评论。		
11. 对考试结果的担忧，在考试前妨碍我准备，在考试中干扰我答题。		
12. 面临一场必须参加的重大考试，我会紧张得睡不好觉。		
13. 考试时，如果监考人来回走动注视着我，我便无法答卷。		
14. 如果考试被废除，我想我的功课实际上会学得更好。		
15. 当了解到考试结果的好坏将在一定程度上影响我的前途时，我会心烦意乱。		
16. 我知道，如果自己能集中精神，考试时我便能超过大多数人。		
17. 如果我考得不好，人们将对我的能力产生怀疑。		

续表

题　目	是√	否
18. 我似乎从来没有对应试进行过充分的准备。		
19. 考试前，我身体不能放松。		
20. 面对重大考试，我的大脑好像凝固了一样。		
21. 考场中的噪音（如日光灯的响声、送暖气或送冷气的声音、其他应试者发出的声音等）使我烦恼。		
22. 考试前，我有一种空虚、不安的感觉。		
23. 考试使我对能否达到自己的目标产生了怀疑。		
24. 考试实际上并不能反映出一个人对知识掌握得究竟如何。		
25. 如果考试得了低分，我不愿把自己的确切分数告诉任何人。		
26. 考试前，我常常感到还需要再充实一些知识。		
27. 重大考试之前，我的胃不舒服。		
28. 有时，在参加一次重要考试的时候，一想起某些消极的东西，我似乎都要垮了。		
29. 在即将得知考试结果前，我会感到十分焦虑或不安。		
30. 但愿我能找到一个不需要考试便能被录用的工作。		
31. 假如在这次考试中我考得不好，我想这意味着自己并不像原来所想象的那样聪明。		
32. 如果我的考试分数低，我的父亲和母亲将会感到非常失望。		
33. 对考试的焦虑简直使我不想认真准备了，这种想法又使我更加焦虑。		
34. 应试时我常常发现，自己的手指在哆嗦，或双腿在打颤。		
35. 考试过后，我常常感到本来自己还可以考得更好些。		
36. 考试时，我情绪紧张，妨碍了注意力的集中。		
37. 在某些考试题上我费劲越多，脑子也就越乱。		
38. 如果我考糟了，且不说别人会对我有看法，就是我自己也会失去信心。		
39. 应试时，我身体某些部位的肌肉很紧张。		
40. 考试之前，我感到缺乏信心，精神紧张。		
41. 如果我的考试分数低，我的朋友们会对我感到失望。		
42. 在考前，我所存在的问题之一是不能确知自己是否做好了准备。		
43. 当我必须参加一次确实很重要的考试时，我常常感到全身恐慌。		

续表

题　目	是√	否
44. 我希望主考人能够察觉，参加考试的某些人比另一些人更为紧张，我还希望主考人在评价考试结果的时候，能对此加以考虑。		
45. 我宁愿写篇论文，也不愿参加考试。		
46. 公布我的考分之前，我很想知道别人考得怎样。		
47. 如果我得了低分，我认识的某些人将会感到快活，这使我心烦意乱。		
48. 我想，如果我能单独进行考试，或者没有时限压力的话，那么，我的成绩便会好得多。		
49. 考试成绩直接关系到我的前途和命运。		
50. 考试期间，有时我非常紧张，以至于忘记了自己本来知道的东西。		

考试焦虑自评量表记分规则与结果解释：

第一部分——焦虑来源或原因		
担心考糟了时他人对自己的评价	3，10，17；25，32，41，46，47	项目数：
担心对个人的自我意象增加威胁	2，9，16，24，31，38；40	项目数：
担心未来的前途	1，8，15，23，30，49	项目数：
担心对应试准备不足	6，11，18，26，33，42	项目数：
第二部分——焦虑表现		
身体反应	5，12，19，27，34，39，43	项目数：
思维阻抑	4，13，20，21，28，35，36，37，48，50	项目数：
第三部分——一般反应		
一般性的考试焦虑	7，14，22，29，44，45	项目数：

测验结果说明：

根据答题情况和自己的概括，就能找出导致你考试焦虑的主要原因及表现。

一般来说，如果某方面的项目数有一半以上，即可认为存在相应方面的考试焦虑问题。

五、网络成瘾量表——测试你的网瘾

请根据你的实际情况如实填写：

题号	题　目	几乎没有	偶尔	有时	经常	总是
1	你觉得上网的时间比你预期的要长吗？					
2	你会因为上网忽略自己要做的事情吗？					
3	你更愿意上网而不是和亲密的朋友呆在一起吗？					
4	你经常在网上结交新朋友吗？					
5	生活中朋友、家人会抱怨你上网时间太长吗？					
6	你因为上网影响学习了吗？					
7	你是否会不顾身边需要解决的一些问题而上网查Email或看留言？					
8	你因为上网影响到你的日常生活了吗？					
9	你是否担心网上的隐私被人知道？					
10	你会因为心情不好去上网吗？					
11	你在一次上网后会渴望下一次上网吗？					
12	如果无法上网你会觉得生活空虚无聊吗？					
13	你会因为别人打搅你上网发脾气吗？					
14	你会上网到深夜不去睡觉吗？					
15	你在离开网络后会想着网上的事情吗？					
16	你在上网时会对自己说："就再玩一会吗"？					
17	你会想方法减少上网时间而最终失败吗？					
18	你会对人隐瞒你上网多长时间吗？					
19	你宁愿上网而不愿意和朋友们出去玩吗？					
20	你会因为不能上网变得烦躁不安，喜怒无常，而一旦能上网就不再这样吗？					
	合计：					

计分规则：几乎没有—1分；偶尔—2分；有时—3分；经常—4分；总是—5分

评判标准：40～60分轻度；61～80分中度；81～100分重度

参 考 文 献

[1] 陈选华. 大学生心理学基础 [M]. 合肥：中国科学技术大学出版社，2004.
[2] 徐玲. 大学生心理健康教育教程 [M]. 北京：经济日报出版社，2008.
[3] 刘华山. 大学教育心理学概论 [M]. 武汉：华中师范大学出版社，1991.
[4] 黄希庭. 心理学导论 [M]. 北京：人民教育出版社，2007.
[5] （奥）西格蒙德·弗洛伊德. 精神分析引论 [M]. 高觉敷，译. 北京：商务印书馆，1984.
[6] 邢邦志. 心理素质的养成与训练 [M]. 上海：复旦大学出版社，2002.
[7] 陈智. 心理咨询：实用咨询技巧与心理个案分析 [M]. 成都：四川大学出版社，2002.
[8] 郭念锋. 心理咨询师（基础知识）[M]. 北京：民族出版社，2005.
[9] 郭念锋. 心理咨询师（三级）[M]. 北京：民族出版社，2005.
[10] 郭念锋. 心理咨询师（二级）[M]. 北京：民族出版社，2005.
[11] 郭念锋. 临床心理学 [M]. 北京：科学出版社，1995.
[12] 钟友彬. 现代心理咨询——理论与应用 [M]. 北京：科学出版社，1993.
[13] 钟友彬. 认识领悟疗法 [M]. 贵州：贵州教育出版社，1999.
[14] 张西林. 行为疗法 [M]. 贵州：贵州教育出版社，1999.
[15] 许又新. 心理治疗基础 [M]. 贵州：贵州教育出版社，1999.
[16] 郑希付. 健康心理学 [M]. 上海：华东师范大学出版社，2003.
[17] （美）艾里克·弗洛姆. 爱的艺术 [M]. 亦非，译. 北京：京华出版社，2006.
[18] （英）温迪·德莱登，杰克·戈登. 情绪健康指南 [M]. 何湾岚，译. 北京：中信出版社，2003.